JIDIAN YITIHUA SHEBEI WEIXIU JISHU

机电一体化设备维修技术

主　编：梁荣汉　杨　辉

副主编：叶继新　罗伟强　卢蔚红

参　编：梁荣汉　杨　辉　叶继新　罗伟强　卢蔚红
谭蓉凡　罗云丽　潘丽飞　魏于评　吴汝兰

主　审：陈惠清

WUHAN UNIVERSITY PRESS
武汉大学出版社

图书在版编目(CIP)数据

机电一体化设备维修技术/梁荣汉,杨辉主编 .—武汉：武汉大学出版社,2019.12(2024.12 重印)

ISBN 978-7-307-21130-8

Ⅰ.机… Ⅱ.①梁… ②杨… Ⅲ.机电一体化—机电设备—维修 Ⅳ.TH-39

中国版本图书馆 CIP 数据核字(2019)第 182241 号

责任编辑:胡 艳　　责任校对:李孟潇　　整体设计:马 佳

出版发行：**武汉大学出版社** (430072 武昌 珞珈山)

(电子邮箱：cbs22@ whu.edu.cn 网址：www.wdp. com.cn)

印刷:湖北云景数字印刷有限公司

开本:787×1092 1/16 印张:14.75 字数:350 千字 插页:1

版次:2019 年 12 月第 1 版 2024 年 12 月第 2 次印刷

ISBN 978-7-307-21130-8 定价:41. 00 元

前　言

随着现代科技不断发展进步，各种机电设备的自动化程度也越来越高，但是，任何机电设备都是有一定工作寿命的，在运行过程中，也可能出现一些导致其故障的因素，为此，设备故障的预防、诊断、维修工作必不可少。开展设备故障诊断与维修工作的直接目的和基本任务之一就是预防和排除机电设备故障，保证人身和设备的安全。从历史上看，设备故障诊断技术是在血和泪的反复教训下逐渐成长和发展起来的。我们知道，一些设备，特别是流程式的大型设备，一旦发生故障，将会引起连锁反应，造成巨大的经济损失甚至灾难性的后果。例如，1986 年 1 月 28 日美国“挑战者”号航天飞机由于燃料助推火箭密封圈泄漏而发生爆炸，造成 7 名宇航员丧生，并导致美国宇航计划推迟两年，后果严重，经济损失无法估量。又如 1986 年 4 月 27 日前苏联切尔诺贝利核电站四号机组发生严重振动而造成核泄漏，致使 2000 多人死亡，经济损失达 30 亿美元，引起国际上普遍的关注。

每年都有大量因为各种因素而导致的重大设备事故，这反复地提醒人们：为了避免设备事故，保障人身和设备的安全，积极推进设备故障诊断技术的研究，并在现场开展这方面的工作，已到了刻不容缓的地步。

开展设备故障诊断工作推动设备维修制度的改革，将早期“不坏不修，坏了再修”的事后维修制度改变为现代的预防维修制度或预知维修制度，尽可能减少事故的发生，延长机电设备检修周期，节约维修费用。

这一客观形势促使设备诊断这门学科的兴起。人们可以运用当代一些科技新成就发现设备的隐患，做到对设备事故防患于未然。近年来这一技术和学科发展十分迅速，已对保障生产安全、提高生产率起到了良好的作用，同时也成了现代设备管理与维修人员必备的基础知识。

本书由梧州职业学院梁荣汉、杨辉任主编，叶继新、罗伟强、卢蔚红任副主编，陈惠清任主审，梁荣汉负责内容架构设计，叶继新负责全面统筹工作。参加编写的人员还有谭蓉凡、罗云丽、潘丽飞、魏于评、吴汝兰。其中，第一章机电设备维修基础由谭蓉凡、魏于评编写，第二章机电设备的拆卸与装配由卢蔚红、吴汝兰编写，第三章机械零件的修复技术由梁荣汉编写，第四章机械设备修理精度的检验由罗云丽、潘丽飞编写，第五章常见电气故障维修由杨辉编写，第六章典型机电设备的维修由罗伟强编写。

本教材介绍了故障诊断技术等较新的内容，并结合一些机械、电气、液压等常见实例讲述了诊断与维修的具体操作方法。由于编者水平有限，书中难免存在错误和不妥之处，恳请广大读者批评指正。

编者

2019 年 8 月

目　录

第一章　机电设备维修基础

【学习目标】熟悉和掌握：

1. 设备维修技术的作用、发展概况和发展趋势。
2. 机械零件的失效及其对策。
3. 机械零件的磨损和腐蚀。

第一节　设备维修技术的作用、发展概况和发展趋势

一、机械设备维修技术的作用

（一）设备故障

保证机电设备在企业等使用单位中维持长期稳定的运行，是设备维修工作的根本任务。

设备故障，一般是指设备失去或降低其规定功能的事件或现象，表现为设备的某些零件失去原有的精度或性能，使设备不能正常运行、技术性能降低，致使设备中断生产或因效率降低而影响生产和使用。设备故障按其发展过程一般分为突发故障和偶发故障两类。突发故障，是指由于各种不利因素的叠加或偶然的外界因素的影响，共同发生作用，超出了设备所能承受的限度而发生的故障。它是随机的，与设备的使用时间无关，一般无明显的先兆，不能或不便于通过早期测试或人的感官来发现。这类故障往往由操作调整失误、控制元件失灵、材料内部缺陷、电流击穿或烧毁等原因引起。偶发故障，是指由于各种因素使设备的初始性能劣化、衰减过程不断发展而引起的故障。这类故障是在设备使用中逐渐形成的，它与设备的使用时间有关，一般有明显的先兆，可以通过人的感官或早期测试发现，若能采取一定的措施，是可以避免发生的，这类故障通常是由零件的磨损腐蚀、疲劳蠕变、材料老化等原因所引起。

（二）设备故障期

对机电设备故障总体的宏观分析，是通过统计方法实现的。所谓故障的宏观规律，实际上就是故障率与使用时间关系的统计规律。通常，机电设备故障的宏观规律以故障率随时间的变化曲线表示。该曲线称为故障率曲线，又称为“浴盆曲线”，如图 1-1 所示。从该曲线上可以看出，根据机电设备在使用期内故障率的一般变化特性，可以将机电设备的故障期分为三个时期：

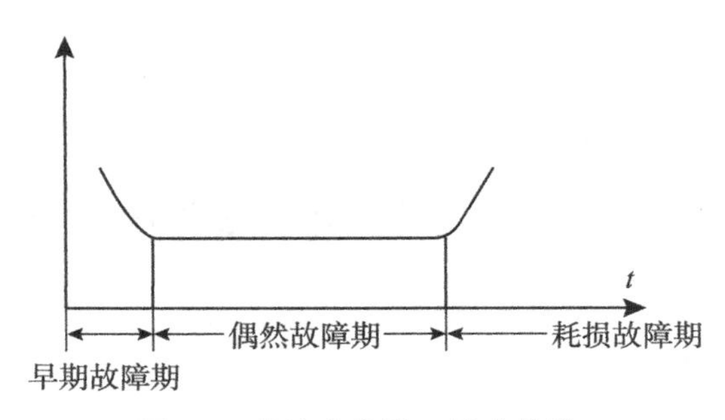

图 1-1　故障率曲线（浴盆曲线）

（1）早期故障期　即“磨合期”，是指在设备初期使用阶段，由于设计、制造、装配以及材质等缺陷引发的故障。通过运转磨合、检查、改进等手段可使其缺陷逐步消除，运转趋于正常，从而实现逐渐减少这类故障的目的。认清这一特点后，就应加强改善性修理，逐项消除设备的设计、制造与装配的缺陷，使设备能较快地正常运转。设备维修部门应该把设备的改造工作列为主要任务之一。

（2）偶然故障期　又称随机故障期或使用寿命期，它出现在早期故障期之后。这一时期是设备有效使用运转阶段，机电设备处于最佳工作状态，发挥出规定的工作性能，故障率稳定在比较低的水平，故障大多是由于违章操作和维护不良而偶然发生。出现偶发故障，应该突击抢修，并且查清原因，采取措施，防止事故再度发生。为此，一方面应该加强对设备操作人员的技术教育，提高其技术水平；另一方面要重视设备维修人员的培养教育，开展多方面训练，培养一支精干的设备维修队伍。

（3）磨损故障期　又称晚期故障期，它出现在偶然故障期之后。其特点是，故障率随使用时间延长而迅速上升。这是由于机电设备使用时间久、磨损、疲劳、腐蚀和老化等自然损伤等原因造成性能加剧劣化，故障率会剧增，导致维修费用增多而工作效果越来越差。这时必须采用适当的修理措施，改善、恢复设备的技术状况。根据设备磨损的规律，应该加强对设备的日常维护和保养、预防性检查、计划修理和改善性修理。对引进的设备，则应尽快掌握操作和维修技术，充分发挥设备的效能。

必须注意的是，并非所有的机电设备的故障规律都符合浴盆曲线的关系。例如，常见的电子设备的故障规律就是基本平直的直线，也就是说，在电子设备的整个使用期中，一般故障率为常数，无须进行定时维修。

（三）设备维修技术的作用

“工欲善其事，必先利其器”。这里的“事”是指工作、生产，“器”是指工具、设备。也就是说，设备使用单位要想搞好生产，工具和设备一定要得心应手。在工业企业中，设备维修工作的水平，直接影响着生产能力、产品质量、产能、能源消耗、生产成本和劳动生产率等各个方面。充分发挥设备管理与维修工作的效能，使企业的生产经营活动建立在良好的物质技术基础之上，企业经济效益的提高才有保障。

加强设备的管理与维修工作，机电设备才能得到合理的使用，正确而适时地维护与保养，有计划地修理、更新、改造，企业可以获得明显的效益，主要体现在：

（1）提高设备完好率，延长设备的使用寿命；

（2）降低设备的故障率，保证企业生产的顺利进行；

（3）提高设备利用率，充分挖掘设备潜力；

（4）降低成本，减少停工损失和维修费用；

（5）提高产品加工的质量，提高劳动生产率；

（6）降低能源消耗，提高劳动生产率。

随着科学技术的进步和现代化大生产的不断发展，机电设备在生产中的地位和作用日益重要。特别是在现代机器制造企业中，生产过程的机械化、自动化、智能化是发展的必然趋势，有的工厂自动化程度很高，工人由原来操纵设备进而变成监督、控制、维修设备，而机电设备则在自控系统的操纵下进行生产。从某种意义上讲，机电设备决定着企业生产的成败。因此，加强设备管理，正确使用设备，对设备进行精心维护、保养和修理，使机电设备经常处于良好的技术状态，已成为企业管理的一项重要任务。实践证明，机电设备管理和维修状况可以反映企业的生产状况。一个机电设备管理混乱、维修水平低下的企业，是难以建立正常的生产秩序，实现均衡生产，创造最佳经济效益的。

企业要想发展，并且稳定地提高经济效益，就必须处理好人员与设备的关系，设备与生产的关系、生产与维修的关系、以及维修与更新改造的关系。这是由机电设备管理与维修工作在企业中的地位与作用所决定的。

二、设备维修技术的发展概况和发展趋势

随着科学技术的发展，企业转型升级，设备更新换代，新技术不断出现、不断应用，对企业设备管理人员及维修人员的各种专业素养及其工作水平的要求也越来越高。越是工业发达的国家，设备管理与维修工作发展得越迅速，投入的人力、物力、财力也越多。

（一）我国设备维修技术的发展概况

我国设备维修工作是在中华人民共和国成立后迅速建立、发展起来的。党和国家对设备维修与改造工作很重视。20 世纪 50 年代开始尝试推行“计划预修制”。随着国民经济第一个五年计划的执行，各企业陆续建立了设备管理组织机构，1954 年全面推行设备管理周期结构和修理间隔期、修理复杂系数等一套定额标准。1961 年国务院颁布《国营工业企业工作条例（试行）》（即工业七十条），逐步建立了以岗位责任制为中心的包括设备维修保养制度在内的各项管理制度。1963 年机械工业出版社开始组织编写资料性、实用性很强的《机修手册》，使设备维修技术向标准化、规范化方向迈进了一大步。

在设备维修实践中，“计划预修制”不断有所改进，如按照设备的实际运转台数和实际的磨损情况编制预修计划：不拘束于大修、项修、小修的典型工作内容，针对设备存在的问题，采取针对性修理。一些企业还结合修理，对设备进行改装，提高设备的精度、效率、可靠性、维修性等。这些已经冲破了原有“计划预修制”的束缚。与此同时，中国机械工程学会及各级学术组织相继成立，并开展了多方面的学术和技术

交流活动，推动了我国设备维修与改造工作。群众性的技术革新活动，也给设备维修与改造增添了异彩。这一时期，我国工业企业的设备修理结构有两种形式：一是企业自修，二是专业厂维修。

20 世纪 70 年代末，国家实行改革开放，加强了国际交往，国际交流不断，取得了可喜的成绩。采取“走出去、引进来”等方法，学习、借鉴英国的“设备综合工程学”和日本的“全员生产维修（TPM）”，拉开了多渠道综合引进国外先进技术的序幕，并恢复全国设备维修学会活动，创办《设备维修》杂志，原国家经委增设设备管理办公室，于 1982 年成立了中国设备管理协会，于 1984 年在西北工业大学筹建中国设备管理培训中心。1987 年国务院颁布《全民所有制工业交通企业设备管理条例》。国内企业普遍实行“三保大修制”，一些企业结合自己的情况学习和试行“全员生产维修”，初步形成了一个适合我国国情的设备管理与维修体制——设备综合管理体制，使我国设备维修工作进一步完善并走向正轨。

20 世纪 90 年代，随着微电子技术、机电一体化等技术的不断发展和成熟，特别是我国工业化水平的迅速提高，以技术改造和修理相结合的设备维修工作迅速发展。在这一时期，在设备维修制度上，普遍推行状态维修、定期维修和事后维修三种维修方式，以定期维修为主、向定期维修和状态维修并重的方向发展（事后维修仍然存在）。在修理类别上，大修、项修、小修三种类别已具有一定的代表性和普及性。

进入 21 世纪后，随着改革开放的不断深入，我国的社会主义市场经济不断完善，国外先进制造企业不断迁入我国，计算机技术、信号处理技术、测试技术、表面工程技术等不断应用于设备维修技术，改善性维修、无维修设计等得到迅猛发展。

随着设备的技术进步，企业的设备操作人员不断减少，而维修人员则不断增加（图 1-2）。与此同时，操作的技术含量不断降低，而维修的技术含量却在逐年上升（图 1-3）。现今的维修人员遇到的多是机电一体化，集光电技术、液压气动技术、激光技术和计算机技术为一体的复杂设备。当代的设备维修已经不是传统意义上的维修工所能胜任的。当前，我们面临的任务是大力抓好人才的开发和培养，通过高等院校培养和对在职人员进行补充更新知识的继续教育培训等，尽快造就成一支具备现代维修管理知识和技术的维修专业人员队伍。

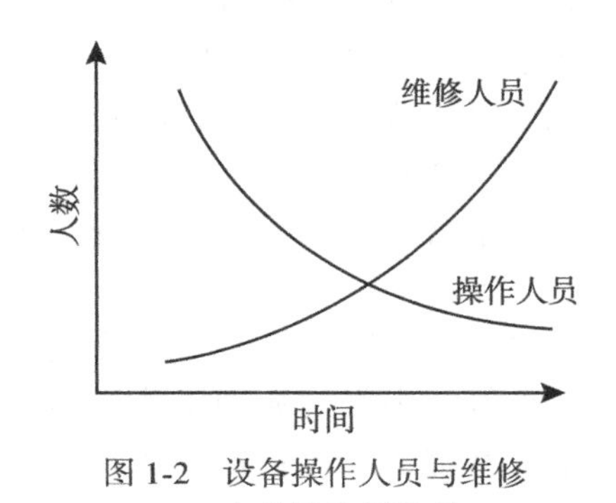

图 1-2 设备操作人员与维修人员的比例关系

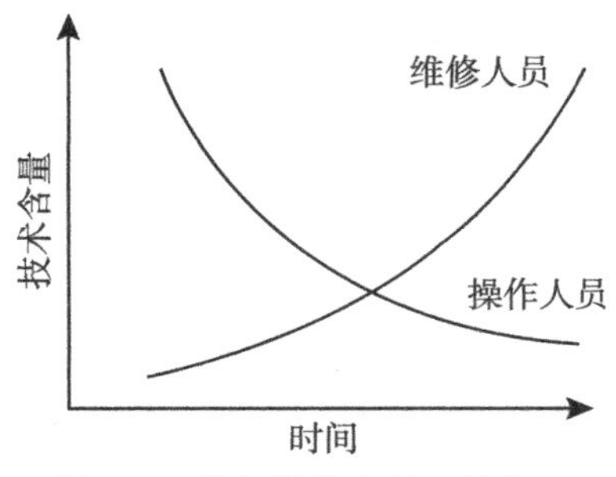

图 1-3 设备维修人员和操作人员与技术含量的关系

（二）设备维修技术的发展趋势

现代科学技术和社会经济相互渗透、相互促进、相互结合，机电设备不断向机电一体化、高速化、微电子化发展，这使得机电设备的操作越来越简易，而机电设备故障的诊断和维修则变得相对困难。而且，机电设备一旦发生故障，尤其是连续化生产（流水线）设备，往往会导致整套设备停止运转，从而造成较大的经济损失。如果危及安全和环境，则还会造成严重的社会影响。随着社会经济的迅速发展，生产规模的日益扩大，先进的生产方式的出现和采用，机电设备维修技术不断受到人们的重视和关注。设备维修技术的发展必然朝着以计算机技术、信号处理技术、测试技术、表面工程技术等现代技术为依托，以现代设备状态监测与故障诊断技术为先导，以机电一体化为背景，以满足现代化工业生产日益提高的要求为目标，以不断完善的维修技术为手段的方向迅猛地发展。

（三）机电设备维修课程的性质和任务

机电设备维修课程既是机电一体化专业的主要专业课程之一，又是机电工程类专业的重要专业课程之一。通过本课程的学习，应使学生达到以下基本要求：

（1）掌握机电设备维修技术的基础理论与基本知识。

（2）熟悉机电设备的解体，设备零件的拆卸、清洗、技术鉴定方法；掌握装配尺寸链和螺纹连接件、轴与轴承、齿轮、蜗轮蜗杆以及过盈配合件等典型零部件的装配方法。

（3）熟悉机械零件各种修复技术；掌握表面工程技术；具有分析、选择和应用机械零件修复技术的基本能力。

（4）熟悉常用研、检具和维修电工工具的选用方法；掌握机电设备几何精度的检验方法、装配质量的检验通用技术要求。

（5）掌握螺纹连接件、轴与轴承、丝杠螺母副、壳体零件、曲轴连杆机构、分度蜗轮副、齿轮、过盈配合件等典型零部件的修理、装配和调试方法；基本掌握常见电气设备故障处理和维修技术。

（6）熟悉典型机电设备的修理技术，以及常见故障分析及其排除方法。

第二节　机械零件的失效形式及其对策

机械失去正常工作能力的现象，称为故障。在设备使用过程中，机械零件由于设计、材料、工艺及装配等各种原因，丧失规定的功能，无法继续工作的现象，称为失效。当机械设备的关键零部件失效时，就意味着设备处于故障状态。机器发生故障后，其经济技术指标部分或全部下降而达不到预定要求，如功率下降、精度降低、加工表面粗糙度达不到预定等级或发生强烈震动、出现不正常的声响等。

机电设备的故障又可分为自然故障和事故性故障两类。自然故障是指机器各部分零件的正常磨损或物理、化学变化造成零件的变形、断裂、蚀损等，使机器零件失效所引起的故障。事故性故障是指因维护和调整不当，违反操作规程或使用了质量不合格的零件失效所引起的故障，这种故障是人为造成的，可以避免。

机器的故障和机械零件的失效密不可分。机械设备类型很多，其运行工况和环境条件差异很大。机械零件失效形式也很多，主要有磨损、变形、断裂、蚀损这四种普通的、有代表性的失效形式。

一、机械零件的磨损及其对策

相接触的物体相互移动时产生阻力的现象，称为摩擦。相对运动的零件的摩擦表面发生尺寸、形状和表面质量变化的现象，称为磨损。摩擦是不可避免的自然现象；磨损是摩擦导致的必然结果，两者均发生于材料表面。摩擦与磨损相伴产生，造成机械零件的失效。当机械零件配合面产生的磨损超过一定限度时，会引起配合性质的改变，如间隙加大、润滑条件变坏、产生冲击等，磨损就会变得越来越严重，在因磨损导致零部件老化的情况下极易发生事故。一般机械设备中约有80%的零件因磨损而失效报废。据估计，世界上的能源消耗有30%~50%是由于摩擦和磨损造成的。

摩擦和磨损涉及的科学技术领域甚广，特别是磨损，它是一种微观和动态的过程，在这一过程中，机械零件不仅会发生外形和尺寸的变化，而且会出现其他各种物理、化学和机械现象。零件的工作条件是影响磨损的基本因素。这些条件主要包括：运动速度、相对压力、润滑与防护情况、温度、材料、表面质量和配合间隙等。

根据运动副摩擦表面润滑状态的特征，可将摩擦分为以下4种：

（1）干摩擦　指运动副零件表面间没有任何润滑剂时的摩擦。这种摩擦由于摩擦系数较大，使运动副零件接触表面间的磨损很严重。当摩擦使局部温度达到零件金属材料的熔点时，就会发生金属的熔化和黏着。因此，在机器运转中应加强维护管理，以避免出现干摩擦。

（2）液体摩擦　指运动副零件摩擦表面之间完全被润滑油膜隔开，摩擦发生在油膜内的分子之间的摩擦。这种摩擦的摩擦系数最小，运动副零件摩擦表面的磨损最小。因此，液体摩擦是一种理想的摩擦。为了使机器在运转中建立液体摩擦，必须具备以下条件：①摩擦表面应具有较高的加工精度和表面粗糙度等级；②摩擦表面间具有合适的配合间隙；③保证连续而又充分地供给一定温度下黏度合适的润滑油；④相对运动的零件必须具有足够高的相对滑动速度。

机器实际运转中，一般在起动、停车或不稳定工况运转时，摩擦副难以实现或保持液体摩擦，会导致产生明显磨损。

（3）边界摩擦　介于干摩擦和液体摩擦之间，其特点是摩擦表面间有一层极薄的润滑油膜，摩擦系数较小。

（4）混合摩擦　摩擦表面同时存在边界摩擦和干摩擦的半干摩擦，或同时存在边界摩擦和液体摩擦的半液体摩擦，均称为混合摩擦。

在机器运转中，运动副零件的摩擦面之间应力求实现液体摩擦，最低限度也应维持边界摩擦或混合摩擦，必须避免出现干摩擦。

以摩擦副为主要零件的机械设备，在正常运转时，机械零件的磨损过程一般可分为磨合（跑合）阶段、稳定磨损阶段和剧烈磨损阶段，如图1-4所示。

（1）磨合阶段　新的摩擦副表面具有一定的表面粗糙度，实际接触面积小。开始磨

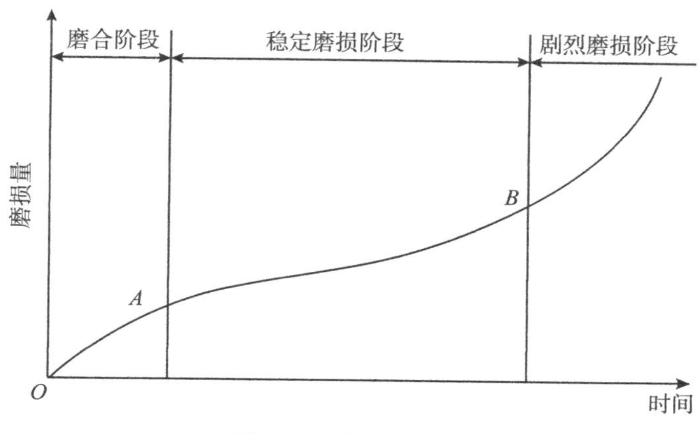

图 1-4　机械磨损过程

合时，在一定载荷作用下，表面逐渐磨平，磨损速度较大，如图 1-4 中的 *OA* 线段。随着磨合的进行，实际接触面积逐渐增大，磨损速度减缓。在机械设备正式投入运行前，认真进行磨合是必要且十分重要的。

（2）稳定磨损阶段　经过磨合阶段，摩擦副表面发生加工硬化，微观几何形状改变，建立了弹性接触条件。这一阶段磨损趋于稳定、缓慢，如图 1-4 中 *AB* 线段的斜率就是磨损速度；*B* 点对应的横坐标时间就是零件的耐磨寿命。

（3）剧烈磨损阶段　经过 *B* 点以后，由于摩擦条件发生较大的变化，如温度快速升高、金属组织发生变化、冲击增大、磨损速度急剧增加、机械效率下降以及精度降低等，从而导致零件失效，机械设备无法正常运转。机器一旦进入此阶段，则应立即停机修理，否则将会导致事故发生。

通常将机械零件的磨损分为黏着磨损、磨料磨损、疲劳磨损、腐蚀磨损和微动磨损五种类型。

（一）黏着磨损

黏着磨损又称为黏附磨损，是指当构成摩擦副的两个摩擦表面相互接触并发生相对运动时，由于黏着作用，接触表面的材料从一个表面转移到另一个表面所引起的磨损。根据零件摩擦表面的破坏程度，黏着磨损可分为轻微磨损、涂抹、擦伤、撕脱和咬死五类。

1. 黏着磨损机理

摩擦副的表面即使是抛光得很好的光洁表面，但在微观尺度下也还是高低不平的。因此，两个金属零件表面的接触，实际上是微凸体之间的接触，实际接触面积很小，仅为理论接触面的 1%～1‰。所以，即使在载荷不大时，单位面积的接触应力也很大。如果当这一接触应力大到足以使微凸体发生塑性变形，并且接触处很干净，那么这两个零件的金属面将直接接触而产生冷黏着现象。当摩擦表面发生相对滑动时，黏着点在切应力作用下变形甚至断裂，造成接触表面的损伤破坏。这时，如果黏着点的黏着力足够大，并超过摩擦接触点两种材料之一的强度，则材料便会从该表面上被扯下，使材料从一个表面转移到另一个表面。通常这种材料的转移是由较软的材料表面转移到较硬的材料表面上。在载荷和相对运动作用下，两接触点间重复产生“黏着—剪断—再黏着”的循环过程，使摩擦表面温度显著升高，油膜破坏。严重时，表层金属局部软化或熔化，接触点产生热黏着现象。

在金属零件的摩擦中，黏着磨损是剧烈的，常常会导致摩擦副的灾难性破坏，应加以避免。但是，在非金属零件或金属零件和聚合物件构成的摩擦副中，摩擦时聚合物会转移到金属表面上形成单分子层，凭借聚合物的润滑特性，可以提高耐磨性，此时黏着磨损则起到有益的作用。

2. 减少或消除黏着磨损的对策

摩擦表面产生黏着，是黏着磨损的前提，因此，减少或消除黏着磨损的对策有以下两方面：

（1）控制摩擦表面的状态　摩擦表面的状态主要是指表面自然洁净程度和微观粗糙度。摩擦表面越洁净，越光滑，越可能发生表面的黏着。因此，应当尽可能使摩擦表面分布有吸附物质、氧化物层和润滑剂。例如，润滑油中加入油性添加剂，能有效地防止金属表面产生黏着磨损；而大气中的氧通常会在金属表面形成一层保护性氧化膜，能防止金属直接接触和发生黏着，有利于减少摩擦和磨损。

（2）控制摩擦表面材料的成分和金相组织　材料成分和金相组织相近的两种金属材料之间最容易发生黏着磨损。这是因为两个摩擦表面的材料形成固溶体的倾向强烈，因此，构成摩擦副的材料应当是形成固溶体倾向最小的两种材料，即应当选用不同材料成分和晶体结构的材料。此外，金属间化合物具有良好的抗黏着磨损性能，因此也可选用易于在摩擦表面形成金属间化合物的材料。如果这两个要求都不能满足，则通常在摩擦表面覆盖能有效抵抗黏着磨损的材料，如铅、锡、银等软金属或合金。

（二）磨料磨损

磨料磨损也称为磨粒磨损，它是摩擦副的接触表面之间存在着硬质颗粒，或者当摩擦副材料一方的硬度比另一方的硬度大得多时，所产生的一种类似金属切削过程的磨损。它是机械磨损的一种，特征是在接触面上有明显的切削痕迹。在各类磨损中，磨料磨损约占50%，是十分常见且危害性最严重的一种磨损，其磨损速率和磨损强度都很大，致使机械设备的使用寿命大大降低，能源和材料大量消耗。

根据摩擦表面所受的应力和冲击的不同，磨料磨损的形式可分为錾削式、高应力碾碎式和低应力擦伤式三类。

1. 磨料磨损机理

磨料磨损来自于磨料颗粒的机械作用，磨料的来源有外界沙尘、切屑侵入、流体带入、表面磨损产物、材料组织的表面硬点及夹杂物等。目前，关于磨料磨损机理有四种假说：

（1）微量切削　认为磨料磨损主要是由于磨料颗粒沿摩擦表面进行微量切削而引起的，微量切屑大多数呈螺旋状、弯曲状或环状，与金属切削加工的切屑形状类似。

（2）压痕破坏　认为塑性较大的材料，因磨料在载荷的作用下压入材料表面而产生压痕，并从表层上挤出剥落物。

（3）疲劳破坏　认为磨料磨损是磨料使金属表面层受交变应力而变形，使材料表面疲劳破坏，并呈小颗粒状态从表层脱落下来。

（4）断裂　认为磨料压入和擦划金属表面时，压痕处的金属要产生变形，磨料压入深度达到临界值时，伴随压入而产生的拉伸应力足以产生裂纹。在擦划过程中，产生的裂纹有两种主要类型，一种是垂直于表面的中间裂纹；另一种是从压痕底部向表面扩展的横向裂纹。当横向裂纹相交或扩展到表面时，便发生材料呈微粒状脱落形成磨屑的现象。

2. 减少或消除磨料磨损的对策

磨料磨损是由磨料颗粒与摩擦表面的机械作用而引起的，因而减少或消除磨料磨损的对策也有以下两方面：

（1）磨料方面　磨料磨损与磨料的相对硬度、形状、大小（粒度）有密切的关系。磨料的硬度相对于摩擦表面材料硬度越大，磨损越严重；呈棱角状的磨料比圆滑状的磨料的挤切能力强，磨损率高。实践与实验表明，在一定粒度范围内，摩擦表面的磨损量随磨粒尺寸的增大而按比例较快地增加，但当磨料粒度达到一定尺寸（称为临界尺寸）后，磨损量基本保持不变。这是因为磨料本身的缺陷和裂纹随着磨料尺寸增大而增多，导致磨料的强度降低，易于断裂破碎。

（2）摩擦表面材料方面　摩擦表面材料的显微组织、力学性能（如硬度、断裂韧度、弹性模量等）与磨料磨损有很大关系。在一定范围内，硬度越高，材料越耐磨，因为硬度反映了被磨损表面抵抗磨料压力的能力。断裂韧度反映材料对裂纹的产生和扩散的敏感性，对材料的磨损特性也有重要的影响。因此，必须综合考虑硬度和断裂韧度的取值，只有两者配合合理时，材料的耐磨性才最佳。弹性模量的大小，反映被磨材料是否能以弹性变形的方式去适应磨料、允许磨料通过，而不发生塑性变形或切削作用，避免或减少表面材料的磨损。

（三）疲劳磨损

疲劳磨损是摩擦表面材料微观体积受循环接触应力作用产生重复变形，导致产生裂纹和分离出微片或颗粒的一种磨损。

根据其危害程度，疲劳磨损可分为非扩展性疲劳磨损和扩展性疲劳磨损两类。

1. 疲劳磨损机理

（1）滚动接触疲劳磨损　在滚动接触过程中，材料表层受到周期性载荷作用，引起塑性变形、表面硬化，最后在表面出现初始裂纹，并沿与滚动方向呈小于45°的倾角方向由表向里扩展。表面上的润滑油由于毛细管的吸附作用而进入裂纹内表面，当滚动体接触到裂口处时将把裂口封住，使裂纹两侧内壁承受很大的挤压作用，加速裂纹向内扩展。在载荷的继续作用下，形成麻点状剥落，在表面上留下痘斑状凹坑，深度在0.2mm以下。

（2）滚滑接触疲劳磨损　根据弹性力学，无论是点接触还是线接触，两接触物体在表面下0.786b（b为平面接触区的半宽度）处切应力最大。滚动接触时，该处塑性变形最剧烈，在周期性载荷作用下的反复变形使材料局部弱化，并在该处首先出现裂纹。若伴有滑动接触，在滑动摩擦力引起的切应力和法向载荷引起的切应力叠加作用下，使最大切应力从0.786b处向表面移动，形成滚滑疲劳磨损，剥落层深度一般为0.2~0.4mm。

2. 减少或消除疲劳磨损的对策

疲劳磨损是由于疲劳裂纹的萌生和扩展而产生的，因此，减少或消除疲劳磨损的对策就是控制影响裂纹萌生和扩展的因素，主要有以下四个方面：

（1）材质　钢中存在的非金属夹杂物，易引起应力集中，这些夹杂物的边缘最容易形成裂纹，从而降低材料的接触疲劳寿命。

材料的组织状态对其接触疲劳寿命有重要影响。通常，晶粒细小、均匀，碳化物呈球状且均匀分布，均有利于提高滚动接触疲劳寿命。轴承钢经处理后，残留奥氏体越多，针状马氏体越粗大，则表层有益的残余压应力和渗碳层强度越低，越容易发生微裂纹。在未溶解的碳化物状态相同的条件下，马氏体中碳的质量分数在0.4%～0.5%时，材料的强度和韧性配合较佳，接触疲劳寿命高。对未溶解的碳化物，通过适当热处理，使其趋于量少、体小、均布，避免粗大或带状碳化物出现，都有利于避免疲劳裂纹的产生。

硬度在一定范围内增加，其接触疲劳强度将随之增大。例如，轴承钢表面硬度为62HRC左右时，其抗疲劳磨损能力最大。对传动齿轮的齿面，硬度在58～62HRC最佳，而当齿面受冲击载荷时，硬度宜取下限。此外，两个接触滚动体表面硬度匹配也很重要。例如，滚动轴承中，以滚道和滚动元件的硬度相近，或者滚动元件比滚道硬度高出10%为宜。

（2）接触表面粗糙度　试验表明，适当降低表面粗糙度，可有效提高抗疲劳磨损的能力。例如，滚动轴承表面粗粮度由Ra0.40μm降低到Ra0.20μm，寿命可提高2～3倍；由Ra0.20μm降低到Ra0.10μm，寿命可提高1倍；而降低到Ra0.05μm以下，则对寿命的提高影响甚小。表面粗糙度要求的高低与表面承受的接触应力有关，通常接触应力大，或表面硬度高时，均要求表面粗糙度低。

（3）表面残余内应力　一般来说，表层在一定深度范围内存在有残余压应力，不仅可以提高弯曲、扭转疲劳强度，还能提高接触疲劳强度，减小疲劳磨损。但是残余压应力过大也有害。

（4）其他因素　润滑油的选择很重要，润滑油黏度越高越利于改善接触部分的压力分布，同时不易渗入表面裂纹中，这对抗疲劳磨损均十分有利；而润滑油中加入活性氯化物添加剂或是能产生化学反应形成酸类物质的添加剂，则会降低轴承的疲劳寿命。机械设备装配精度影响齿轮齿面的啮合接触面的大小，也对轮齿的接触疲劳寿命有明显影响。具有腐蚀作用的环境因素对疲劳磨损往往有加速作用，如润滑油中的水。

（四）腐蚀磨损

在摩擦过程中，金属同时与周围介质发生化学反应或电化学反应，引起金属表面的腐蚀剥落，这种现象称为腐蚀磨损。它是与机械磨损、黏着磨损、磨料磨损等相结合时才能形成的一种机械化学磨损。因此，腐蚀磨损的机理与前述三种磨损的机理不同。腐蚀磨损是一种极为复杂的磨损过程，经常发生在高温或潮湿的环境下，更容易发生在有酸、碱、盐等特殊介质的条件下。

按腐蚀介质的不同类型，腐蚀磨损可分为氧化磨损和特殊介质下的腐蚀磨损两大类。

1. 氧化磨损

除金、铂等少数惰性金属外，大多数金属表面都被氧化膜覆盖着。在摩擦过程中，氧化膜被磨掉，摩擦表面与空气或润滑油中的氧或氧化性介质反应速度很快，立即又形成新的氧化膜，然后又被磨掉，这种氧化膜不断被磨掉又反复形成的过程，就是氧化磨损。

氧化磨损的产生必须同时具备以下条件：一是摩擦表面要能够发生氧化，而且氧化膜生成速度大于其磨损破坏速度；二是氧化膜与摩擦表面的结合强度大于摩擦表面承受的切应力；三是氧化膜厚度大于摩擦表面破坏的深度。

在通常情况下，氧化磨损比其他磨损轻微得多。

减少或消除氧化磨损的对策主要有以下几种：

（1）控制氧化膜生长的速度与厚度　在摩擦过程中，金属表面形成氧化物的速度要比非摩擦时快得多。在常温下，金属表面形成的氧化膜厚度非常小，例如铁的氧化膜厚度为1~3nm，铜的氧化膜厚度约为5nm。但是，氧化膜的生成速度随时间而变化。

（2）控制氧化膜的性质　金属表面形成的氧化膜的性质对氧化磨损有重要影响。若氧化膜紧密、完整无孔，与金属表面基体结合牢固，则有利于防止金属表面氧化；若氧化膜本身性脆，与金属表面基体结合差，则容易被磨掉。例如铝的氧化膜是硬脆的，在无摩擦时，其保护作用大，但在摩擦时，其保护作用很小。低温下，铁的氧化物是紧密的，与基体结合牢固，但在高温下，随着厚度增大，内应力也增大，将导致膜层开裂、脱落。

（3）控制硬度　当金属表面氧化膜硬度远大于与其结合的基体金属的硬度时，在摩擦过程中，即使在小的载荷作用下，也易破碎和磨损；当两者相近时，在小载荷、小变形条件下，因两者变形相近，故氧化膜不易脱落；但若受大载荷作用而产生大变形，则氧化膜也易破碎。最有利的情况是，氧化膜硬度和基体硬度都很高，在载荷作用下变形小，氧化膜不易破碎，耐磨性好，例如镀硬铬时，其硬度为900HBS左右，铬的氧化膜硬度也很高，所以镀硬铬在零件摩擦面得到广泛应用。然而，大多数金属氧化物都比原金属硬而脆，厚度又很小，故对摩擦表面的保护作用很有限。但在不引起氧化膜破裂的情况下，表面的氧化膜层有防止金属之间黏着的作用，因而有利于抗黏着磨损。

2. 特殊介质下的腐蚀磨损

特殊介质下的腐蚀磨损是摩擦副表面金属材料与酸、碱、盐等介质作用生成的各种化合物，在摩擦过程中不断被磨掉的磨损过程。其机理与氧化磨损相似，但磨损速度较快。

由于其腐蚀本身是化学或电化学的性质，故腐蚀磨损的速度与介质的腐蚀性质和作用温度有关，也与相互摩擦的两个金属形成的电化学腐蚀的电位差有关。介质腐蚀性越强，作用温度越高，腐蚀磨损速度越快。

减少或消除特殊介质下的腐蚀磨损的对策主要有如下几种：

（1）使摩擦表面受腐蚀时能生成一层结构紧密且与金属基体结合牢固、阻碍腐蚀继续发生或使腐蚀速度减缓的保护膜，可使腐蚀磨损速度减小。

（2）控制机械零件或构件所处的应力状态，因为这对腐蚀影响很大。当机械零件受到重复应力作用时，所产生的腐蚀速度比不受应力时快得多。

（五）微动磨损

两个接触表面由于受相对低振幅振荡运动而产生的磨损，称为微动磨损。它产生于相对静止的接合零件上，因而往往易被忽视。微动磨损的最大特点是：在外界变动载荷作用下，产生振幅很小（小于 100μm，一般为 2~20μm）的相对运动，由此发生摩擦磨损。例如在键连接处、过盈配合连接处、螺栓连接处、铆钉连接接头处等结合面上产生的磨损。

微动磨损使配合精度下降，过盈配合部件结合紧度下降甚至发生松动，连接件松动乃至分离，严重时会引起事故。微动磨损还易引起应力集中，导致连接件疲劳断裂。

1. 微动磨损的机理

由于微动磨损集中在局部范围内，同时两个摩擦表面不脱离接触，磨损产物不易往外排除，磨屑在摩擦表面起着磨料的作用；又因摩擦表面之间的压力使表面凸起部分黏着，黏着处被外界小振幅引起的摆动所剪切，剪切处表面又被氧化，所以微动磨损兼有黏着磨损和氧化磨损的作用。

微动磨损是一种兼有磨料磨损、黏着磨损和氧化磨损的复合磨损形式。

2. 减少或消除微动磨损的对策

实践与试验表明，外界条件（如载荷、振幅、温度、润滑等）及材质对微动磨损影响相当大，因而，减少或消除微动磨损的对策主要有以下几个方面：

（1）载荷　在一定条件下，随着载荷增大，微动磨损量将增加，但是当超过某临界载荷之后，微动磨损量将减小。采用超过临界载荷的紧固方式可有效减少微动磨损。

（2）振幅　当振幅较小时，单位磨损率较小；当振幅超过 50~150μm 时，单位磨损率显著上升。因此，应有效地将振幅控制在 30μm 以内。

（3）温度　对于低碳钢，在 0℃ 以上时，微动磨损量随温度上升而逐渐降低；在 150~200℃时，微动磨损量突然降低；继续升高温度，微动磨损量上升；温度从 135℃升高到 400℃时，微动磨损量增加 15 倍。对于中碳钢，在其他条件不变、温度为 130 ℃时，微动磨损量发生转折；超过此温度，微动磨损量大幅度降低。

（4）润滑　用黏度大、抗剪切强度高的润滑脂有一定效果，固体润滑剂（如 MoS_2、PTFE 等）效果更好。而普通的液体润滑剂对防止微动磨损效果不佳。

（5）材质性能　提高硬度及选择适当材料配副，都可以减小微动磨损。将一般碳钢表面硬度从 180HV 提高到 700HV 时，微动磨损量可降低 50%。一般来说，抗黏着性能好的材料配副，对抗微动磨损也好。采用表面处理（如硫化或磷化处理以及镀上金属镀层），是降低微动磨损的有效措施。

二、机械零件的变形及其对策

机械零件或构件在外力的作用下，产生形状或尺寸变化的现象，称为变形。过量的变形是机械失效的重要类型，也是判断韧性断裂的明显征兆。例如，各类传动轴的弯曲变形、桥式起重机主梁的下挠或扭曲变形、汽车大梁的扭曲变形、弹簧的变形等。变形量随着时间的不断增加，逐渐改变了产品的初始参数，当超过允许极限时，将丧失规定的功能。有的机械零件因变形引起结合零件出现附加载荷、相互关系失常或加速磨损，甚至造成断裂等灾难性后果。

根据外力去除后变形能否恢复，机械零件或构件的变形可分为弹性变形和塑性变形两大类。

（一）弹性变形

金属零件在作用应力小于材料屈服强度时产生的变形，称为弹性变形。弹性变形的特点有如下几项：

（1）当外力去除后，零件变形消除，恢复原状。

（2）材料弹性变形时，应变与应力成正比，其比值称为弹性模量，它表示材料对弹性变形的阻力。在其他条件相同时，材料的弹性模量越高，由这种材料制成的机械零件或构件的刚度越高，在受到外力作用时保持其固有的尺寸和形状的能力就越强。

（3）弹性变形量很小，一般不超过材料原长度的0.1%~1.0%。

在金属零件使用过程中，若产生超量弹性变形（超量弹性变形是指超过设计允许的弹性变形），则会影响零件正常工作。例如，当传动轴工作时，超量弹性变形会引起轴上齿轮啮合状况恶化，影响齿轮和支承它的滚动轴承的工作寿命；机床导轨或主轴超量弹性变形，会引起加工精度降低甚至不能满足加工精度。因此，在机械设备运行中，防止超量弹性变形是十分必要的。除了合理的设计外，正确使用也十分重要，应严防超载运行，注意运行温度规范，防止热变形等。

（二）塑性变形

塑性变形又称为永久变形，是指机械零件在外加载荷去除后留下来的一部分不可恢复的变形。金属零件的塑性变形从宏观形貌特征上看，主要有翘曲变形、体积变形和时效变形三种形式。

（1）翘曲变形　当金属零件本身受到某种应力（如机械应力、热应力或组织应力等）的作用，其实际应力值超过了金属在该状态下的拉伸屈服强度或压缩屈服强度之后，就会产生翘曲、椭圆或歪扭的塑性变形。因此，金属零件产生翘曲变形是它自身受到复杂应力综合作用的结果。翘曲变形常见于细长轴类、薄板状零件，以及薄壁的环形和套类零件。

（2）体积变形　金属零件在受热与冷却过程中，由于金相组织转变引起比容变化，导致金属零件体积胀缩的现象，称为体积变形。例如，钢件淬火相变时，奥氏体转变为马氏体或下贝氏体时比容增大，体积膨胀，淬火相变后残留奥氏体的比容减小，体积收缩。马氏体形成时的体积变化程度与淬火相变时马氏体中的含碳量有关。钢件中含碳量越多，形成马氏体时的比容变化越大，膨胀量也越大。此外，钢中碳化物不均匀分布往往会增大变形程度。

（3）时效变形　钢件热处理后产生不稳定组织，由此引起的内应力处于不稳定状态；铸件在铸造过程中形成的铸造内应力也处于不稳定状态。在常温下较长时间的放置或使用，不稳定状态的应力会逐渐发生转变，并趋于稳定，由此伴随产生的变形称为时效变形。

塑性变形导致机械零件各部分尺寸和外形的变化，将引起一系列不良后果。例如，机床主轴发生塑性弯曲，将不能保证加工精度，导致废品率增大，甚至使主轴不能工作。

零件的局部塑性变形虽然不像零件的整体塑性变形那样引起明显失效，但也是引起零件失效的重要形式。如键连接、花键连接、挡块和销钉等，由于静压力作用，通常会引起配合的一方或双方的接触表面挤压（局部塑性变形），随着挤压变形的增大，特别是对那些能够反向运动的零件将引起冲击，使原配合的关系破坏的过程加剧，从而导致机械零件失效。

（三）防止和减少机械零件变形的对策

变形是不可避免的，通常可从以下四个方面采取相应的对策防止和减少机械零件变形：

（1）设计　设计时，不仅要考虑零件的强度，还要重视零件的刚度和制造、装配、使用拆卸、修理等问题。

①正确选用材料，注意工艺性能。如铸造的流动性、收缩性；锻造的可锻性、冷镦性；焊接的冷裂、热裂倾向性；机加工的可切削性；热处理的淬透性、冷脆性等。

②合理布置零件，选择适当的结构尺寸。如避免尖角，棱角改为圆角、倒角；厚薄悬殊的部分可开工艺孔或加厚厚薄过渡区域；安排好孔洞位置，把盲孔改为通孔等。形状复杂的零件在可能条件下采用组合结构、镶拼结构，以改善受力状况。

③在设计中，注意应用新技术、新工艺和新材料，减少制造时的内应力和变形。

（2）加工　在加工中，要采取一系列工艺措施来防止和减少变形。对毛坯要进行时效处理，以消除其残余内应力。时效有自然时效和人工时效两种。自然时效，可以将生产出来的毛坯在露天存放1~2年，这是因为毛坯材料的内应力有在12~20个月逐渐消失的特点，其时效效果最佳；缺点是时效周期太长。人工时效可使毛坯通过高温退火、保温缓冷而消除内应力，也可利用振动作用来进行人工时效。高精度零件在精加工过程中必须安排人工时效。

在制定零件机械加工工艺规程中，均要在工序、工步的安排以及工艺装备和操作上，采取减少变形的工艺措施。例如，粗、精加工分开，在粗、精加工中间留出一段存放时间，以利于消除内应力。

机械零件在加工和修理过程中，要减少基准的转换，保留加工基准留给维修时使用，减少维修加工中因基准不统一而造成的误差。对于经过热处理的零件来说，注意预留加工余量、调整加工尺寸、预加变形是非常必要的。在知道零件的变形规律之后，可预先加以反向变形量，经热处理后两者抵消；也可预加应力或控制应力的产生和变化，使最终变形量符合要求，达到减少变形的目的。

（3）修理　在修理中，既要满足恢复零件的尺寸、配合精度、表面质量等技术要求，还要检查和修复主要零件的形状、位置误差。为了尽量减少零件在修理中产生的应力和变形，应当制定与变形有关的标准和修理规范，设计简单可靠、易操作的专用量具和工、夹具，同时注意大力推广“三新”技术，特别是新的修复技术，如刷镀、黏接等。

（4）使用　加强设备管理，制定并严格执行操作规程，加强机械设备的检查和维护，不得超负荷运行，避免局部超载或过热等。

三、机械零件的断裂及其对策

断裂是指零件在机械、热、磁、腐蚀等单独作用或者联合作用下，其本身连续性遭到破坏，发生局部开裂或分裂成几部分的现象。

机械零件断裂后不仅完全丧失工作能力，而且还可能造成重大的经济损失或伤亡事故。尤其是现代机械设备日益向着大功率、高转速的趋势发展，机械零件断裂失效的概率有所提高。尽管与磨损、变形相比，机械零件因断裂而失效的机会很少，但机械零件的断裂往往会造成严重的机械事故，产生严重的后果，是一种最危险的失效形式。

机械零件的断裂一般可分为延性断裂、脆性断裂、疲劳断裂和环境断裂四种形式。

（一）延性断裂

延性断裂又称为塑性断裂或韧性断裂。当外力引起的应力超过抗拉强度时发生塑性变形后造成断裂就称为延性断裂。延性断裂的宏观特点是断裂前有明显的塑性变形，常出现“缩颈”现象。延性断裂断口形貌的微观特点是断面有大量韧窝（即微坑）覆盖。延性断裂实际上是显微空洞形成、长大、连接以致最终导致断裂的一种破坏方式。

（二）脆性断裂

金属零件或构件在断裂之前无明显的塑性变形，发展速度极快的一类断裂，叫脆性断裂。它通常在没有预示信号的情况下突然发生，是一种极危险的断裂形式。

（三）疲劳断裂

机械设备中的许多零件，如轴、齿轮、凸轮等，都是在交变应力作用下工作的。它们工作时所承受的应力一般都低于材料的屈服强度或抗拉强度，按静强度设计的标准是安全的。但在实际生产中，在重复及交变载荷的长期作用下，机械零件或构件仍然会发生断裂，这种现象称为疲劳断裂，它是一种普通而严重的失效形式。在机械零件的断裂失效中，疲劳断裂占很大的比重，为80%~90%。

疲劳断裂的类型很多，根据循环次数的多少，可分为高周疲劳和低周疲劳两种类型。

高周疲劳通常简称为疲劳，又称为应力疲劳，是指机械零件断裂前在低应力（低于材料的屈服强度甚至弹性极限）下，所经历的应力循环周次数多（一般大于10^5次）的疲劳，是一种常见的疲劳破坏。如曲轴、汽车后桥半轴、弹簧等零部件的失效，一般均属于高周疲劳破坏。

低周疲劳又称为应变疲劳。低周疲劳的特点是承受的交变应力很高，一般接近或超过材料的屈服强度，因此每一次应力循环都有少量的塑性变形，而断裂前所经历的循环周次较少，一般只有10^2~10^5次，寿命短。

（四）环境断裂

环境断裂是指材料与某种特殊环境相互作用而引起的具有一定环境特征的断裂方式。延性断裂、脆性断裂、疲劳断裂均未涉及材料所处的环境，实际上机械零件的断裂，除了与材料的特性、应力状态和应变速度有关外，还与周围的环境密切相关，尤其是在腐蚀环境中，材料表面的裂纹边缘由于氧化、腐蚀或其他过程使材料强度下降，促使材料发生断裂。环境断裂主要有应力腐蚀断裂、氢脆断裂、高温蠕变断裂、腐蚀疲劳断裂及冷脆断裂等形式。

减少或消除机械零件断裂的对策有如下几种：

（1）设计 在金属结构设计上要合理，尽可能减少或避免应力集中，合理选择材料。

（2）工艺 采用合理的工艺结构，注意消除残余应力，严格控制热处理工艺。

使用中按设备说明书操作，使用机电设备，杜绝超载使用机电设备。

四、机械零件的蚀损及其对策

机械零件的蚀损，即机械零件的腐蚀损伤，是指金属材料与周围介质差生化学反应或电化学反应而导致的破坏，如疲劳点蚀、腐蚀和穴蚀等，统称为蚀损。疲劳点蚀是指零件在循环接触应力作用下表面发生的点状剥落的现象；腐蚀是指零件受周围介质的化学及电化学作用，表层金属发生化学变化的现象；穴蚀是指零件在温度变化和介质的作用下，表面产生针状孔洞，并不断扩大的现象。

金属腐蚀是普遍存在的自然现象，它所造成的经济损失十分惊人。据不完全统计，全世界因腐蚀而不能继续使用的金属零件，约占其产量的10%以上。

金属零件由于周围的环境以及材料内部成分和组织结构的不同，腐蚀破坏有凹洞、斑点和溃疡等多种形式。

按金属与介质作用机理，机械零件的蚀损可分为化学腐蚀和电化学腐蚀两大类。

（一）机械零件的化学腐蚀

化学腐蚀，是指单纯由化学作用而引起的腐蚀。在这一腐蚀过程中，不产生电流，介质是非导电的。化学腐蚀的介质一般有两种形式：一种是气体腐蚀，指干燥空气、高温气体等介质中的腐蚀；另一种是非电解质溶液中的腐蚀，指有机液体、汽油、润滑油等介质中的腐蚀，它们与金属接触时进行化学反应，形成表面膜，在不断脱落又不断生成的过程中，使零件腐蚀。

大多数金属在室温下的空气中就能自发地氧化，但在表面形成氧化物层之后，如能有效地隔离金属与介质间的物质传递，氧化物层就成为保护膜；如果氧化物层不能有效阻止氧化反应的进行，那么金属将不断地被氧化。

据研究，金属氧化膜要在含氧气的条件下起保护膜作用，必须具有下列条件：

（1）氧化膜必须是紧密的，能完整地把金属表面全部覆盖住，即氧化膜的体积必须比生成此膜所消耗掉的金属的体积大。

（2）氧化膜在气体介质中是稳定的。

（3）氧化膜和基体金属的结合力强，且有一定的强度和塑性。

（4）氧化膜具有与基体金属相同的热膨胀系数。

例如，在高温空气中，铁和铝都能生成完整的氧化膜，由于铝的氧化膜同时具备了上述四种条件，故具有良好保护性能；而铁的氧化膜与铁结合不良，故起不了保护作用。

（二）机械金属零件的电化学腐蚀

电化学腐蚀是金属与电解质物质接触时产生的腐蚀。大多数金属的腐蚀都属于电化学腐蚀，其涉及面广，造成的经济损失大。电化学腐蚀与化学腐蚀的不同点在于，其腐蚀过程有电流产生。电化学腐蚀过程比化学腐蚀强烈得多，这是由于电化学腐蚀的条件易形成和存在决定的。

电化学腐蚀的根本原因是腐蚀电池的形成。在原电池中，作为阳极的锌被溶解，作为阴极的铜不会被溶解，在电解质溶液中有电流产生。电化学腐蚀原理与此很相近，同样需要形成原电池的三个条件：两个或两个以上的不同电极电位的物体，或在同一物体中具有不同电极电位的区域，以形成正、负极；电极之间需要有导体相连接或电极直接接触；有电解液。金属材料中一般都含有其他合金或杂质（如碳钢中含有渗碳体，铸铁中含有石墨等），由于这些杂质的电极电位的数值比铁本身大，便产生了电位差，而且它们又都能导电，杂质又与基体金属直接接触，所以当有电解质溶液存在时，便会构成腐蚀电池。

腐蚀电池有微电池和宏观腐蚀电池两种。上述腐蚀电池中由于渗碳体和石墨含量非常小，作为腐蚀电池中的阴极常称为微阴极。这种腐蚀电池称为微电池。当不同金属浸于不同电解质溶液，或两种相接触的金属浸于电解质溶液，或同一金属与不同的电解质溶液（包括浓度、温度、流速不同）接触，这时构成腐蚀电池阳极的是金属整体或其局部，这种腐蚀电池称为宏观腐蚀电池。

金属零件常见的电化学腐蚀形式主要有：

（1）大气腐蚀　即潮湿空气中的腐蚀。

（2）土壤腐蚀　如地下金属管线的腐蚀。

（3）在电解质溶液中的腐蚀　如酸、碱、盐等溶液中的腐蚀。

（4）在熔融盐中的腐蚀　如热处理车间，熔盐加热炉中的盐炉电极和所处理的金属发生的腐蚀。

（三）减少或消除机械零件腐蚀损伤的对策

（1）正确选材　根据环境介质和使用条件，选择合适的耐腐蚀材料，如含有镍、铬、铝、硅、钛等元素的合金钢；在条件许可的情况下，尽量选用尼龙、塑料、陶瓷等材料。

（2）合理设计　在制造机械设备时，即使采用了较优质的材料，如果在结构的设计上不从金属防护角度加以全面考虑，则常会引起机械应力、热应力以及流体的停滞和聚集、局部过热等，从而加速腐蚀过程。因此，设计结构时，应尽量使整个部位的所有条件均匀一致，做到结构合理、外形简化、表面粗糙度合适。

（3）覆盖保护层　在金属表面上覆盖一层不同的材料，可改变表面结构，使金属与介质隔离开来，以防止腐蚀。常用的覆盖材料有金属或合金、非金属保护层和化学保护层等。

（4）电化学保护　对被保护的机械设备通以直流电流进行极化，以消除电位差，使之达到某一电位时，被保护金属的腐蚀可以很小，甚至呈无腐蚀状态。这种方法要求介质必须是导电的、连续的。

（5）添加缓蚀剂　在腐蚀性介质中加入少量缓蚀剂（缓蚀剂是指能减小腐蚀速度的物质），可减轻腐蚀。按化学性质的不同，缓蚀剂有无机化合物和有机化合物两类。无机化合物，能在金属表面形成保护，使金属与介质隔开，如重铬酸钾、硝酸钠、亚硫酸钠等；有机化合物，能吸附在金属表面上，使金属溶解和还原反应都受到抑制，减轻金属腐蚀，如胺盐、琼脂、动物胶、生物碱等。

（6）改变环境条件　将环境中的腐蚀介质去除，可减少其腐蚀作用，如采用通风、除湿、去掉二氧化硫气体等。对常用金属材料来说，把相对湿度控制在临界湿度（50%～70%）以下，可显著减缓大气腐蚀。

思考题与习题

1. 简述设备维修技术的作用。
2. 何为机电设备的故障？故障分为哪几种？
3. 简述失效的概念。
4. 影响机械零件磨损的基本因素包括哪些？
5. 机械零件磨损的过程分为哪几个阶段？每个阶段有什么特点？
6. 机械零件的磨损根据破坏程度的不同分为哪几种类型？每种类型减少或消除的对策分别是什么？
7. 何为机械零件的变形？
8. 机械零件的弹性变形有什么特点？
9. 何为塑性变形？从宏观形貌特征上分，可分为哪几种类型？
10. 防止和减少机械零件变形的对策有哪些？
11. 机械零件的断裂一般可以分为哪四种形式？
12. 减少或消除机械零件断裂的对策有哪些？
13. 机械零件的腐蚀分为哪两种类型？每种类型有何特点？
14. 机械零件的常见电化学腐蚀的形式主要有哪些？
15. 减少或消除机械金属零件腐蚀的对策有哪些？

第二章　机电设备的拆卸与装配

【学习目标】熟悉和掌握：

1. 设备修理前的准备工作；设备的拆卸、清洗、检验鉴定。
2. 设备零件更换原则及装配，机械零件的测绘。

第一节　设备修理前的准备工作

一、设备修理的方式

机械设备修理主要分为两种情况：一种是按计划进行的修理，即所谓“计划预修制”的修理；另一种是机械设备产生了故障，不排除故障则不能进行正常工作，即排除故障的修理，这种修理具有一定的随机性。

（一）计划预修制

机械设备经过一段时间的使用，其零件表面必然会磨损，从而丧失该机械设备应有的精度。有时候这些机械设备看起来还能“正常”运转，但其某些零件已接近稳定磨损期的末期，如果继续运行，则会产生急剧磨损，损害整个机械设备的寿命。因此，为了保持设备应有的精度和工作能力，防止设备过早因磨损产生意外事故，延长设备的使用寿命，使设备完好率保持在较高的水平，机械设备（例如金属切削机床）要进行计划预修。计划预修的修理类别有：大修、项目修理（项修）、小修和定期精度调整。

（1）大修　机械设备的大修是工作量最大的一种计划修理。大修包括：对机械设备的全部或大部分部件解体；修复基准件；更换或修复全部不合格的零件；修理、调整机械设备的电气系统；修复机械设备的附件以及翻新外观等。大修的目的是全面消除修前存在的缺陷，恢复机械设备的规定精度和性能。机械设备大修的一般工作程序如图 2-1 所示。

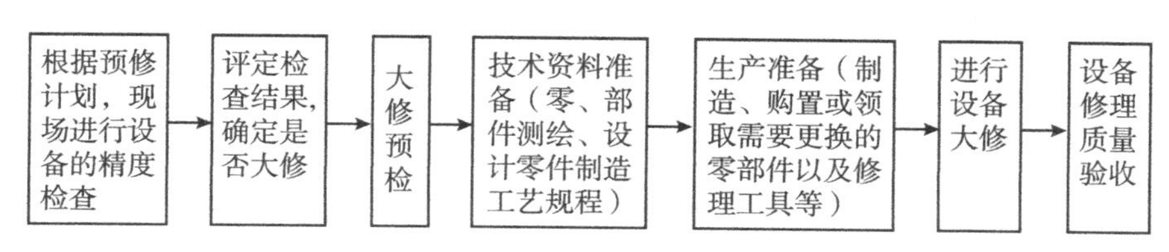

图 2-1　设备大修的工作程序

（2）项修　项修是根据机械设备的实际技术状态，对状态劣化已达不到生产工艺要求的项目，按实际需要进行针对性的修理。项修时，一般要进行部分拆卸、检查，更换或修复失效的零件，必要时，还要对基准件进行局部修理和校正坐标，从而恢复维修部分的性能和精度。项修的工作量视实际情况而定。

（3）小修　机械设备的小修是工作量最小的一种计划修理。对于实行状态（监测）维修的机械设备，小修的工作内容主要是针对日常抽检和定期检查发现的问题，拆卸有关的零、部件，进行检查、调整、更换或修复，以恢复机械设备的正常功能。对于实行定期维修的机械设备，小修的工作内容主要是根据掌握的磨损规律，更换或修复在修理间隔期内失效或即将失效的零件，并进行调整，以保证设备的正常工作能力。

机械设备大修、项修与小修工作内容的比较见表 2-1。

表 2-1　**机械设备大修、项修与小修工作内容的比较**

标准要求 修理类别	大修	项修	小修
拆卸分解程度	全部拆卸分解	针对检查部位，部分拆卸分解	拆卸、检查部分磨损严重的机件和污渍部位
修复范围和程度	维修基准件，更换或修复主要件、大型件及所有不合格的零件	根据维修项目，对维修部件进行修复，更换不合格的零件	清除污渍积垢，调整零件间隙及相对位置，更换或修复不能使用的零件，修复达不到完好程度的部位
刮研程度	加工和刮研全部滑动接合面	根据维修项目决定刮研部位	必要时局部修刮，填补划痕
精度要求	按大维修精度及通用技术标准查验收	按预定要求验收	按设备完好标准要求验收
表面修饰要求	全部外表面刮腻子，抛光，喷漆，手柄等零件重新电镀	补漆或不进行	不进行

（4）定期精度调整　定期精度调整是指对精、大、稀机床的几何精度定期进行调整，使其达到（或接近）规定标准；精度调整的周期一般为 1～2 年。调整时间最好安排在气温变化较小的季节。如在我国北方，以每年的 5、6 月份或 9、10 月份为宜。实行定期精度调整，有利于保持机床精度的稳定性，保证产品质量。

（二）排除故障修理

机械设备运行一定时间后，由于某种机理障碍（主要由物理、化学等内在原因或操作失误、维护不良等外在原因引起）而使机械设备出现不正常情况或丧失局部功能的状态，称为“故障”。这种不正常情况及局部功能的丧失通常是可以修复的，我们把这种排除故障、恢复机械设备功能的工作，称为排除故障修理。按照修理的实践来划分故障种类，有精度性故障、磨损性故障、调整性故障和责任性故障等。排除故障修理的工作程序如图 2-2 所示。

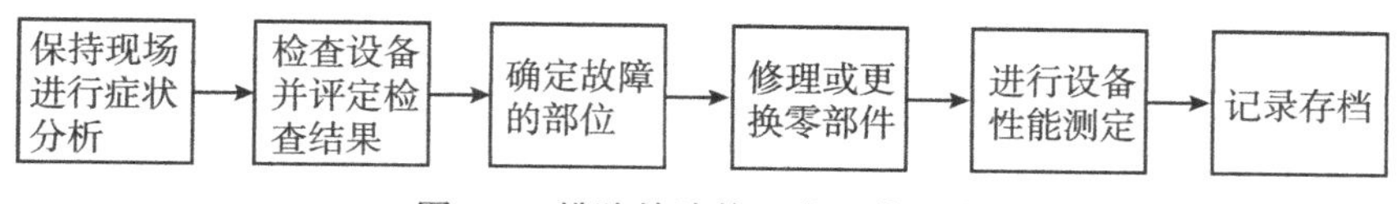

图 2-2 排除故障修理的工作程序

二、机械零件的修理方案

机械零件损坏失效后，多数可采用各种各样的方法修复后重新使用。利用旧件修复可大大减少新备件的消耗量，从而减少用于生产备件的设备负担，降低修理成本，也可以避免因备件不足而延长设备的修理时间。但是，当零件无法修复或修复零件在经济上不合算时，则应当更换新件。常用的修理方法有如下几种：

（1）调整法　为了便于维修，很多设备在设计时就考虑到间隙的调整问题。例如 C615 型卧式车床的主轴和轴承磨损后产生的间隙，可以通过调整螺母，使间隙达到车床精度允许的要求。

（2）换位法　由于各种原因，设备的磨损往往是不均匀的。设备零件的某部分可能磨损较严重，而其他部分却几乎没有磨损。这时，只要适当调换这个零件的位置，就能使设备达到正常工作状态。如齿轮液压泵或叶片液压泵的壳体内表面，吸油腔为易磨损部位，简单而经济的修理方法是将泵体绕本身轴线旋转 180°，使对称结构相同且磨损不大的压油腔转换为吸油腔，就能使泵体正常运行，重新得到利用。

（3）维修尺寸法　配对零件磨损后，将其中一个成本相对较高的零件进行再加工，使其具有正确的几何形状，根据加工后零件的尺寸更换另一个零件，恢复配合件的工作能力。配合件的尺寸与原来不同，这个新尺寸称为维修尺寸。例如，C615 车床主轴轴颈磨损后，重新磨削至预定的尺寸，按此尺寸更换轴承。这种方法能节省材料，修复质量高而且简便，因此在修理工作中常被采用。

（4）附加零件法　当配合件磨损时，分别进行机械加工，恢复为正确的几何形状，然后在配合孔中压入一个附加零件，以达到原配合精度要求。例如，C615 车床主轴箱的主轴孔圆度误差大，则将孔扩大后压入铜套，并将铜套的内孔扩至配合要求。该方法适合于磨损严重的主轴箱等设备的修复。

（5）局部更换法　将零件损坏的部分铲除掉，再镶上一部分，并使零件复原。例如，车床齿轮组中某一齿轮遭到不正常磨损，可将磨损部分退火后切去，再镶上一新齿圈，铣齿后再淬火，使零件复原。

（6）恢复尺寸法　这是使磨损的零件恢复原来的形状尺寸和精度的方法。根据增补层与基体结合的方法可分为：

①机械结合法，如金属喷镀、嵌丝补裂纹等。

②电沉积结合法，在电场作用下，镀液中的金属离子在金属表面上还原而形成金属沉

积层，如槽镀和近几年采用的快速电镀新方法，广泛用于零件的修复。

③熔接法，如气焊、电焊，锻接等。

④黏接法，采用 101 胶和 618 环氧树脂等黏接剂来修复导轨、轴颈的磨损面，也可直接黏接受力不大的零件。

⑤挤压法，用压力加工的方法，把零件上备用的一部分金属挤压到磨损的工作面上去，以增补磨损掉的金属。

⑥更换新零件法，对损坏严重、无法修复或不值得修复的零件，可以更换新的零件。对可以修复的零件，有时也用新零件更换，将换下的零件集中起来成批进行修复。

三、设备修理前的准备工作

设备修理前的准备工作包括技术准备和生产准备两方面的内容。设备修理前的准备工作的程序如图 2-3 所示，图中实线为传递程序，虚线为信息反馈。

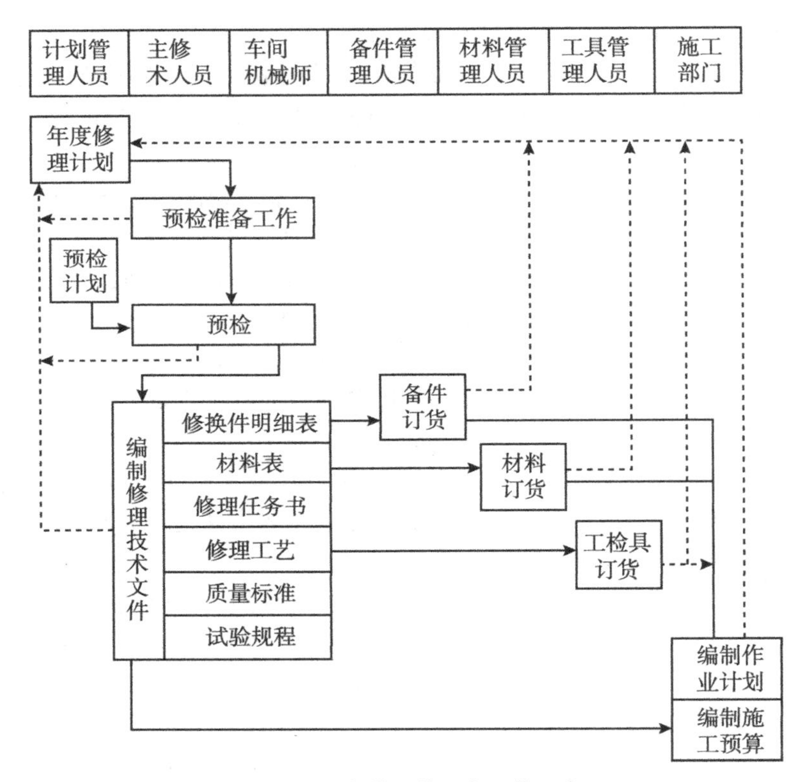

图 2-3　设备修理前准备工作程序

设备修理前的技术准备工作由主修技术人员负责。首先要为设备的修理提供技术依据，如设备图册、设备修理年度计划或修理准备工作计划，设备使用过程中的故障修理记录、设备的修理内容及修理的方案、设备的各项技术性能等。然后根据设备的损坏状况及年度修理计划确定设备修理的组织形式，以达到保证修理质量、缩短停修时间、降低修理费用的目的。最后要提供设备修理后的验收标准，并为设备的使用、维护与保养准备必要的资料。

设备修理前的生产准备工作由备件、材料、工具的管理人员和修理单位的计划人员负责。该项工作包括修理用主要材料、备件和专用工具、检具、研具的订货，制造和验收入库以及修理作业计划的编制等。

（一）设备修理前的技术准备工作

设备主修工程技术人员根据年度机械设备的修理计划或修理准备工作计划，负责修理前的技术准备工作。对实行状态（监测）维修的设备，可分析过去的故障修理记录，定期维护（包括检查）和技术状态诊断记录确定修理内容和编制修理技术文件；对实行定期维修的设备，一般应先调查修理前设备的技术状态，然后分析确定修理内容和编制修理技术文件。对大型、高精度、关键设备的大修方案，必要时，应从技术和经济角度作可行性分析。

1. 修理前技术状况的调查

技术状况的调查一般可在修前2~8个月分两步进行（项修、小修设备为修前2~4个月，大型复杂设备为修前6~8个月），若有大型铸钢件或锻件，时间还要长些。

第一步：查阅故障修理、定期检查、定期测试及事故等记录；向机械动力员、操作工人及维修工人等了解下列情况：

（1）设备的工作精度和几何精度的变动情况。

（2）设备的负荷能力的变动情况。

（3）发生过故障的部位、原因及故障频率。

（4）曾经检查、诊断出的隐患及其处理情况。

（5）设备是否需要改善维修。

如分析上述情况后认为有必要停机复查，则应由主修技术人员通知计划管理人员安排停机检查计划。

第二步：停机检查的主要内容为：

（1）检查全部或主要几何精度。

（2）测量性能参数降低情况。

（3）检查各转动机械运动的平稳性，有无异常振动和噪声。

（4）检查气压、液压及润滑系统的情况，并检查有无泄漏。

（5）检查离合器、制动器、安全保护装置及操作件是否灵活可靠。

（6）检查电气系统的失效和老化状况。

（7）将设备部分解体，测量基础件和关键件的磨损量，确定需要更换和修复的零件，必要时测绘和核对修换件的图样。

停机检查应做到“三不漏检”，即大型复杂铸锻件、外购件、关键件不漏检，要逐一核查。

2. 修理技术文件的编制

设备大修理常用的技术文件有：

（1）修理技术任务书。

（2）修换件明细表及图样。

（3）电气元件及特殊材料表（正常库存以外的品种规格）。

（4）修理工艺及专用工具、检具、研具的图样及清单。

（5）质量标准。

上述文件编制完成后，交给修理部门的计划人员或生产准备人员，应设法尽量保证在设备大修开始前，将更换件（包括外购件）备齐，并按清单准备好所需用的工具、检具、研具。

（二）设备修理前的生产准备工作

设备修理前的生产准备工作主要包括：材料及备件准备，专用工具、检具、研具的准备，以及修理作业计划的编制。

1. 材料及备件准备

设备主管部门在编制年度修理计划的同时，应编制年度分类材料计划表，提交至材料供应部门。材料的分类为：碳素钢型材、合金钢型材、有色金属型材、电线与电缆、绝缘材料、橡胶、石棉、塑料制品、涂装、润滑油、清洗剂等。备件一般分为外购件和配件，设备管理人员按更换件明细表核对库存量后，确定需订货的品种和数量，并划分出外购和自制。外购件通常是指滚动轴承、传动带、链条、电器元件、液压元件、密封件以及标准紧固件等。配件一般情况下从配件商店、专业备件制造厂或设备制造厂购买，如条件允许，也可自制。

2. 专用工具、检具、研具的准备

工具、检具、研具的精度要求高，应由工具管理人员向工具制造、销售部门提出订货。工具、检具、研具制造完毕后，应按其精度等级，经具有相应检定资格的计量部门检验合格，并附有检定记录，方可办理入库。

3. 修理作业计划的编制

修理作业计划由修理单位的计划员负责编制，并组织主修机械及电气技术人员、修理工（组）长讨论审定。对一般结构不复杂的中、小型设备的大修，可采用“横道图”式作业计划和加上必要的文字说明；对于结构复杂的高精度、大型、关键设备的大修，应采用网络式计划。

修理作业计划的主要内容是：①作业程序；②分阶段、分部作业所需的工人数、工时及作业天数；③对分部作业之间相互衔接的要求；④需要委托外单位劳务协作的事项及时间要求；⑤对用户配合协作的要求等。

设备大修的一般作业程序如图 2-4 所示。图中仅表示出作业阶段，根据设备的结构特点和修理内容，可以把某些阶段再分解为若干部件的修理程序，并表示出各部件修理的先后及相互衔接的关系。

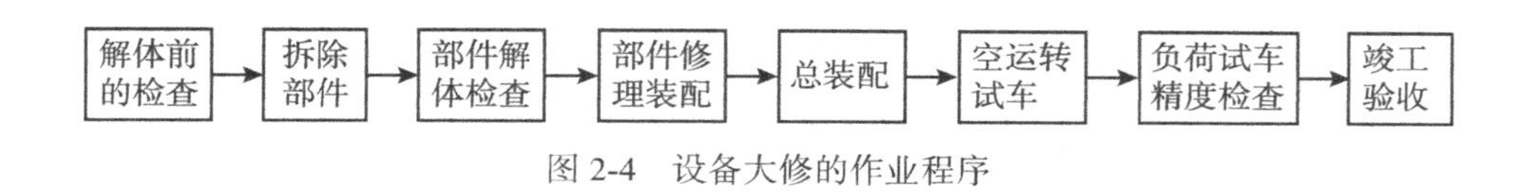

图 2-4　设备大修的作业程序

第二节　机械设备的拆卸

一、机械设备拆卸的一般规律和要求

任何机械设备都是由许多零部件组合成的。需要修理的机械设备，必须经过拆卸，才能对失效的零部件进行修复或更换。如果拆卸不当，则往往造成零部件损坏、设备精度降低等新故障，甚至导致无法修复。机械设备拆卸的目的是为了便于检查和修理机械零部件，拆卸工作约占整个修理工作量的 20%。因此，为了保证修理质量，在动手拆卸解体机械设备前，必须周密计划，对可能遇到的问题做好预案，做到有步骤地进行拆卸。

（一）拆卸前的准备工作

（1）拆卸场地的选择与清理　拆卸前，应选择好工作地点，不要选在有风沙、尘土的地方。工作场地应是避免闲杂人员频繁出入的地方，以防止造成意外的混乱。不要在泥土油污等会弄脏工作场地的地面工作。机械设备进入拆卸地点前，应进行外部清洗，以保证拆卸机械设备不影响其精度。

（2）保护措施　在清洗机械设备外部之前，应预先拆下或保护好电气设备，以免受潮损坏。对于易氧化、锈蚀的零件，要及时采取相应的保护保养措施。

（3）拆前放油　尽可能在拆卸前将机械设备中的润滑油趁热放出，以利于拆卸工作的顺利进行。

（4）了解机械设备的结构、性能和工作原理　为了避免拆卸工作的盲目性，确保修理工作的正常进行，在拆卸前，应详细了解机械设备各方面的状况，熟悉机械设备各个部分的结构特点、传动方式，以及零部件的结构特点和相互间的配合关系，明确其用途和相互间的影响，以便合理安排拆卸步骤和选用适宜的拆卸工具和设施。

（二）拆卸的一般原则

（1）根据机械设备的结构特点，选择合理的拆卸步骤　机械设备的拆卸步骤顺序，一般是由整体拆成总成，由总成拆成部件，由部件拆成零件，或由附件到主机，由外部到内部。在拆卸比较复杂的部件时，必须熟读装配图，并详细分析部件的结构以及零件在部件中所起的作用，特别应注意那些装配精度要求高的零部件。这样，可以避免混乱，使拆卸有序，达到有利于清洗、检查和鉴定的目的，为修理工作打下良好的基础。

（2）合理拆卸　在机械设备的修理拆卸中，应坚持“能不拆的就不拆，该拆的必须拆”的原则。零部件可不必经拆卸就符合维护要求的，就不必拆开，这样不但可减少拆卸工作量，而且还能延长零部件的使用寿命，例如，对于过盈配合的零部件，拆装次数过多会使过盈量消失，从而致使装配不紧固。但是，对于不拆开就难以判断其技术状态，而又可能产生故障的，或无法进行必要保养的零部件，则一定要拆开。

（3）正确使用拆卸工具和设备　在弄清楚了拆卸机械设备零部件的步骤后，合理选择和正确使用相应的拆卸工具是很重要的。拆卸时，应尽量采用专用的或选用合适的工具和设备，避免乱敲乱打，以防零件损伤或变形。例如，拆卸轴套、滚动轴承、齿轮、带轮等，应该使用拔轮器（拉马）；拆卸螺栓或螺母，应尽量采用对应尺寸的固定扳手。

（三）拆卸时的注意事项

（1）对拆卸零件要作好核对工作或作好记号　机械设备中有许多配合的组件和零件，因为经过选配或重量平衡，所以装配的位置和方向均不允许改变。如汽车发动机中各缸的挺杆、推杆和摇臂，在运行中各配合副表面得到较好的磨合，不宜变更原有的匹配关系；又如多缸内燃机的活塞连杆组件，是按重量成组选配的，不能在拆装后互换。因此在拆卸时，有原记号的要核对，如果原记号已错乱或有不清晰者，则应按原样重新标记，以便安装时对号入位，避免发生错乱。

（2）分类存放零件　对拆卸下来的零件存放，应遵循如下原则：同一总成或同一部件的零件应尽量放在一起，根据零件的大小与精密度分别存放，不应互换的零件要分组存放，对易丢失的零件，如垫圈、螺母，要用铁丝串在一起或放在专门的容器里，各种螺栓应装上螺母存放。

（3）保护拆卸零件的加工表面　在拆卸的过程中，一定不能损伤零件的加工表面，否则将给修复工作带来麻烦，并会因此而引起漏气、漏油、漏水等故障，也会导致机械设备的技术性能降低。

二、常用零部件的拆卸方法

常用零部件的拆卸应遵循拆卸的一般原则，结合其各自的特点，采用相应的拆卸方法来达到拆卸的目的。

（一）主轴部件的拆卸

如图 2-5 所示，高精度磨床主轴部件在装配时，其左右两组轴承及其垫圈、轴承外壳、主轴等零件的相对位置是以误差相消法来保证的。为了避免拆卸不当而降低装配精度，在拆卸时，轴承、垫圈、磨具壳体及主轴在圆周方向的相对位置上都应作记号，拆卸下来的轴承及内外垫圈各成一组分别存放，不能错乱。拆卸处的工作台及周围场地必须保持清洁，拆卸下来的零件放入油内，以防生锈。装配时，仍需按原记号方向装入。

（二）齿轮副的拆卸

为了提高传动精度，对传动比为 1 的齿轮副宜采用误差相消法装配，即将一个外齿轮的最大径向跳动处的齿间与另一个齿轮的最小径向跳动处的齿间相啮合。为避免拆卸后再装配的误差不能消除，拆卸时应在两齿轮的相互啮合处作记号，以便装配时恢复原精度。

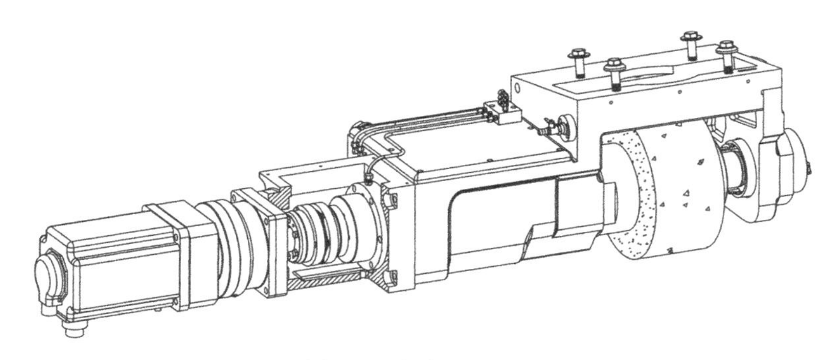

图 2-5　磨床主轴部件

某些特殊的齿轮副，如活塞式内燃机的正时齿轮，必须与其他齿轮保持准确的啮合相位，如齿轮上的正时记号已经模糊不清，则必须做好啮合记号，才允许拆卸。

（三）轴上定位零件的拆卸

在拆卸齿轮箱中的轴类零件时，必须先了解轴的阶梯方向，进而决定拆卸轴时的移动方向，再拆去两端轴盖和轴上的轴向定位零件，如紧固螺钉、圆螺母、弹簧垫圈、保险弹簧等零件。先要解除装在轴上的齿轮、套等不能通过轴盖孔的零件的轴向紧固关系，并注意轴上的键能随轴通过各孔，才能用木锤（橡胶锤，或进行垫木，注意严禁直接使用铁锤）击打轴端而拆下轴，否则不仅拆不下轴，还会对轴造成损伤。

（四）螺纹连接的拆卸

螺纹连接在机电设备中是应用最为广泛的连接方式，它具有结构简单、调整方便和可以多次拆卸装配等优点。其拆卸虽比较容易，但往往因重视不够、工具选用不当、拆卸方法不正确等而造成损坏。因此拆卸螺纹连接件时，一定要注意选用合适的固定扳手或一字旋具，尽量不用活动扳手。某些进口机械设备可能采用英制螺纹连接，注意应使用相应的英制扳手，以免因误用尺寸相近的公制扳手而导致螺母滑角甚至损坏。

对于较难拆卸的螺纹连接件，应先弄清楚螺纹的旋向，不要盲目乱拧或用过长的加力杆。拆卸双头螺栓时，要用专用的扳手。

1. 断头螺钉的拆卸

断头螺钉有断头在机体表面及以下和断头露在机体表面外一部分等情况，根据不同情况，可选用不同的方法进行拆卸。

（1）在螺钉上钻孔，打入多角淬火钢杆，将螺钉拧出。如图 2-6 所示。注意打击力不可过大，以防损坏机体上的螺纹。

（2）在螺钉中心钻孔，攻反向螺纹，拧入反向螺钉旋出。如图 2-7 所示。

（3）在螺钉上钻直径相当于螺纹小径的孔，再用同规格的螺纹刃具攻螺纹；或钻相当于螺纹大径的孔，重新攻一比原螺纹直径大一级的螺纹，并选配相应的螺钉。

（4）用电火花在螺钉上打出方形槽或扁形槽，再用相应的工具拧出螺钉。

如果螺钉的断头露在机体表面外一部分，则可以采用如下方法进行拆卸：

（1）在螺钉的断头上用钢锯锯出沟槽，然后用“一”字旋具将其拧出；或在断头上加工出扁头或方头，然后用扳手拧出。

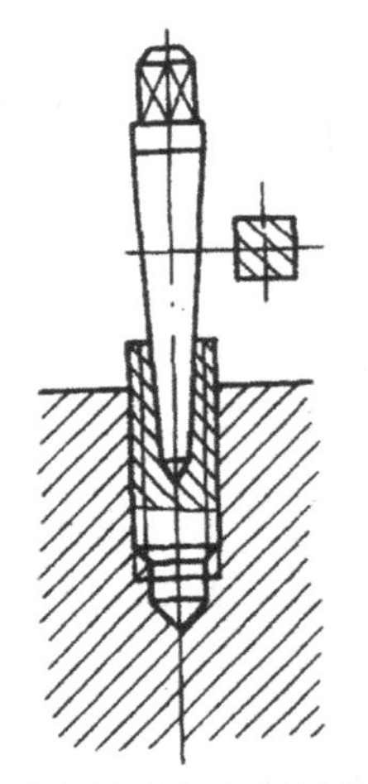

图 2-6 多角淬火钢杆拆卸断头螺钉

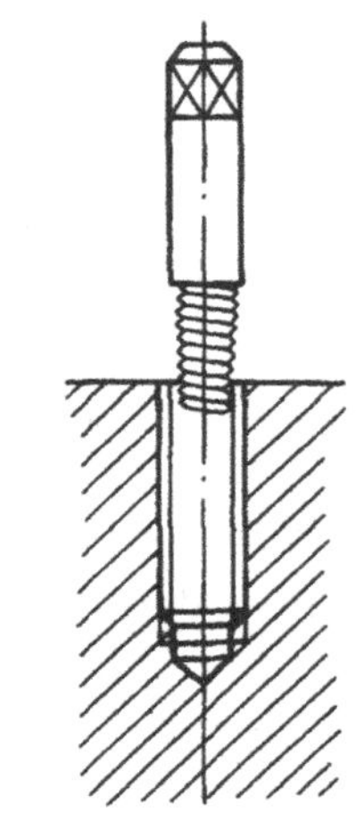

图 2-7 攻反向螺纹拆卸断头螺钉

（2）在螺钉的断头上加焊一弯杆（见图 2-8（a）或加焊一个螺母（见图 2-8（b））拧出。

（3）断头螺钉较粗时，可用扁錾子沿圆周剔出。

2. 打滑内六角螺钉的拆卸

内六角螺钉用于固定连接的场合较多，当内六角磨圆后会产生打滑现象而不容易拆卸，这时用一个孔径稍小一点的六角螺母，放在内六角螺钉头上，如图 2-9 所示。然后将螺母与螺钉焊接成一体，待冷却后用扳手拧六角螺母，即可将螺钉迅速拧出。

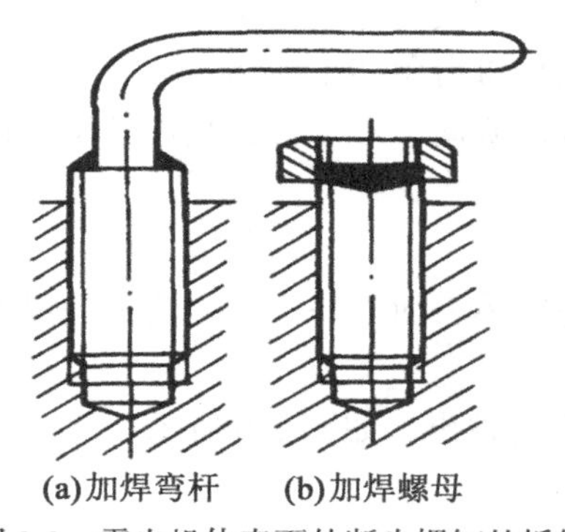

图 2-8 露出机体表面外断头螺钉的拆卸

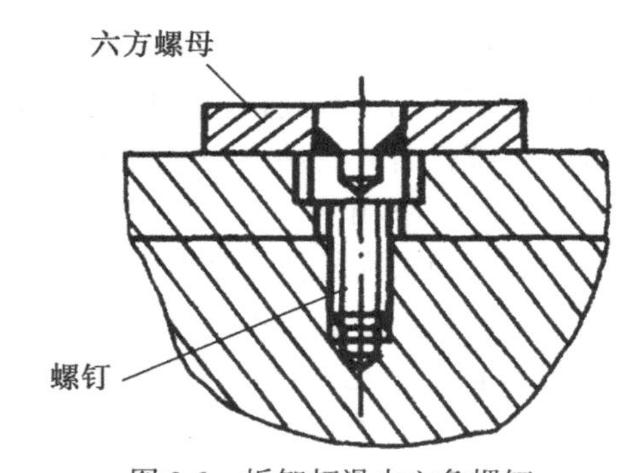

图 2-9 拆卸打滑内六角螺钉

3. 锈死螺纹件的拆卸

锈死螺纹件有螺钉、螺栓、螺母等，当其用于紧固或连接时，由于生锈而很不容易拆卸，这时可采用下列方法进行拆卸：

（1）用手锤敲击螺纹件的四周，以震松锈层，然后将其拧出。

（2）可先向拧紧方向稍拧一点，再向反方向拧，如此反复拧紧和拧松，逐步拧出为止。

（3）在螺纹件四周浇些煤油或松动剂，浸渗一定时间后，先轻轻锤击四周，使锈蚀面略微松动后，再行拧出。

（4）若零件允许，还可采用快速加热包容件的方法，使其膨胀，然后迅速拧出螺纹件。

（5）采用车削、锯割、錾削、气割等方法，破坏螺纹件。

4. 成组螺纹连接件的拆卸

成组螺纹连接件的拆卸，除按照单个螺纹件的方法拆卸外，还要做到如下几点：

（1）首先将各螺纹件拧松 1~2 圈，然后按照“对角交叉、从外到内”的顺序，逐一拆卸，以免力量集中到最后一个螺纹件上，造成难以拆卸或零部件的变形和损坏。

（2）对于难拆部位的螺纹件，要先拆卸下来。

（3）拆卸悬臂部件的环形螺栓组时，要特别注意安全。首先要仔细检查零部件是否垫稳，起重索是否捆牢，然后从下面开始按对称位置拧松螺栓进行拆卸。最上面的一个或两个螺栓，要在最后分解吊离时拆下，以防事故发生或零部件损坏。

（4）注意仔细检查在外部不易观察到的螺纹件，在确定整个成组螺纹件已经拆卸完后，方可将螺纹连接件分离，以免造成零部件损坏。

（五）过盈配合件的拆卸

拆卸过盈配合件时，应视零件配合尺寸和过盈量的大小，选择合适的拆卸方法以及工具和设备，如拔轮器、压力机等，不允许使用铁锤直接敲击零部件，以防损坏零部件。在无专用工具的情况下，可用木锤、铜锤、橡胶锤，或垫以木棒（块）、铜棒（块）用铁锤敲击。

无论使用何种方法拆卸，都要检查有无销钉、螺钉等附加固定或定位装置，若有，则应先拆下；施力部位必须正确，以使零件受力均匀、不歪斜，如对轴类零件，力应作用在受力面的中心；要保证拆卸方向的正确性，特别是带台阶、有锥度的过盈配合件的拆卸。

滚动轴承的拆卸属于过盈配合件的拆卸范畴，它的使用范围较广泛，因为其有自身的拆卸特点，所以在拆卸时，除要遵循过盈配合件的拆卸要点外，还要考虑其自身的特殊性。

（1）拆卸尺寸较大的轴承或其他过盈配合件时，为了使轴和轴承免受损害，要利用加热来拆卸。如图 2-10 所示是使轴承内圈加热而拆卸轴承的情况。加热前，把靠近轴承的那一部分轴用石棉隔离开来，然后在轴上套上一个套圈使零件隔热，再将拆卸工具的抓钩抓住轴承的内圈，迅速将加热到 100℃的油倒到轴承内圈上，使轴承内圈受热，然后开始从轴上拆卸轴承。

（2）齿轮两端装有圆锥滚子轴承的外圈，如图 2-11 所示。如果用拔轮器不能拉出轴承的外圈，可同时用干冰局部冷却轴承的外圈，然后迅速从齿轮中拉出圆锥滚子轴承的

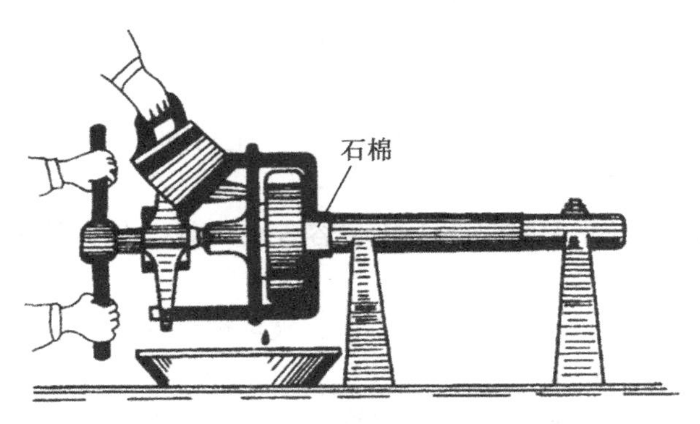

图 2-10 轴承的加热拆卸

外圈。

(3) 拆卸滚动球轴承时，应在轴承内圈上加力拆下。拆卸位于轴末端的轴承时，可用小于轴承内径的铜棒、木棒或软金属抵住轴端，轴承下垫垫块，再用手锤敲击，如图 2-12 所示。

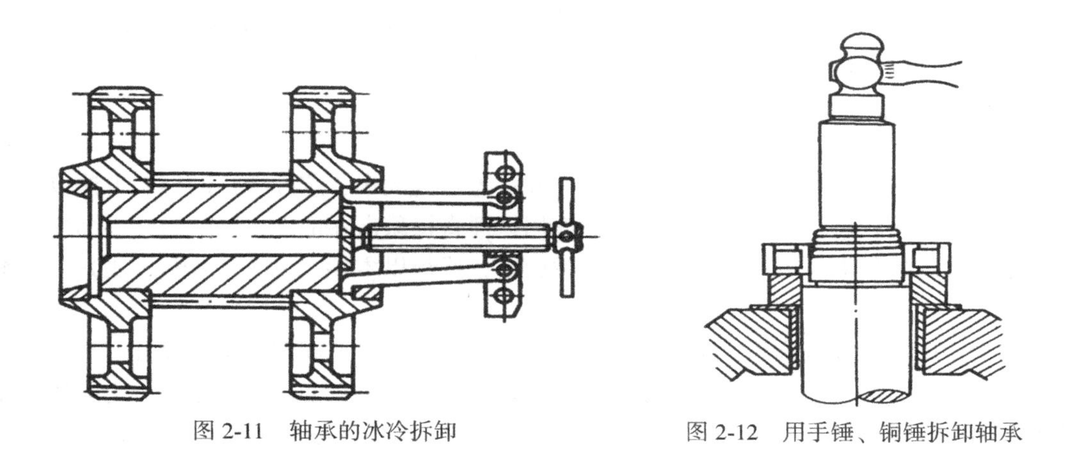

图 2-11 轴承的冰冷拆卸

图 2-12 用手锤、铜锤拆卸轴承

若用压力机拆卸位于轴末端的轴承，可用图 2-13 所示的加垫法将轴承压出。用这种方法拆卸轴承的关键是必须使垫块同时抵住轴承的内、外圈，且着力点正确；否则，轴承将受损伤。垫块可以用两块等高的方铁或 U 形和两个半圆形垫块。

如果用拔轮器拆卸位于轴末端的轴承，则必须使抓钩同时勾住轴承的内、外圈，且着力点一定正确，如图 2-14 所示。

(4) 拆卸锥形滚柱轴承时，一般将内、外圈分别拆卸。如图 2-15 (a) 所示，将拔轮器张套放入外圈底部，然后拖入张杆使张套张开勾住外圈，再扳动手柄，使张套外移，即可拉出外圈。用图 2-15 (b) 所示的内圈拉套来拆卸内圈，先将拉套套在轴承内圈上，转动拉套，使其收拢后，下端凸缘压入内圈的沟槽，然后转动手柄，拉出内圈。

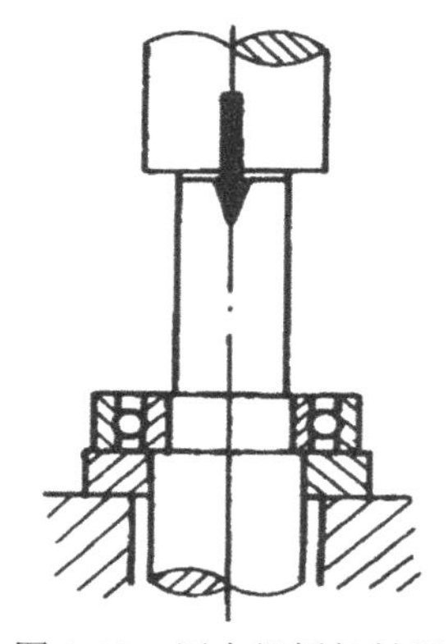
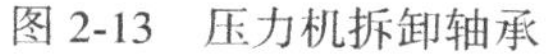

图 2-13 压力机拆卸轴承

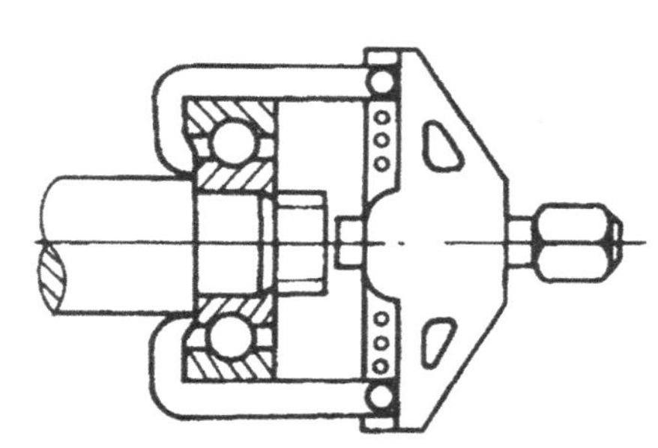

图 2-14 拔轮器拆卸轴承

（5）如果因轴承内圈过紧或锈死而无法拆卸，则应该破坏轴承内圈而保护轴。如图 2-16 所示，操作时应注意安全。

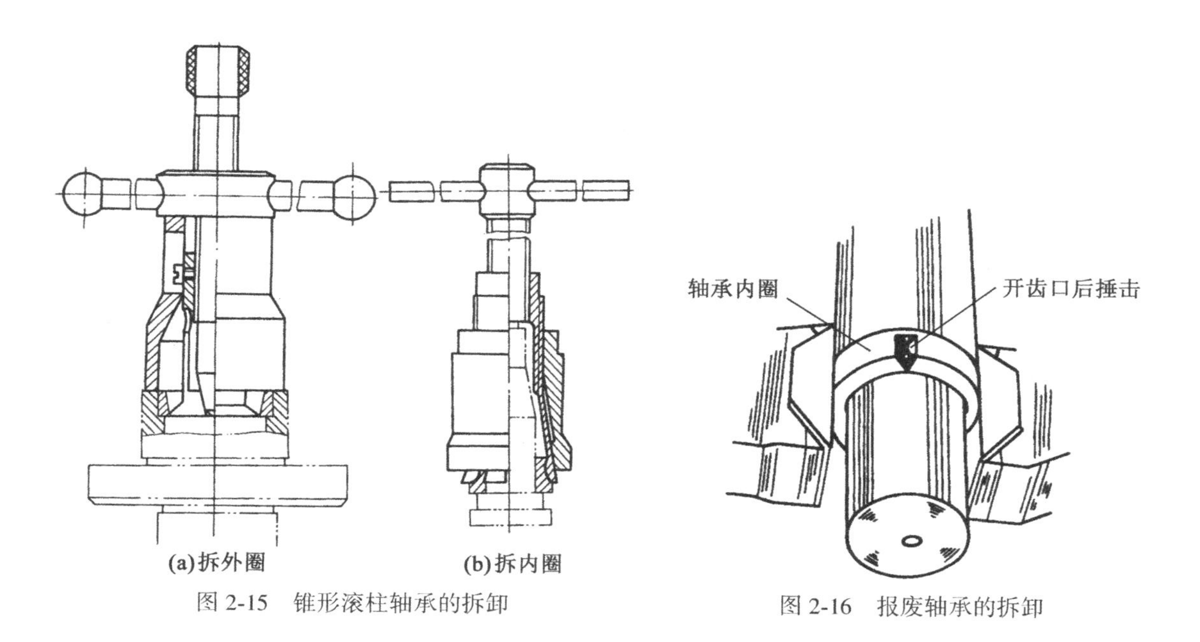

图 2-15 锥形滚柱轴承的拆卸

图 2-16 报废轴承的拆卸

（六）不可拆连接件的拆卸

不可拆连接件有焊接件和铆接件等，焊接、铆接属于永久性连接，在修理时通常不拆卸。

（1）焊接件的拆卸可用锯割、扁錾子切割，或用小钻头排钻孔后再锯或錾，也可采用氧乙炔焰气割等方法。

（2）铆接件的拆卸可采用錾子切割、锯割或气割的方式去掉铆钉头，也可采用钻头钻掉铆钉等其他方法。操作时，应注意不要损坏基体零件。

三、拆卸方法示例

（一）车床主轴部件的拆卸示例

现以图2-17所示某车床主轴部件为例，说明拆卸工作的一般方法。

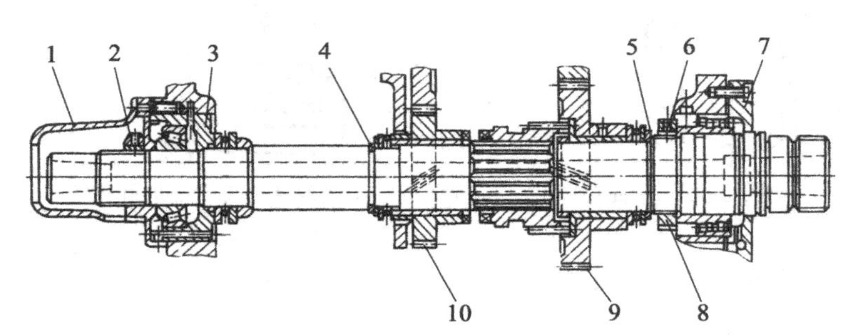

1—后罩盖；2、8—圆螺母；3—轴承座；4—卡簧；5—垫圈；
6—螺钉；7—端盖；9、10—齿轮

图2-17　某车床主轴部件

图示主轴的直径随阶梯变化向左减小，拆卸主轴的方向应向右拉出。其拆卸的具体步骤如下：

（1）先将端盖7、后罩盖1与主轴箱间的连接螺钉松脱，拆卸端盖7及后罩盖1。

（2）松开锁紧螺钉6，接着松开主轴上的圆螺母8及2（由于推力轴承的关系，圆螺母8只能松开到碰至垫圈5处）。

（3）用相应尺寸的装拆钳，将轴向定位用的卡簧4撑开向左移动出沟槽，并置于轴的外表面上。

（4）当主轴向右移动而完全没有零件障碍时，在主轴的尾部（左端）垫铜质或铝质等较软金属质地的圆棒后，才可以用大木锤敲击主轴。一边向右移动主轴，一边向左移动相关零件，当全部轴上零件松脱时，从主轴箱后端插入铁棒，以防轴上零件掉落，再从主轴箱前端抽出主轴。

（5）轴承座3在松开其固定螺钉后，可垫铜棒向左敲出。

（6）主轴上的前轴承垫了铜套后，向左敲击取下内圈，向右敲击取出外圈。

（二）电动机的拆卸示例

如图2-18所示，以电动机的拆卸为例，说明拆卸工作的一般方法。

1. 拆卸步骤

（1）拆开端接头，拆绕线转子电动机时，抬起或提出电刷，拆卸刷架；

（2）拆卸带轮或联轴器；

（3）拆卸风罩和风叶；

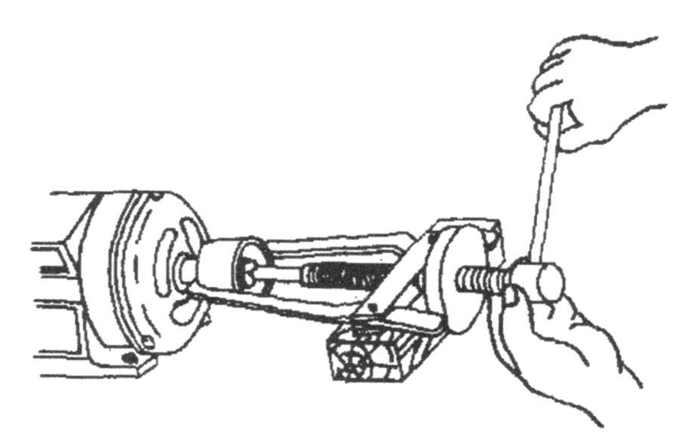

图 2-18　电动机的拆卸（用顶拔器拆卸带轮或联轴器）

（4）拆卸轴承盖和端盖（先拆卸联轴端，后拆卸集电环或换向端）；
（5）抽出或吊出转子。
2. 主要零部件的拆卸
（1）拆卸带轮或联轴器；
（2）拆卸刷架、风罩和风叶；
（3）拆卸轴承盖和端盖；
（4）抽出转子，如图 2-19 所示。

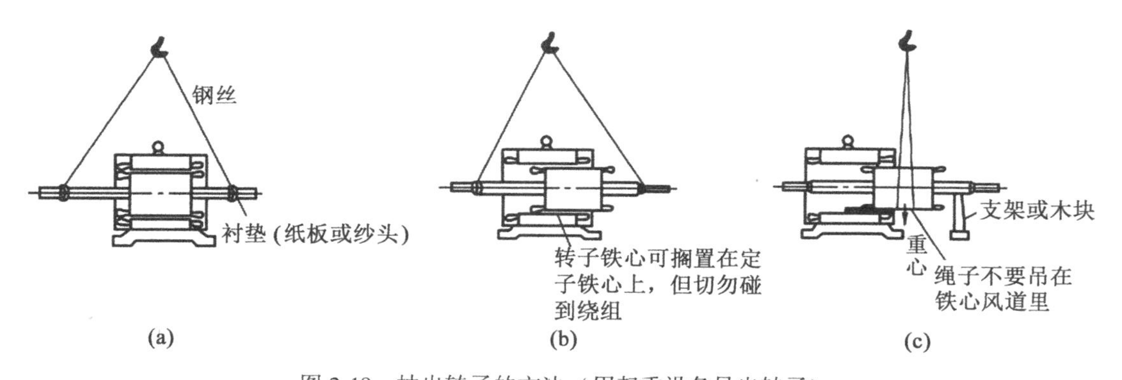

图 2-19　抽出转子的方法（用起重设备吊出转子）

第三节　机械零件的清洗

一、零件的清洗

对拆卸后的机械零件进行清洗，是修理工作的重要环节。清洗方法和清理质量，对零件鉴定的准确性、设备的修复质量、修理成本和使用寿命等，都将产生重要影响。零件的清洗包括清除油污、水垢、积碳、锈层、旧涂装层等。

（一）清除油污

清除零件上的油污，常采用清洗液，如有机溶剂、碱性溶液、化学清洗液等。清洗方法有擦洗、浸洗、喷洗、气相清洗及超声波清洗等。清洗方式有人工清洗和机械清洗。

机械设备修理中常用擦洗的方法是，将零件放入装有煤油、轻柴油或化学清洗剂的容器中，用棉纱擦洗或用毛刷刷洗，以去除零件表面的油污。这种方法操作简便、设备简单，但效率低，用于单件小批量生产的中小型零件及大型零件的工作表面的清除油污。一般不宜用汽油作清洗剂，因其有溶脂性，会损害身体，且容易造成火灾。

喷洗是将具有一定压力和温度的清洗液喷射到零件表面，以清除油污。这种方法清洗效果好、生产率高，但设备复杂，适用零件形状不太复杂、表面有较严重油垢的零件的清洗。

清洗不同材料的零件和不同润滑材料产生的油污，应采用不同的清洗剂。清洗动、植物油垢，可用碱性溶液，因为它与碱性溶液起皂化作用，生成的皂化物溶于水中。但碱性溶液对不同金属有不同程度的腐蚀性，尤其对铝的腐蚀较强。因此，清洗不同的金属零件应该采用不同的配方，表 2-2 和表 2-3 分别列出了清洗钢铁零件和铝合金零件的配方。

表 2-2 **清洗钢铁零件的配方** （单位：kg）

成分	配方 1	配方 2	配方 3	配方 4
苛性碱	7.5	20	–	–
碳酸钠	50	–	5	–
磷酸钠	10	50	–	–
硅酸钠	–	30	2.5	–
软肥皂	1.5	–	5	3.6
磷酸三钠	–	–	1.25	9
磷酸氢二钠	–	–	1.25	–
偏硅酸钠	–	–	–	4.5
重铅酸钾	–	–	–	0.9
水（L）	1000	1000	1000	450

表 2-3 **清洗铝合金零件的配方** （单位：kg）

成分	配方 1	配方 2	配方 3
碳酸钠	1.0	0.4	1.5~2.0
重铅酸钾	0.05	–	0.05
硅酸钠	–	–	0.5~1.0

续表

成分	配方 1	配方 2	配方 3
肥皂	–	–	0. 2
水（L）	100	100	100

矿物油不溶于碱溶液，因此，清洗零件表面的矿物油油垢需加入乳化剂，使油脂形成乳浊液而脱离零件表面。为加速去除油垢的过程，可采用加热、搅拌、压力喷洗、超声波清洗等措施。

（二）除锈

零件表面的腐蚀物，如钢铁零件的表面锈蚀，在机械设备修理中，为保证修理质量，必须彻底清除。根据具体情况，目前主要采用机械、化学和电化学等方法进行清除。

1. 机械法除锈

利用机械摩擦、切削等作用清除零件表面锈层。常用方法是刷、磨、抛光、喷砂等。单件小批生产或修理中可由人工打磨锈蚀表面；成批生产或有条件的场合，可采用机器除锈，如电动磨光、抛光、滚光等。喷砂法除锈是利用压缩空气，把一定粒度的砂子通过喷枪喷射到零件锈蚀的表面上，不仅除锈快，还可以为涂装、喷涂、电镀等工艺做好表面准备，经喷砂处理的表面可达到干净的、有一定粗糙度的表面要求，从而提高覆盖层与零件的结合力。

2. 化学法除锈

利用一些酸性溶液溶解金属表面的氧化物，以达到除锈的目的。目前使用的化学溶液主要是硫酸、盐酸、磷酸或其他混合液，加入少量的缓蚀剂。其工艺过程是：除油→水冲洗→除锈→水冲洗→中和→水冲洗→去氢。为保证除锈效果，一般都将溶液加热到一定的温度，严格控制时间，并要根据被除锈零件的材料，采用合适的配方。

3. 电化学法除锈

电化学除锈又称电解腐蚀，这种方法可节约化学药品，除锈效率高，除锈质量好，但消耗能量大，且设备复杂。常用的方法有阳极腐蚀，即把锈蚀件作为阳极。还有阴极腐蚀，即把锈蚀件作为阴极，用铅或铅锑合金作阳极。阳极腐蚀的主要缺点是当电流密度过高时，易腐蚀过度，破坏零件表面，故适用于外形简单的零件。

（三）清除涂装层

清除零件表面的保护涂装层，可根据涂装层的损坏程度和保护涂装层的要求，进行全部或部分清除。涂装层清除后，要冲洗干净，准备再喷刷新涂层。

清除方法一般是采用手工工具，如刮刀、砂纸、钢丝刷或手提式电动、风动工具进行刮、磨、刷等。有条件时，可采用化学方法，即用各种配制好的有机溶剂、碱性溶液退漆剂等。使用碱性溶液退漆剂时，可将其涂刷在零件的漆层上，使之溶解软化，然后再用手工工具进行清除。

使用有机溶液除漆时，要特别注意安全。工作场地要通风、与火隔离，操作者要穿戴防护用具，工作结束后，要将手洗干净，以防中毒。使用碱性溶液除漆时，不要让铝制零件、皮革、橡胶、毡质零件接触，以免腐蚀坏。操作者要戴耐碱手套，避免皮肤接触受伤。

第四节　机械零件的技术鉴定

对清洁后的机械零件进行有针对性的检验和测量，鉴别其所处的技术状态，进行分类、决策，从而拟定出合理的修理方案及其相应的工艺措施，这不仅是机电设备修理前的重要工作，而且要自始至终贯穿在全部修理过程中。

一、机械零件检验分类及其技术条件

机械零件检验和分类时，必须综合考虑下列技术条件：

（1）零件的工作条件与性能要求，如零件材料的机械性能、热处理及表面特性等。

（2）零件可能产生的缺陷（如龟裂、裂纹等）对其使用性能的影响，掌握其检测方法与标准。

（3）易损零件的磨损极限及允许磨损标准。

（4）配合件的配合间隙极限及允许配合间隙标准。

（5）零件的其他特殊报废条件，如镀层性能、镀层或轴承合金与基体的结合强度、平衡性、密封件的破坏，以及弹性件的弹力消失等。

（6）零件工作表面状态异常，如精密零件工作表面的划伤、腐蚀；表面存蓄油性能被破坏等。

零件通过上述分析、检验和测量，便可以被划分为可用、不可用、需要维修的三大类。可用的零件是指其所处技术状态仍能满足各级修理技术标准，它可不经任何修理，便可直接进入装配阶段使用。如果零件所处技术状态已劣于各级修理技术标准或使用规范等，均属于需要维修零件。有些零件通过修理，不仅能达到各级修理技术标准，而且还经济合算，所以应尽量给予修理和重新使用；而有些零件，虽然通过修理能达到各级修理技术标准，但费用很高，极不经济，通常不予修理而换用新零件。当零件所处技术状态（如材料变质、强度不足等）已无法采用修理方法来达到规定的技术要求时，应做报废处理。

二、机械零件的检测方法

目前，常见的检测方法有：检视法、测量法和隐蔽缺陷的无损检测法。一般视生产需要选择其中某些适宜的方法来检测，以便做出全面的技术鉴定。

（一）检视法

检视法主要是凭人的器官（眼、手和耳等）感觉或借助于简单工具（放大镜、锤子等）、标准块等进行检验、比较和判断零件的技术状态的一种方法。显然，此法简单、易

行，且不受条件限制，因而普遍采用；但要求检视人员要有实践经验，而且只能作定性分析和判断，是目前检测中不可缺少的重要方法。

（二）隐蔽缺陷的无损检测法

无损检测的主要任务是确定零件隐蔽缺陷的性质、大小、部位及其取向等，因此，在具体选择无损检测法和操作时，必须结合零件的工作条件，考虑其受力状况、生产工艺、检测要求与效果及其经济性等。

目前，生产中常用的无损检测法主要有：渗透、磁粉、超声波和射线等检测方法。

1. 渗透检测法

其原理是，在清洗后的零件表面上涂上渗透剂，渗透剂通过表面缺陷的毛细管作用进入缺陷中，这时可利用缺陷中的渗透剂能以颜色显示缺陷，或在紫外线照射下能够产生荧光将缺陷的位置和形状显示出来。渗透检测的原理如图 2-20 所示，过程为：涂渗透剂→去除表面渗透剂→覆盖显像剂→显示缺陷。

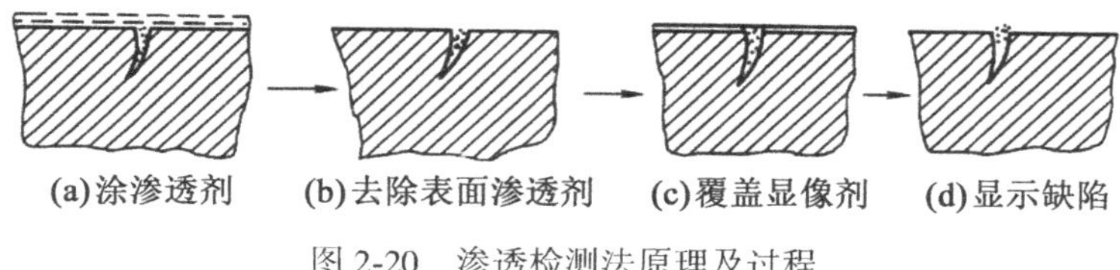

图 2-20　渗透检测法原理及过程

用此法检测方便、简单，能检测出任何材料制作的零件任何结构形状表面上约 1mm 宽的微裂纹。

2. 磁粉检测法

其原理是，利用铁磁材料在电磁场作用下能够产生磁化。被测零件在电磁场作用下，由于其表面或近表面（几毫米之内）存在缺陷，磁力线只得绕过缺陷产生磁力线泄漏或聚集形成局部磁化吸附磁粉，从而显示出缺陷的位置、形状和取向。图 2-21 所示为磁粉检测法的原理。

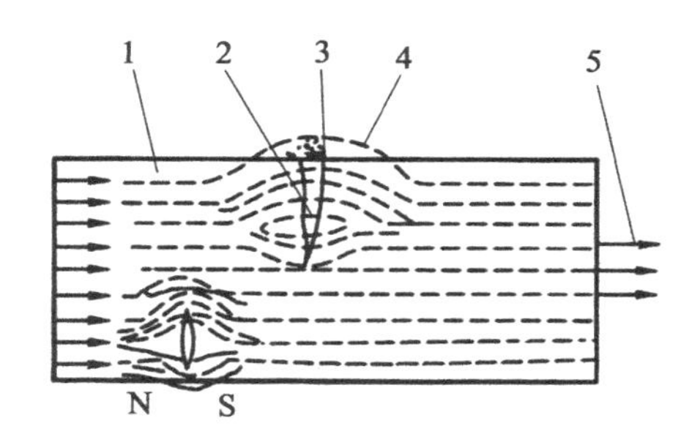

1—零件；2—缺陷；3—局部缺陷；4—泄漏磁通；5—磁力线

图 2-21　磁粉检测法原理

采用磁粉检测时，必须注意磁化方法的选择，使磁化线方向采用尽可能垂直或以一定角度穿过缺陷的取向，以获得最佳的检测效果；同时，需注意检测后的退磁处理，以免影响正常使用。

此法设备简单、检测可靠、操作方便，但是只能适用于铁磁材料零件表面和近表面缺陷的检测。

3. 超声波检测法

其原理是，利用某些物质的压电效应产生的超声波在介质中传播时，遇到不同介质的界面（内部裂纹、夹渣和缩孔等缺陷）会产生反射、折射等特性。通过检测仪器，可将超声波在缺陷处产生的反射、折射波显示在荧光屏上，从而确定零件内部缺陷的位置、大小和性质等。超声波检测法原理如图 2-22 所示。

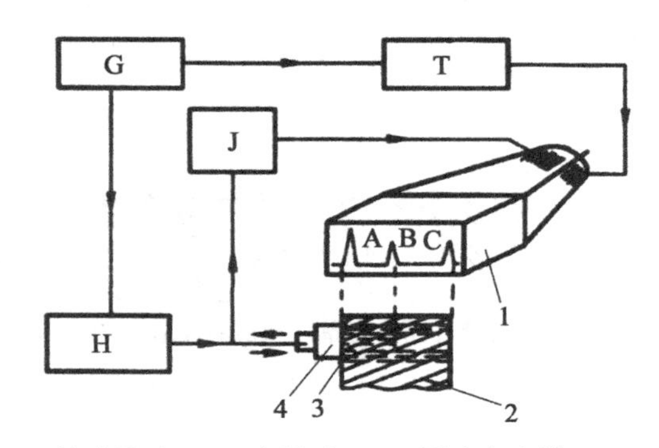

A—初始脉冲；B—缺陷脉冲；C—底脉冲；G—同步发生器；H—高频脉冲发生器；J—接收放大器；T—时间扫描器；1—荧光屏；2—零件；3—耦合剂；4—探头

图 2-22　超声波检测法原理

此法的主要特点是穿透能力强、灵敏度高；适用范围广，不受材料限制；设备轻巧、使用方便，可到现场检测。但只适用零件的内部缺陷。

4. 射线检测法

其原理是，利用射线（X 射线）照射，使其穿过零件，如果遇到缺陷（裂纹、气孔、疏松或夹渣等），射线则较容易穿过的特点。从被测零件缺陷处透过射线的能量较其他地方多，当这些射线照射到胶片，经过感光和显影后，形成不同的黑度（反差），从而分析判断出零件缺陷的性质、大小和位置来。如图 2-23 所示为射线检测法原理。

此法最大的特点是，从感光胶片上较容易判定这个零件缺陷的形状、尺寸和性质，并且胶片长期保存备查。但是检测设备投资及检测费用较高，且需要有相关的防射线的安全措施，只用于对重要零件的检测，或者用于超声波检测尚不能判定的检测。

必须指出，零件检测分类时，还必须注意结合零件的特殊要求以进行相应的特殊试验，如高速运动的平衡试验、弹性件的弹性试验以及密封件的密封试验等，只有这样，才能对零件做出全面的技术鉴定与正确的分类。

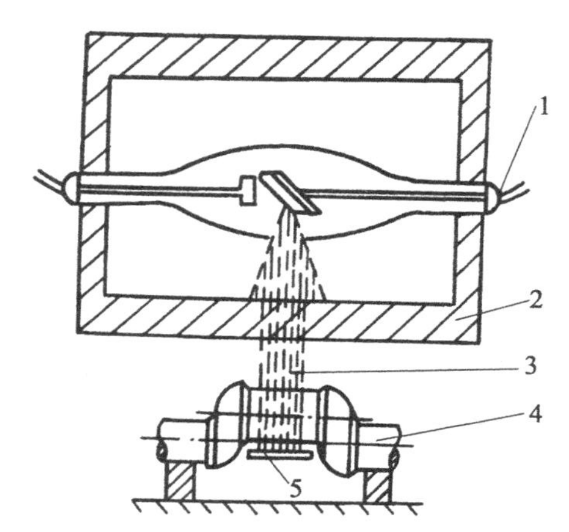

1—射线管；2—保护箱；3—射线；4—零件；5—感光胶片

图 2-23 射线检测原理图

三、典型机械零件的检验

零件检验的内容分修前检验、修后检验和装配检验。修前检验在机械设备拆卸后进行，对已确定需要修复的零件，可根据零件损坏情况及生产条件，确定适当的修复工艺，并提出修理技术要求。对报废的零件，要提出需要补充的备件型号、规格和数量，没有备件的，则需提出零件工件图或测绘草图。修后检验是指检验零件加工后或修理后的质量，是否达到了规定的技术标准，以确定是成品、废品还是返修品。装配检验是指检查待装零件（包括修复的和新的）质量是否合格、能否满足装配的技术要求。在装配过程中，对每道工序或工步进行检验，以免装配过程中产生中间工序不合格，影响装配质量。组装后，检验累计误差是否超过装配的技术要求。机械设备总装后进行试运转，检验工件精度、几何精度以及其他性能，以检查修理质量是否合格，同时进行必要的调整工作。

（一）检验方法

机械设备在修理过程中的检验有如下一些方法：

（1）目测 用眼睛或借放大镜对零件进行观察，对零件表面进行宏观检验，如检验裂纹、断裂、疲劳剥落、磨损、刮伤、蚀损等缺陷。

（2）耳听 通过机械设备运转发出的声音、敲击零件发出的声音来判断其技术状态。

（3）测量 用相应的测量工具和仪器对零件的尺寸、形状及相互位置精度进行检测。

（4）测定 使用专用仪器、设备对零件的力学性能进行测定，如对应力、强度、硬度等进度检验。

（5）试验 对不便检查的部位，通过水压试验、无损检测等试验来确定其状态。

（6）分析 通过金相分析了解零件材料的微观组织；通过射线分析了解零件材料的晶体结构；通过化学分析了解零件材料的合金成分及其组成比例。

（二）主要零件的检验（以车床为例）

1. 床身导轨的检查

机械设备的床身导轨是基础零件，最基本的要求是保持其形态完整。一般情况下，由于床身导轨本身断面大，不易断裂，但由于铸件本身的缺陷，如砂眼、气孔、缩松，加之受力大，切削过程中不断受到震动和冲击，床身导轨也可能破裂，因此，应首先对裂纹进行检查。检查的方法是，用手锤轻轻敲打床身导轨各非工作面，凭发出的声音进行鉴别，当有破哑声发出时，则其部位可能有裂纹。微细的裂纹可用煤油渗透法检查。对导轨面上的凸凹、掉块或碰伤，均应查出，标注记号，以备修理。

2. 主轴的检查

主轴的损坏形式主要是轴颈磨损，外表拉伤，产生圆度误差、同轴度误差和弯曲变形，锥孔碰伤，键槽破裂，螺纹损坏等。

常见的主轴同轴度检查方法，如图 2-24 所示。主轴 1 放置于检验平板 6 上的两个 V 形架 5 上，主轴后端装入堵头 2，堵头 2 中心孔顶一个钢球 3，紧靠支承板 4，在主轴各轴颈处用千分表触头与轴颈表面接触，转动主轴，千分表指针的摆动差即同轴度差。轴肩端面圆跳动误差也可从端面处的千分表读出。一般应将同轴度误差控制在 0.015mm 以内，端面圆跳动误差应小于 0.01mm。

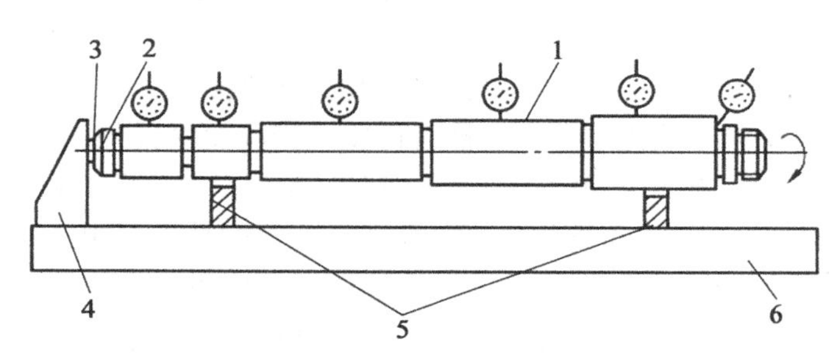

1—主轴；2—堵头；3—钢球；4—支承板；5—V 形架；6—平板

图 2-24　主轴各轴颈同轴度的检查

至于主轴锥孔中心线对其轴颈的径向圆跳动误差，则可在放置好的主轴锥孔内放入锥柄检验棒，然后将千分表触头分别触及锥柄检验棒靠近主轴端及相距 300mm 处的两点，回转主轴，观察千分表指针，即可测得锥孔中心线对主轴轴颈的径向圆跳动误差。

主轴的圆度误差可用千分尺和圆度仪测量。其他损坏、碰伤情况可目测看到。

3. 齿轮的检查

齿轮工作一个时期后，由于齿面磨损，齿形误差增大，影响齿轮的工作性能。因此，要求齿形完整，不允许有挤压变形、裂纹和断齿现象。齿厚的磨损量应控制在不大于 0.15 倍模数的范围内。

生产中常用专用齿厚卡尺来检查齿厚偏差，即用齿厚减薄量来控制侧隙。还可以用公法线百分尺测量齿轮公法线长度的变动量来控制齿轮的运动准确性，这种方法简单易行，生产中常用。图 2-25 所示为齿轮公法线长度变动量的测量。

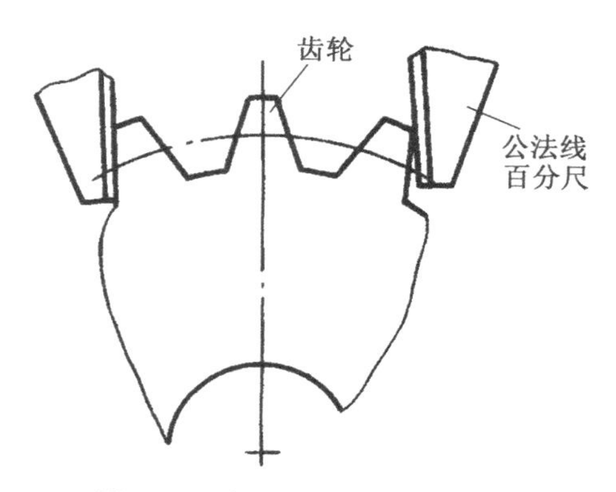

图 2-25　公法线长度变动的测量

测量齿轮公法线长度的变动量，首先要根据被测齿轮的齿数 z 计算跨齿数 k（k 值也可查阅资料确定）。即

$$k=\frac{z}{9}+0.5$$

式中，k 值要取整数，然后按 k 值用卡尺或公法线百分尺测量一圈公法线长度，其中最大值与最小值之差即为公法线长度变动量，如果该变动量小于规定的公差值，则齿轮该项指标合格。

齿轮的内孔、键槽、花键及螺纹都必须符合标准要求，不允许有拉伤和破坏现象。

4. 滚动轴承的检查

对于滚动轴承，应着重检查内圈、外圈滚道，整个工作表面应光滑，不应有裂纹、微孔、凹痕和脱皮等缺陷。滚动体的表面也应光滑，不应有裂纹、微孔和凹痕等缺陷。此外，保持器应完整铆钉应紧固。如果发现滚动轴承的内、外圈有间隙，不要轻易更换，可通过预加载荷调整，消除因磨损而增大的间隙，提高其旋转精度。

（三）编制修换零件明细表

根据零件检查的结果，可编制、填写修换零件明细表。明细表一般可分为修理零件明细表、缺损零件明细表、外购外协件明细表、滚动轴承明细表及标准件明细表等。

第五节　机械零件修理与更换原则

机器设备在修理前检查时，正确地确定各种失效零件是修复还是更换，将直接影响机器设备修理的质量、成本、效率和周期。这不仅是一个技术问题，而且是一个综合性的问题，需要同时考虑设备的精度、修理费用、本单位的修理技术水平，以及生产工艺对机器设备各种精度、性能的要求等。这些问题有时是互相矛盾的，必须具体问题具体分析，结合所修理设备的实际情况，分清主次，正确处理精度与成本、需要与可能等矛盾，有时还要结合对失效零件的分析，决定某些结构或零件是否需要改进。

一、确定零件修换应考虑的因素

（1）零件对设备精度的影响 有些零件磨损后影响设备精度，如金属切削机床主轴磨损将使它加工的工件质量达不到要求，这时就应该修复或更换。一般零件的磨损未超过规定公差时，估计能使用到下一修理周期者可不更换；估计用不到下一修理期，或会对精度产生影响，拆卸又不方便的，则应考虑修复或更换，或者备料待换。

（2）零件对完成预定使用功能的影响 当设备零件磨损已不能完成预定的使用功能时，应予以修复或更换。如离合器失去传递动力的作用、液压系统不能达到预定的压力和压力分配、凸轮机构不能保证预定的运动规律等，均应考虑修复或更换。

（3）零件对机器性能和操作的影响 当设备零件磨损到虽还能完成预定的使用功能，但影响了设备的性能和操作时，应根据其磨损程度决定是否修复或更换。如齿轮传动噪声增大、效率下降、平稳性渐遭破坏，零件间相互位置产生偏移，运动阻力增加等，均应予以修复或更换。

（4）零件对设备生产率的影响 设备零件磨损后，增加了设备空转运行的时间，或增加了操作工人的体力消耗，从而降低了设备的生产率，此时，应根据磨损情况决定是否修复或更换。如机床导轨磨损，配合表面研伤，丝杠副磨损、弯曲等，使机床不能满负荷工作，或因此而增加操作者体力消耗，致使生产率下降，应按实际情况决定是否修复或更换。

在确定失效零件是否应修复或更换时，必须首先考虑零件对整台设备的影响，然后考虑零件能否满足其正常工作的条件。

（5）零件对其本身刚度和强度的影响 在某些场合，零件的磨损可允许达到其强度所决定的数值，这时应按零件的强度极限来决定零件的修复或更换。当零件表面产生裂纹时，继续使用会使其迅速发生变化，引起严重事故，这时必须修换。重型设备的主要承力件发现裂纹，必须更换；一般零件，由于磨损加重，间隙增大，而导致冲击加重，应从强度角度考虑修复或更换。

（6）零件对磨损条件恶化的影响 磨损零件继续使用可引起磨损加剧，甚至出现效率下降、发热、表面剥蚀等，最后引起咬住或断裂等事故，这时必须修复或更换。如渗碳或氮化的主轴支撑轴颈磨损，失去或接近失去表面硬化层，就应该修复或更换。

二、修复零件应满足的要求

机电设备零件失效后，在保证设备精度的前提下，能够修复的，应尽量修复，要尽量减少更换新件。一般地讲，对失效零件进行修复，可节约材料、减少配件的加工、减少备件的储备量，从而降低修理成本和缩短修理时间。因此，要不断提高零件修理工艺水平，使更多的更换件转化为修复件。对失效的零件是修复还是更换新件，是由很多因素决定的，应当综合分析，根据下列原则确定：

（1）可靠性 即要考虑零件修理后的耐用度。修理后的零件至少应能维持一个修理周期，即属于小修范围的零件要能维持一个小修间隔期；属于大修或项修范围的零件，修复后应能维持一个项修间隔期。

（2）准确性　修复零件应全面恢复零件原有的技术性能，或达到修理技术文件所规定的技术标准（或条件），其中包括零件的尺寸公差、形位公差、表面粗糙度、硬度或技术条件等。

（3）经济性　保证设备精度、性能是修复设备零件的一个基本原则。保证修理质量和降低修理费用往往是矛盾的，各种修理方法消耗的费用也不相同。因此，决定失效零件是修理还是更换，以及采取什么方法修复，必须考虑修理的经济性，修复磨损零件必须既能保证维修质量，又能降低维修费用。修复零件在考虑经济效益时，应在保证前两项要求的前提下降低修理成本。比较更换与修复的经济性时，要同时比较修复与更换的成本和使用寿命，当相对修理成本低于相对新制件成本时，应考虑修复。即满足：

$$\frac{S_{修}}{T_{修}} < \frac{S_{新}}{T_{新}}$$

式中，$S_{修}$为修复旧件的费用；$T_{修}$为修复零件的使用期（月）；$S_{新}$为新件的成本（元）；$T_{新}$为新件的使用期（月）。

（4）可能性　修理工艺的技术水平直接影响修理方法的选择，也影响修复或更换的选择。失效零件在本厂和附近工厂能否修复，是选择修理方法以及决定零件修复或更换的重要因素。要不断提高设备修理的可能性，一方面应考虑工厂现有的修理工艺技术水平，能否保证修理后达到零件的技术要求；另一方面应不断提高和更新工厂现有的修理工艺技术水平，通过学习、研制开发，结合实际生产情况，采用更先进的修理工艺。

（5）安全性　修复的零件，必须保持或恢复足够的强度和刚度，必要时，要进行强度和刚度检验。例如轴类零件修磨后外径减小，轴套镗孔后孔径增大，会影响零件的强度和刚度。

（6）时间性　失效零件采取修复措施，其修理周期一般应比重新制造周期短，否则应考虑更换新件。但对于一些大型、精密的重要零件，一时无法更换新件的，尽管修理周期可能要长些，也应考虑对旧零件进行修复。

三、制定修换件明细表

修换件明细表是预测机电设备修理时需要更换或修复的零件的明细表。它是设备大修前准备备品配件的依据，应当力求准确。

编制修换件明细表时，一般遵循以下原则：

（1）需要锻、铸、焊接件毛坯的更换件，制造周期长、精度高的更换件，需外购大型、高精度滚动轴承、液压元件、气动元件、密封件等，需采用修复技术的主要零件，零件制造周期不长，但需用量较大的零件等，均应列入修换件明细表。

（2）所有使用期限不超过修理间隔期的易损零件，均应列入修换件明细表。

（3）使用期限虽然大于修理间隔期，但如果设备上的相同零件很多或同型号的设备很多而需大量消耗的零件，均应列入修换件明细表。

（4）稀有及关键性设备（不论其使用期限长短）的全部配件，均应列入修换件明细表。

（5）修理前，检查中确定应更换的零件，如无库存储备，则应按配件制作，可根据检查后提出的修换件明细表制造。

（6）用铸铁、一般钢材毛坯加工，工序少而且大修时制造不影响工期的零件，可不列入修换件明细表。

（7）需以毛坯或半成品形式准备的零件，以及需要成对（组）准备的零件，都应在修换件明细表上加以说明。

（8）对流水线上设备或关键设备，可考虑按部件准备更换件，即采用更换部件法，其经济效益非常显著。

第六节　机械零件的测绘

一、零件测绘设计的工作过程和一般方法

（一）机械设备修理中零件测绘设计的特点

机械设备修理测绘工作与设计测绘工作具有共性，但也有以下特点：

（1）设计测绘的对象是新的设备，而修理测绘的对象一般都是磨损和破坏了的零件，因此，测绘时要分析零件磨损和破坏了的原因，并采取适当的措施。

（2）设计测绘的尺寸是基本尺寸，而修理测绘的尺寸是实际所需要的尺寸。这个尺寸要保证零件的配合间隙和设备的精度要求。此外，对于哪些尺寸应该配作，也需作恰当的分析，否则容易造成废品。

（3）修理测绘工作要了解和掌握修理技术，要善于应用修理技术，以缩短修理时间，降低修理费用。

（4）修理测绘技术人员，不仅要对修换零件提供可靠的图样，还应根据磨损和破坏情况，积累知识找出规律，对原设备提出改进方案，扩大设备的使用性能，提高产品的加工质量。

（二）零件测绘设计的程序

零件测绘设计的工作程序如图 2-26 所示。

（三）机械设备图册的编制

在机械设备修理技术中，编制机械设备图册是一项重要的工作。机械设备图册所起的作用有：可以提前制造及储备备件及易损件；提供购置外购件及标准件的依据；可减少技术员的测绘制图工作，为缩短预检时间提供条件；为机械设备改装及提高机械设备精度的分析研究工作提供方便等。

1. 机械设备图册的内容

机械设备图册通常应包括下列内容：

（1）设备主要技术数据；

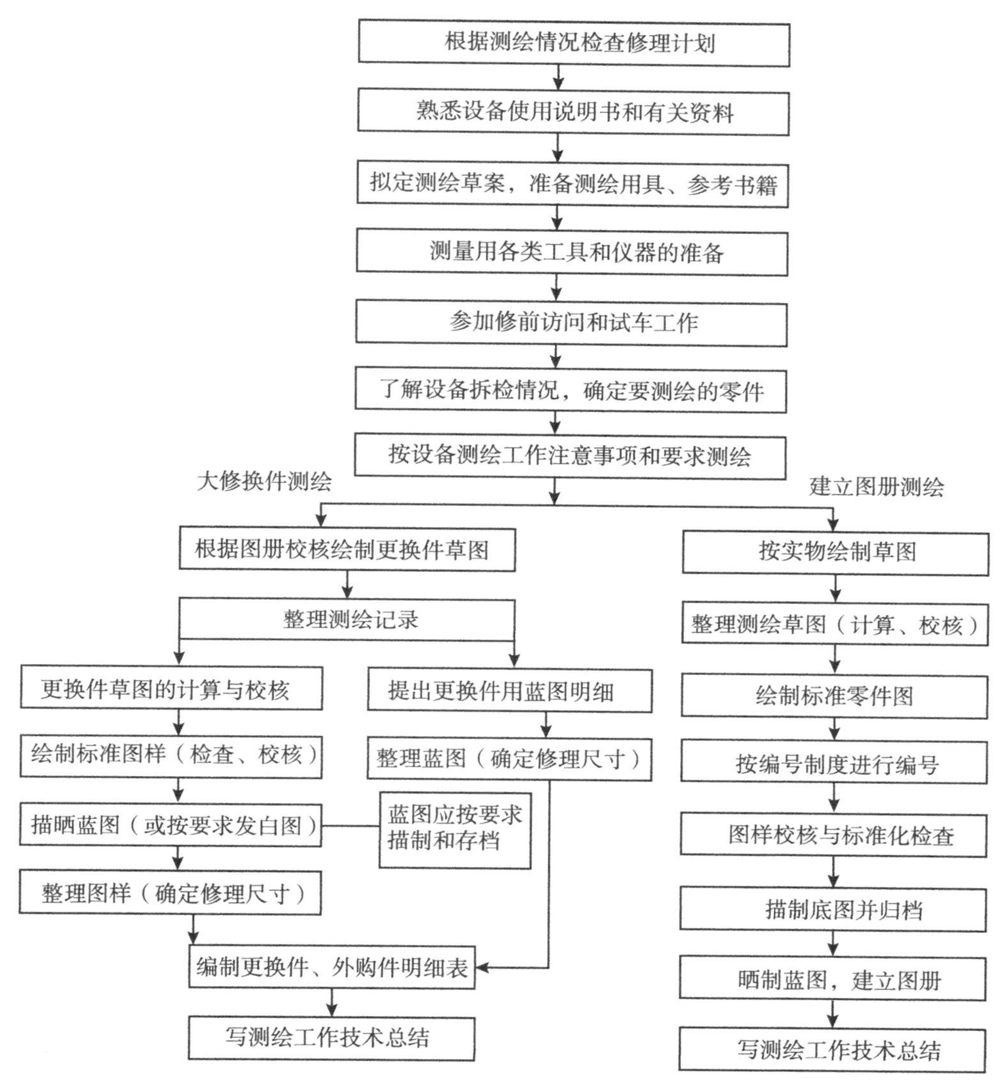

图 2-26　零件测绘设计的工作程序

（2）设备原理图（包括传动系统图、液压系统图、润滑系统图及电气原理图）；
（3）设备总图及各重要部件装配图；
（4）备件及易损件图；
（5）设备安装地基图；
（6）标准件目录；
（7）外购件目录（包括滚动轴承、传动带、链条、液压系统外购部件等）；
（8）有色金属零件目录；
（9）重要零件毛坯图。

在备件图册中应包括如下各类零件；

(1) 使用期限不超过修理间隔期的易损零件；

(2) 制造过程比较复杂，需用专门工具、夹具或设备，而又易损坏的零件，如蜗轮、蜗杆、花键轴、齿轮、齿条等；

(3) 大型复杂的锻铸件，加工费时费力的零件（如锻压设备的锤杆、偏心轴、凸轮等），以及需要向厂外订货的零件；

(4) 使用期限大于修理间隔期，但在设备上相同零件很多或同型设备数量多而又大量消耗的零件；

(5) 承载较大载荷的零件，以及经常受冲击载荷或交变载荷等的零件。

根据上述范围，备件具体应包括以下零件：齿轮、齿条、轴瓦、衬套、丝杠、螺母、主轴、花键轴、镶条、蜗轮、蜗杆、带轮、弹簧、油封圈、液压缸、活塞、活塞环、活塞销、曲轴、连杆、阀门、阀门座、偏心轴、棘轮、棘爪、离合器、制动器零件等。

2. 机械设备图册的编制方法

设备图册编制的先后顺序需根据具体情况而定，对不同类型和具有不同要求的机械设备，应进行分类，一般可按下列顺序逐台建立图册：

(1) 同类型数量较多的机械设备；

(2) 机械加工设备中的精加工设备；

(3) 关键设备；

(4) 稀有及重型机械设备；

(5) 其他设备。

除上述顺序外，在实际工作中，还要考虑图样资料的来源。图样的来源一般应优先考虑向产品生产厂家索取，然后再考虑自行组织测绘。

向生产厂家索取图样时，应首先索取总图及各部件装配图，根据装配图选出配件及易损件图样。

自行组织测绘机械设备图样时，应尽量避免专为测绘图册而拆卸机械设备，而应结合大、中修理时进行。测绘时，要选择有代表性的机械设备（同年份制造、数量较多）进行测绘。

3. 对机械设备图册的基本要求

(1) 图样要有统一的编号；

(2) 图样大小规格及制图标准均应符合国家标准；

(3) 视图清晰，尺寸一律标注基本尺寸（即原设计尺寸），而不标注修理尺寸；

(4) 技术条件、配合公差、形位公差、热处理及表面处理等要求均应在图样上标注齐全；

(5) 标注公差时，装配图标注公差代号，零件图标注公差数值；

(6) 同类型号的机械设备，制造厂家不同或出厂年份不同，有些零件尺寸也有所不同，图样上应尽可能分别注明。若图样来源非制造厂家，则应按实物加以核对定型，以免备件由于尺寸不同而报废。

（四）机械设备修理测绘工作应注意的事项

测绘技术人员在测绘工作开始前，应熟悉有关机械设备的使用维护说明书，初步了解机械设备的结构性能、动作原理和使用情况。对被测绘的每一个零件，要清楚它在整机或某个部件中的地位和作用、受力状态和接触介质，以及与其他零件的关系。此外，还要大体了解被测绘零件的加工方法。

测绘所用的测绘工具须有合格证，在使用前应加以检查，以免影响测量准确度，从而减少测量工作的差错。

测绘零件时应注意：

（1）绘图时，先绘制传动系统图及装配草图，然后再测绘零件图。绘制装配图时要根据零件实际安装位置及方向进行测绘；对于复杂的部件，不便绘制整个装配图时，可以分为几个小部件进行绘制；装配图及零件图的图形位置应尽可能与其安装位置一致；对于一些重要的装配尺寸应在拆卸部件前加以测量，作为以后装配工作的参考依据。

（2）测量零件尺寸时，要正确选择基准面。基准面确定后，所有要测量的尺寸均依此为准进行测量，尽量避免尺寸的换算，以减少误差。对于零件长度尺寸链的尺寸测量，也要考虑装配关系，尽量避免分段测量。分段测量的尺寸只能作为核对尺寸的参考。

（3）测量磨损零件时，对其磨损原因应加以分析，以便在修理时改进。磨损零件测量位置的选择要特别注意，尽可能地选择在未磨损或磨损较少的部位。如果整个配合表面均已磨损，则在草图上应加以说明。

（4）测绘零件的某一尺寸时，必须同时测量配合零件的相应尺寸，在只更换一个零件时更应如此。这样，既可以校对测量尺寸是否正确、减少差错，又可以为确定修理尺寸而提供依据。

（5）在尺寸的测量中要注意：

①选择适当部位及多个点位进行测量。如测量孔径时，采用四点测量法，即在零件孔的两端各测量两处。测量轴外径时，要选择适当部位进行，以便判断零件的形状误差，对于转动配合部分更应注意。

②注意测量方向。如测量曲轴或偏心轴时，要注意其偏心方向和偏心距离。轴类零件的键槽要注意其圆周方向的位置。

③注意被测尺寸在零件中的地位和性质。如测绘蜗轮蜗杆时，要注意蜗杆的头数、螺旋方向和中心距。测绘螺纹及丝杠时，要注意其螺纹线数、螺旋方向、螺纹形状和螺距，对于锯齿形螺纹更要注意方向。测绘花键轴和花键套时，应注意其定心方式、花键齿数和配合性质。

④慎重判别被测尺寸是否属于标准系列的尺寸。如测量零件的锥度或斜度时，首先要检查是否是标准锥度或斜度。如果不是标准的，则要仔细测量，并分析其原因。

⑤各类零件的特殊参数测量应加以验算、核对。如对于齿轮，尽可能要成对测量；对于滑移齿轮，应注意其倒角的位置；对于变位齿轮及斜齿轮，必须测量中心距；对于斜齿轮，还要测量螺旋角并注意螺旋方向，然后根据其计算公式进行计算、核对。

（6）零件的配合公差、热处理、表面处理、材料及表面粗糙度要求等，在测绘草图时，都要注明。特殊零件要测量硬度，当零件表面已经磨损或者表面烧伤时，测量的硬度只能作为参考，应根据其使用情况进行确定。

选用材料时，对于特殊零件如含油轴承、使用特殊钢材的高强度零件等，必要时，应进行火花鉴别或取样分析，但必须注意不能破坏零件本体。

（7）机械设备经过大（中）修后，其中个别零件的个别尺寸已与原出厂尺寸不符，如果无法恢复，测绘时必须在图样上加以说明，以便于日后查考或作为制作备件的依据。这对于机床的基础件及主要零件尤为重要，如空气锤的气缸，镗缸后的直径必须在图样上加以说明。

（8）测绘进口设备的零件时，测绘前，必须弄清设备采用的设计标准和计量制度（主要有公制和英制两种），以便确定零件尺寸的计量单位，或进行必要的单位换算。

（9）对测绘图样必须严格审核（包括草图的现场校对），以确保图样质量。

（五）零件测绘图样的编号

零件测绘的图样及技术文件的编号应根据《产品图样及设计文件编号原则》（JB/T 5054.4—2000）的标准，采用隶属编号的方法为宜。

机械设备及其所属部件、零件及技术文件均有独立的代号，对同一台机械设备、部件、零件的图样用多张图纸绘出时，应标注同一代号。隶属编号是按机械设备、部件、零件的隶属关系进行编号的。隶属编号分全隶属和部分隶属两种形式编号。

1. 全隶属编号

全隶属编号由机械设备代号和隶属编号组成，中间用短线或圆点隔开，其形式如下所示：

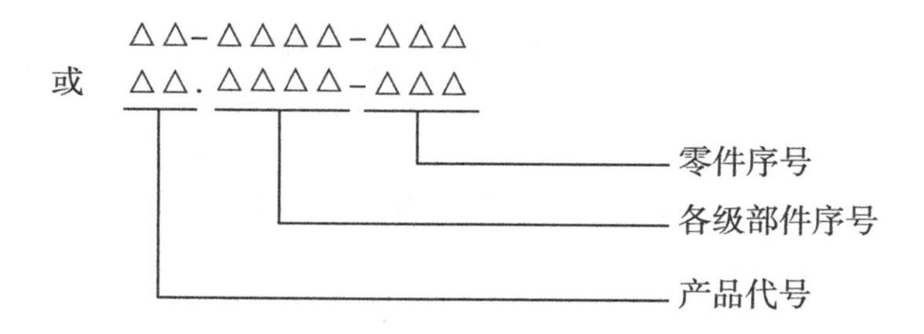

产品代号由字母和数字组成，如图2-27中的B328。隶属编号是由数字组成，其级数与位数应按测绘机械设备的复杂程度而定。零件的序号，应在其所属机械设备或部件的范围内编号。部件的序号，应在其所属的机械设备范围内编号（见图2-27），一般分为一级部件、二级部件和三级部件。各级部件及直属零件的编号如下：

产品代号：B328. 0

一级部件编号：B328 . 2

二级部件编号：B328. 2. 1

三级部件编号：B328 . 2. 1. 1

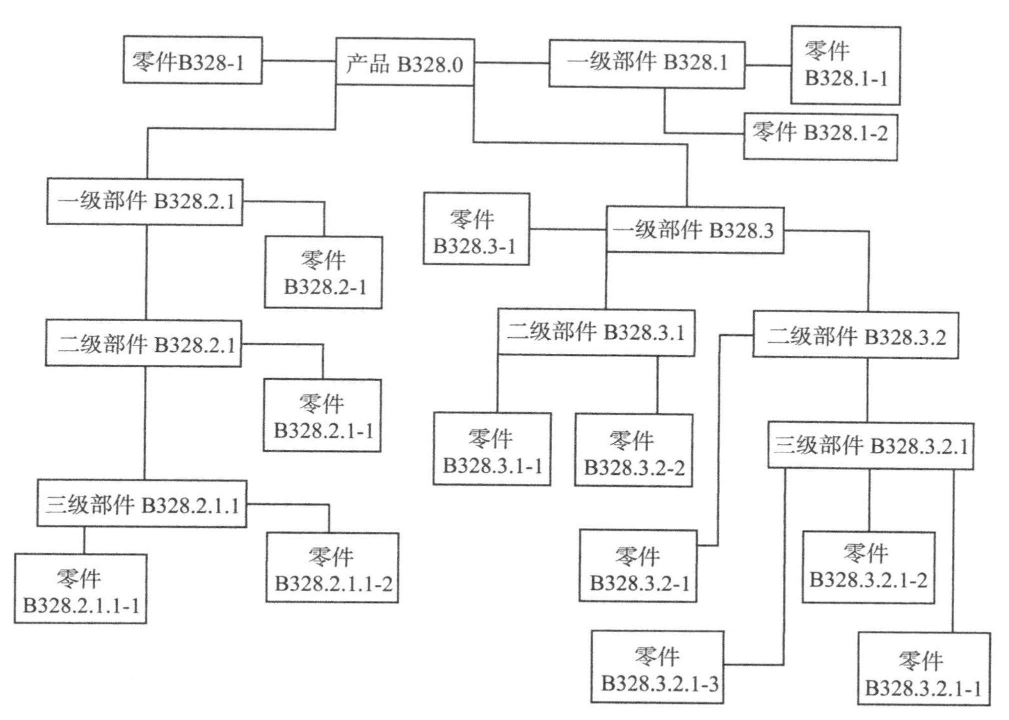

图 2-27　全隶属编号

产品直属零件编号：B328-1

一级部件直属零件编号：B328 . 2-1

二级部件直属零件编号：B328. 2. 1-1

三级部件所属零件编号：B328. 2. 1. 1-1

2. 部分隶属编号

部分隶属编号由机械设备代号和隶属号组成，其中隶属号由部件序号及零件序号、分部件序号组成。部件序号编到哪一级，要根据测绘对象而定，对一级或二级以下的部件（称分部件），与零件统混合编号。图 2-28 所示的机械设备有五级部件，如按全隶属编号，则比较烦琐。图 2-28 中对一、二级部件按隶属关系编号，对三、四、五级部件及零件统一合编到所属的二级部件中。这种编号形式，适用于部件级数较多而编写代号比较简单的场合。

在混合编号中有以下三种情况：

（1）规定 001～099 为分部件序号，101～999 为零件序号，如图 2-28 所示。

（2）规定逢 10 的数（10、20、30……）为分部件号，其余为零件序号，如图 2-29 所示。

（3）分部件后加字母 P（如 1P、2P、3P……），序号后无字母者为零件序号，如图 2-29 所示。

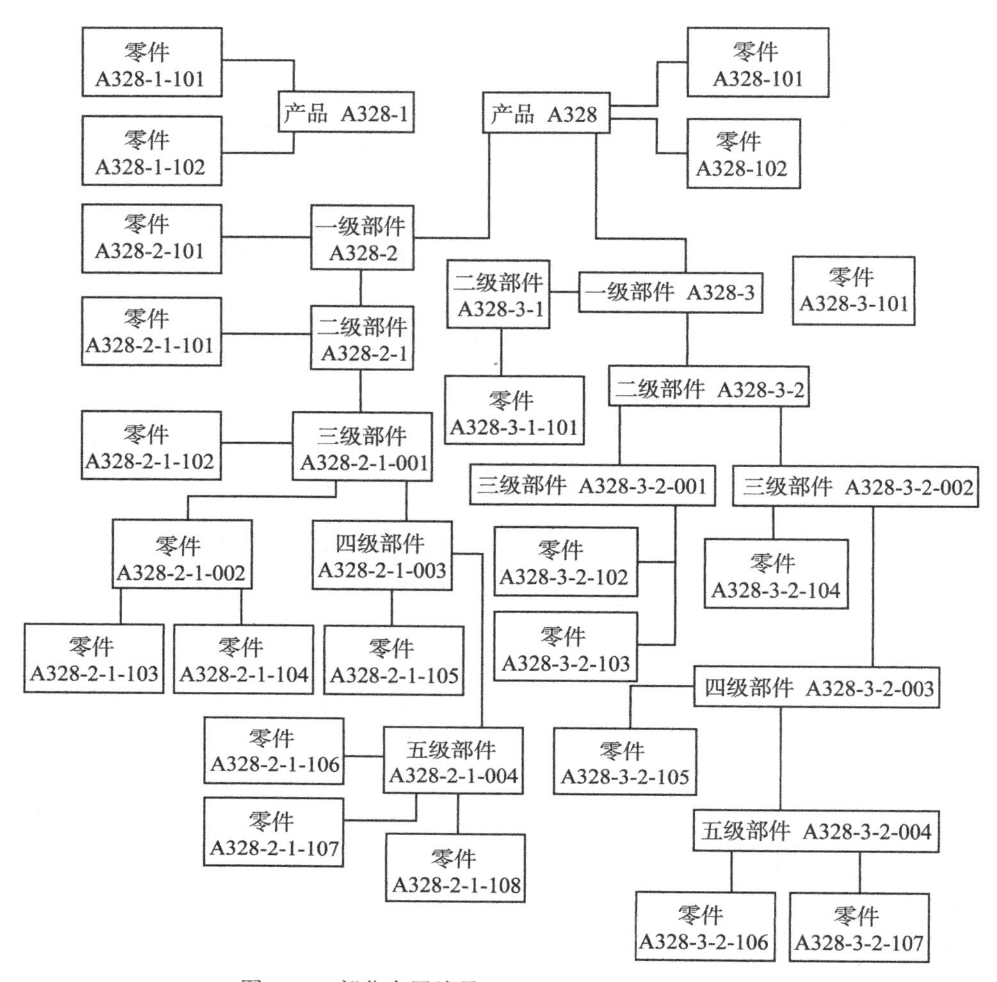

图 2-28　部分隶属编号（001～099 为分部件序号）

3. 技术文件代号

对改进的机械设备和技术文件等，用字母组成的尾注号表示，当两者同时出现时，应在字母之间空一字间隔或加一短横线。例如：

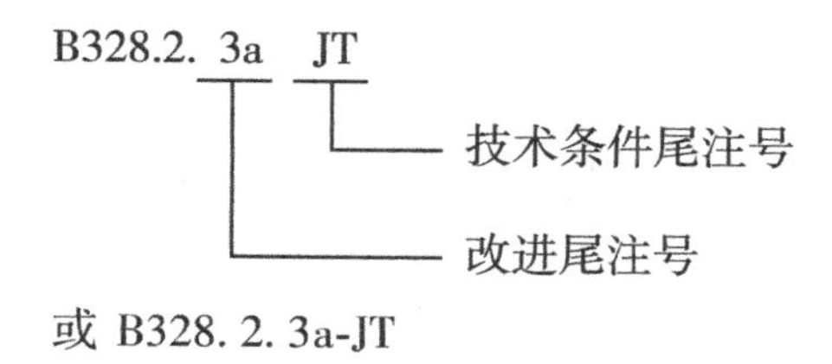

或 B328. 2. 3a-JT

字母代号所代表的意义见表 2-4。

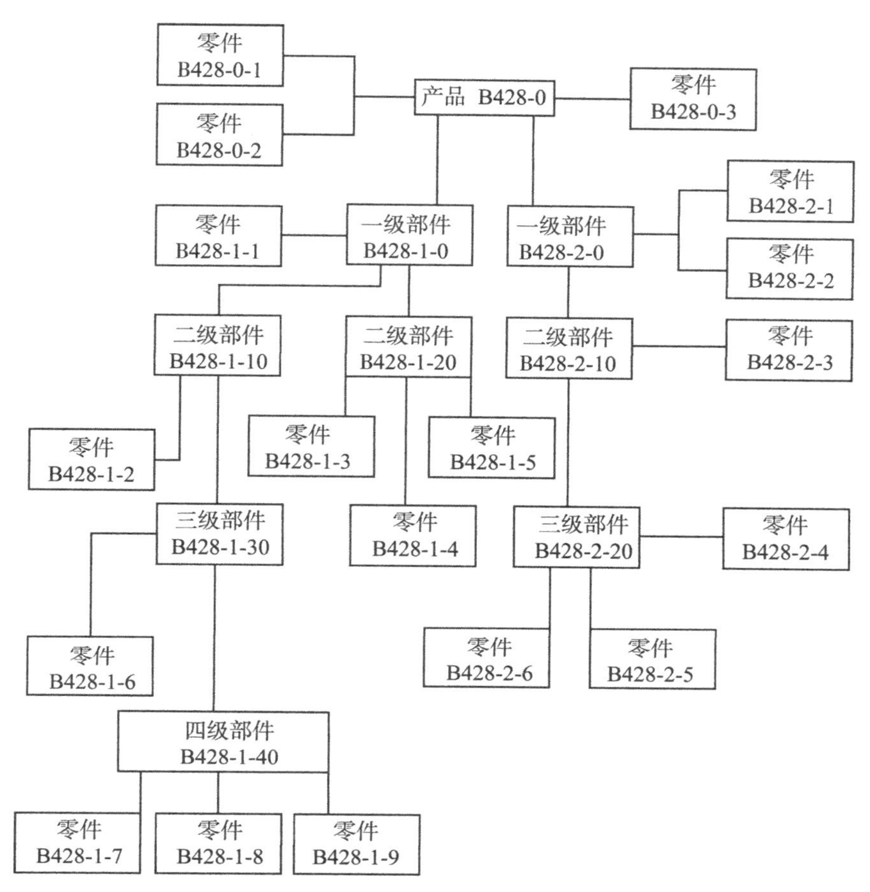

图 2-29　部分隶属编号（逢 10 的数为分部件号）

表 2-4　**文件尾注号**

序号	名称	代号	字母含义
1	技术任务书	JR	技任
2	技术建议书	JJ	技建
3	计算书	JS	计算
4	计算设计说明书	SM	说明
5	文件目录	WM	文目
6	图样目录	TM	图目
7	明细表	MX	明细
8	通（借）用件汇总表	T（J）Y	通（借）用
9	外购件汇总表	WG	外购

续表

序号	名称	代号	字母含义
10	标准件汇总表	BZ	标准
11	技术条件	JT	技条

（六）草图的绘制

零件草图的绘制，一般是在测绘现场进行的，因绘图的条件不如办公室方便，特别是面对被测件，在没有尺寸的情况下进行画图工作，所以绝大多数是绘制草图。

1. 草图纸与图线的画法

为了加快绘制草图的速度、提高图面质量，最好利用特制的方格纸画图。方格纸上的线间距为 *S*mm，用浅色印出，右下角印有标题栏，如图 2-30 所示。方格纸的幅面有 420mm×300mm、600mm×420mm 两种，如果需要更大的幅面，可合并起来使用。如能充分利用方格纸上的图线绘制草图，则不但画图的速度快而且效果也好。当无方格纸时，可在厚一些的白纸上绘制草图。

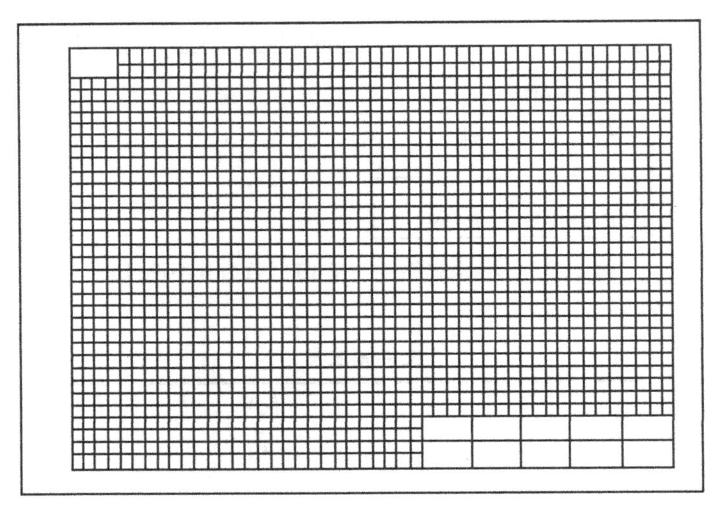

图 2-30　草图纸的形式

零件草图的图线完全是徒手绘出的，可借助圆规画圆，徒手画直线，画图时，草图纸的位置不应固定，以画线顺手为宜。

2. 草图的绘制步骤

绘制草图的步骤大体如下：

（1）在画图之前，应深入观察分析被测件的用途、结构和加工方法。

（2）确定表达方案。

（3）绘图时，目测各方向比例关系，初步确定各视图的位置，即画出主要中心线、轴线、对称平面位置等的画图基准线。

（4）由粗到细、由主体到局部的顺序，逐步完成各视图的底稿。

（5）按形体分析方法、工艺分析方法画出组成被测件的全部几何形体的定形和定位尺寸界线和尺寸线。

（6）测量尺寸，并标注在草图上。

（7）确定公差配合及表面粗糙度等级（该项内容也可以在绘制装配图时进行）。

（8）填写标题栏和技术要求。

（9）画剖面线。

（10）徒手描深，描深时铅笔的硬度为 HB 或 B，削成锥形。

由草图的绘制过程和草图上的内容不难看出，草图和零件图的要求完全相同，区别仅在于草图是目测比例和徒手绘制。值得提出的是：草图并不潦草，草图上线型之间的比例关系、尺寸标注和字体等均按机械制图国家标准规定执行。

二、一般零件的测绘方法

为了图示表达方便，通常将一般零件分为轴套类零件、轮盘类零件、叉架类零件和箱体类零件。

（一）轴套类零件

1. 轴套类零件视图的表达要求

（1）轴套类零件主要是回转体，常用一个视图表达，轴线水平放置，并且将小头放在左边，以便于看图，如图 2-31 所示。

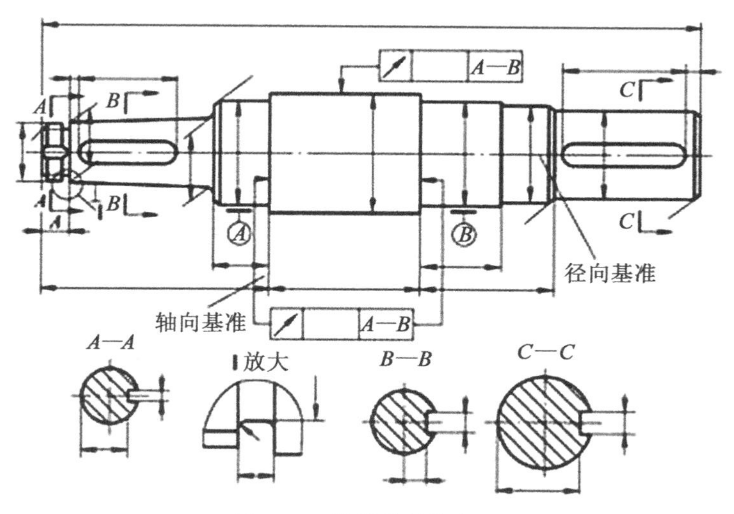

图 2-31　轴类零件的表达

（2）对轴上的键槽应朝前画出。

（3）画出有关剖面和局部放大图。

（4）对实心轴上的局部结构常用局部剖视表达。

（5）对外形简单的套类零件常采用全剖视，如图 2-32 所示。

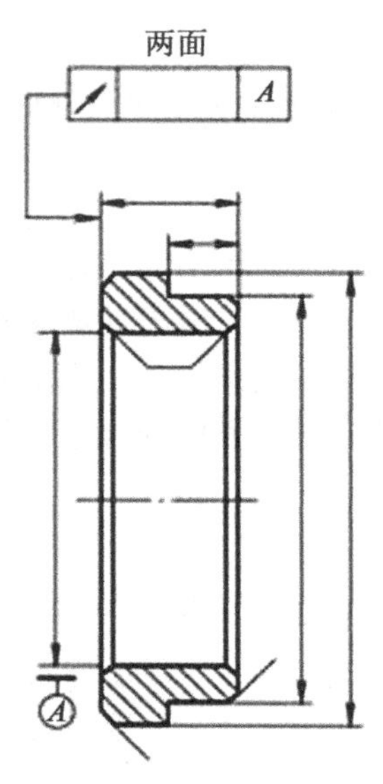

图 2-32　套类零件的表达

2. 轴套类零件尺寸注法的要求

（1）长度方向的主要基准是安装的主要端面（轴肩），轴的两端一般是作为测量的基准，以轴线或两支承点的连线作为径向基准。

（2）主要尺寸应首先注出，其余各段长度尺寸多按车削加工顺序注出，轴上的局部结构，多数是就近轴肩定位。

（3）为了使标注的尺寸清晰，便于看图，宜将剖视图上的内、外尺寸分开标注，将车、铣、钻等不同工序的尺寸分开标注。

（4）对轴上的倒棱、倒角、退刀槽、砂轮越程槽、键槽、中心孔等结构，应查阅有关技术资料的尺寸后再进行标注。

3. 轴套类零件的材料要求

（1）一般传动轴多用 35 钢或 45 钢，调质硬度达到 230～260HBS。强度要求高的轴，可用 40Cr 钢，调质硬度达到 230～240HBS 或淬硬到 35～42HRC。在滑动轴承中运转的轴，可用 15 钢或 20Cr 钢，渗碳淬火硬度达到 56～62HRC，也可用 45 钢表面高频淬火。

（2）不经最后热处理而获得高硬度的丝杠，一般可用抗拉强度不低于 600N/mm^2 的中碳钢制造，如加入 0.15%～0.5%铅的 45 钢，含硫量较高的冷拉自动机钢、45 和 50 中碳钢。精密机床的丝杠可用碳素工具钢 T10、T12 制造。经最后热处理而获得高硬度的丝杠，用 CrWMn 或 CrMn 钢制造时，可保证得到硬度 50～56HRC。

（3）精度为 0、1、2 级的螺母可用锡青铜，3、4 级螺母可用耐磨铸铁。

4. 轴套类零件的技术要求

（1）配合表面公差等级较高，公差值较小，表面粗糙度数值 $Ra=0.63\sim2.5\mu m$。非配合表面公差等级较低，不标注公差值，表面粗糙度数值 $Ra=10\sim20\mu m$。

（2）配合表面和安装端面应标注形位公差，常用径向圆跳动、全跳动、端面圆跳动等标注。对轴上的键槽等结构应标注对称度、平行度等形位公差。

（3）对于花键轴和花键套、丝杠和螺母的技术要求，应查阅有关技术标准资料后进行标注。

5. 轴套类零件测绘时的注意事项

（1）必须了解清楚该轴、套的用途及各个构成部分的作用，如转速大小、载荷特征、精度要求、相配合零件的作用等。

（2）必须了解该轴、套在部件中的安装位置所构成的尺寸链。

（3）测绘时在草图上详细注明各种配合要求或公差数值、表面粗糙度、材料和热处理以及其他技术条件。

（4）测量零件各部分的尺寸是测绘工作的重要环节，应当注意以下几点：

①测量轴、套的某一尺寸时，必须同时测量配合零件的相应尺寸。

②测量轴的外径时，要选择适当部位，应尽可能测量磨损小的地方，对其相配孔径要仔细检查圆度、圆柱度等是否超过公差。

③如轴上有锥体，应测量并计算锥度，看是否符合标准锥度，如不符合，应重新检查测量，并分析原因。

④对于带有螺纹的轴，要注意测量螺距，正确判定螺纹旋向、牙型、线数等，并加以注明，尤其是锯齿形螺纹的方向更应注意。

⑤对于曲轴及偏心轴，应注意偏心方向和偏心距。

⑥对于花键轴，要注意其定心方式及花键齿数。

⑦长度尺寸链的尺寸测量，要根据配合关系，正确选择基准面，尽量避免分段测量和尺寸换算（分段测量可作为尺寸校核时参考）。

（5）需要修理的轴应当注意零件工艺基准是否完好（中心孔是否存留和完好空心“堵头”是否切去）及零件热处理情况，以作为修理工艺的依据。

（6）细长轴（丝杠、光杆）应妥当放置，防止测绘时变形。

（二）轮盘类零件

1. 轮盘类零件的视图表达

（1）轮盘类零件有手轮、带轮、飞轮、端盖和盘座等，图 2-33 所示是轮类零件，图 2-34 所示是盘类零件。这类零件一般在车床上加工，将其主要轴线水平放置。

（2）常用两个视图表达。

（3）非圆视图多采用剖视的形式。

（4）某些细小结构采用剖面图或局部剖面图。

2. 轮盘类零件的尺寸注法

（1）以主要回转轴线作为径向基准，以要求切削加工的大端面或安装的定位端面作

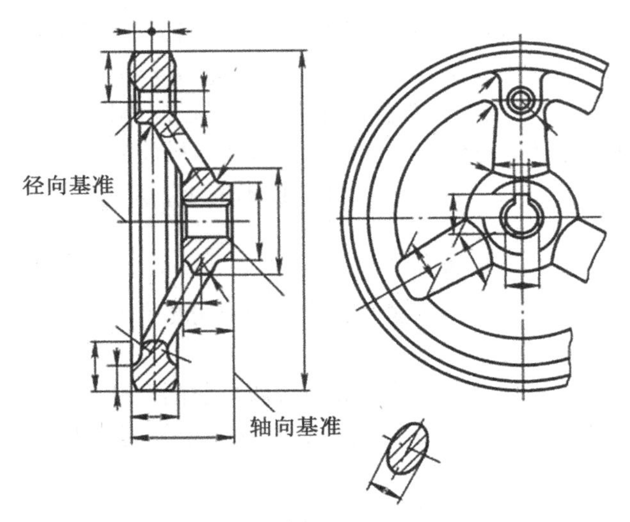

图 2-33　轮类零件表达

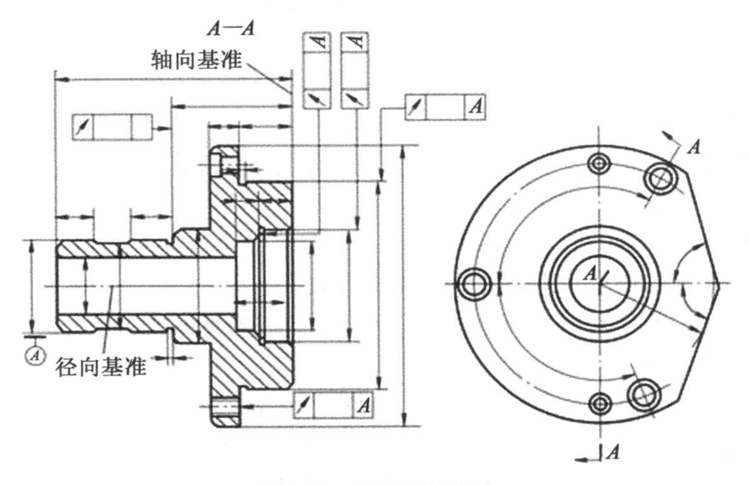

图 2-34　盘类零件表达

为轴向基准。

（2）内外结构尺寸分开并集中在非圆视图中注出。

（3）在圆视图上标注键槽尺寸和分布的各孔以及轮辐等尺寸。

（4）某些细小结构的尺寸，多集中在剖面图上标注出。

3. 轮盘类零件的技术要求

轮盘类零件的技术要求与轴套类零件的技术要求大致相同。

（三）叉架类与箱体类零件

叉架类零件与箱体类零件用途不同，形状差异悬殊，虽然所用的视图数量不同，但表达方法却很接近。

1. 叉架类零件与箱体类零件的表达方法

（1）视图数量较多，一般都在 3 个以上，应用哪些视图要具体分析。

（2）常配备局部视图、剖面图。

（3）常出现斜视图、斜剖面图。

（4）各种剖视图应用得比较灵活，例如图 2-35 用了两个基本视图和一个斜剖面图。

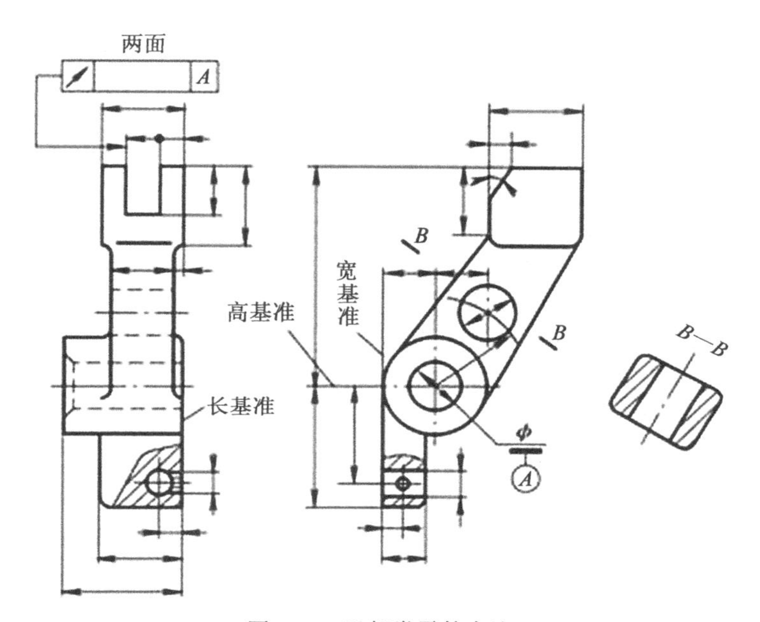

图 2-35　叉架类零件表达

2. 叉架类与箱体类零件的尺寸注法

（1）各方向以主要孔的轴线、主要安装面、对称平面作为尺寸基准。

（2）主要孔距等重要尺寸应首先标注。

（3）按形体分析方法，逐个标出组成该零件各几何体的定形尺寸和定位尺寸。

（4）标注尺寸时，应反映出零件的毛坯及其机械加工方法等特点。

（5）有目的地将尺寸分散标注在各视图、剖视图、剖面图上，防止在一个视图上标注过多尺寸。

（6）相关联的零件的有关结构尺寸注法应尽量相同，以方便看图，并减少差错。如与图 2-36 所示的相配零件，其连接边缘尺寸 292mm×136mm，孔径尺寸中 72H7，螺孔定位尺寸 95mm、212mm、110mm，锥销孔 p8mm 配作及定位尺寸等标注方法应完全相同。为了加速测量尺寸的进程，相关联的基本尺寸只测量一件，分别标注在有关的零件图上。

3. 叉架类与箱体类零件的技术要求

（1）一般用途的叉架零件尺寸精度、表面粗糙度、形位公差无特殊要求。

（2）多孔的支架和箱体类零件以主要轴线和主要安装面、对称平面作为定位尺寸的

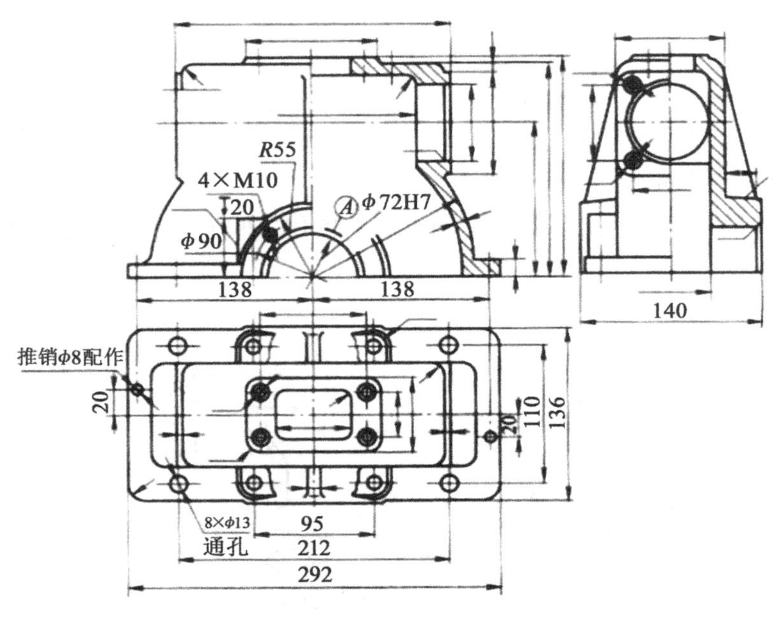

图 2-36 相关零件尺寸注法

基准。

（3）孔间距、重要孔的尺寸公差等级和表面质量要求较高。

（4）有孔间距和孔间平行度、垂直度公差，有孔到安装面的尺寸公差和位置公差。

4. 叉架类与箱体类零件在测绘中的注意事项

（1）叉架类与箱体类零件的壁厚及各部分加强肋的尺寸位置都应注明。

（2）润滑油孔、油标位置、油槽通路及放油口等要表达清楚。

（3）测绘时，要特别注意螺孔是否是通孔，因为要考虑有润滑油的箱体类零件的漏油问题。

（4）因为铸件受内部应力或外力影响，常产生变形，所以测绘时，应当尽可能将与此铸件箱体有关的零件尺寸也进行测量，以便运用装配尺寸链及传动链尺寸校对箱体尺寸。

（四）曲面类零件

1. 分析曲面的性质

曲面类零件的形状比较复杂，其图形的绘制和尺寸的标注都有其独特的地方。在测绘之前，应分析曲面的性质、弄清其用途、观察出加工方法，这样方便测绘，便于画图。因此，曲面的性质、作用和加工方法，这三者虽然不是一回事，但这三方面的内容应在曲面零件图上综合反映出来。

2. 曲面测绘的基本方法

虽然各种曲面的性质不同，其形状也各有差异，但其测绘的基本方法是相同的。就是将空间曲面变成为平面曲线，测出曲线上一系列的点（或圆弧的圆心）的坐标，然后将各点的坐标绘制在白纸上，最后用曲线光滑连接各点，便完成了曲面的测绘工作。

3. 曲面测绘的一般方法

曲面测绘的方法很多，常用的方法有如下几种：

（1）拓印法　适用于平面曲线，将被测部位涂上红印泥或紫色印泥，将曲线拓印在白纸上，然后在纸上求出曲线的规律，图 2-37 所示为拓印法求出的被测部位。

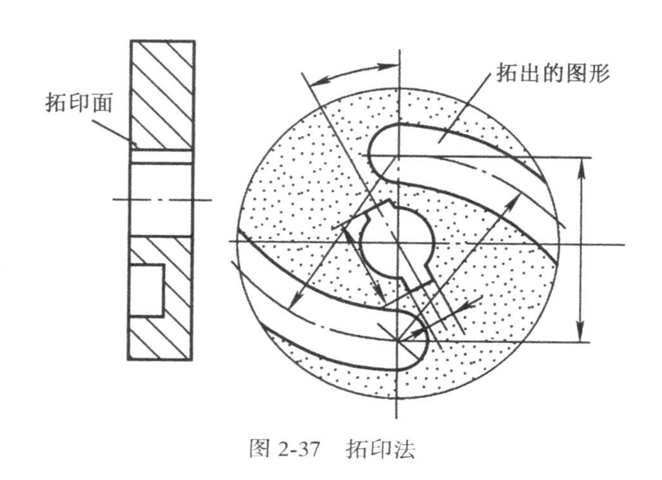

图 2-37　拓印法

（2）直角坐标法　将被测表面上曲线部分平放在白纸上，用铅笔描出轮廓，然后逐点求出点的坐标或曲线半径及圆心，图 2-38 所示为铅笔拓印出的被测部位。如果曲线不容易在纸上描出，也可使用薄木板和钢针代替，将针穿过木板，使针尖与被测表面接触，然后将各针尖的坐标测出即可，如图 2-39 所示。

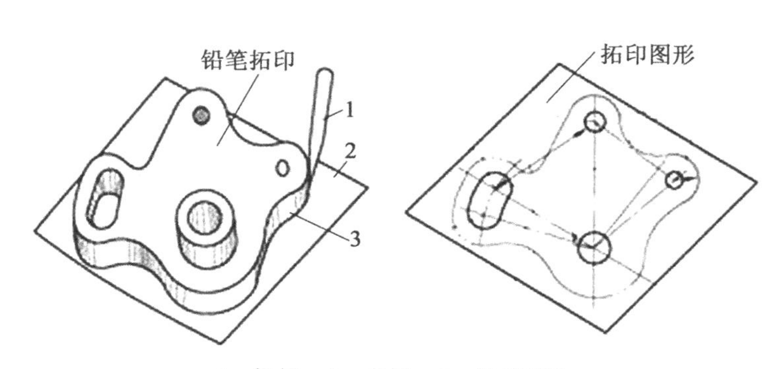

1—铅笔；2—白纸；3—被测部位

图 2-38　铅笔拓印

（3）铅丝法　对于铸件、锻件等未经机械加工的曲面或精度要求不高的曲面，可将铅丝紧贴在被测件的曲面上，经弯曲或轻轻压合，使铅丝与被测绘曲线完全贴合后，轻轻地（保持形状不变）取出并将其平放在纸上，用铅笔把形状描出，然后在纸上求出被测曲面的规律，如图 2-40 所示。

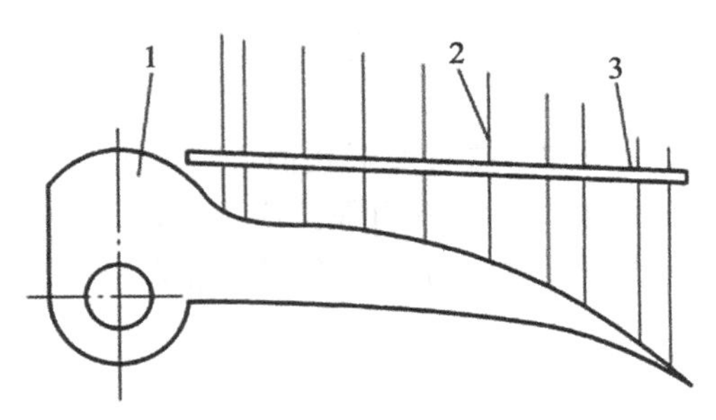

1—被测件；2—钢针；3—木板

图 2-39　木板、钢针测曲面示意图

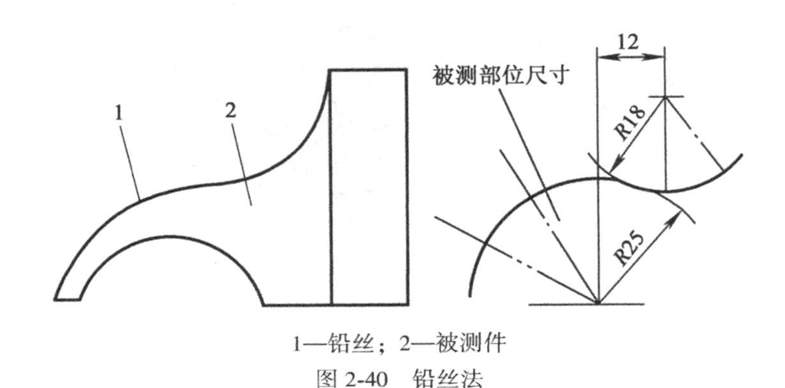

1—铅丝；2—被测件

图 2-40　铅丝法

（4）极坐标法　如图 2-41 所示，将被测件固定在分度头上，使分度头每转过一定角度便测出一个相应的径向尺寸（见图 2-41（a）），当分度头转一圈时，便测出一系列的转角与径向尺寸。将转角与径向尺寸绘出坐标曲线（见图 2-41（b）），再根据坐标曲线绘制出被测件的曲线极坐标点，逐点光滑连接，即为被测曲面轮廓图形。

（5）取印法　利用石膏、石蜡、橡胶、打样膏取型。石膏、石蜡、打样膏等主要用在容易分离和易取型的场合，在不易分离或不易取型的场合，应用橡胶取型比较合适，橡胶弥补了石蜡、石膏强度低、脆性大、取型易破碎等不足。

（五）零件测绘时应考虑的零件结构工艺性

零件的形状是结构设计的需要和加工工艺可能性的综合体现，零件的加工工艺性，包括铸造、锻造和机械加工对零件形状的影响，因此，进行零件测绘时，应考虑零件的结构工艺性。

三、标准件和标准部件的处理方法

标准件和标准部件的结构、尺寸、规格等全部是标准化了的，测绘时不需画图，只要将其规定的代号确定出即可。

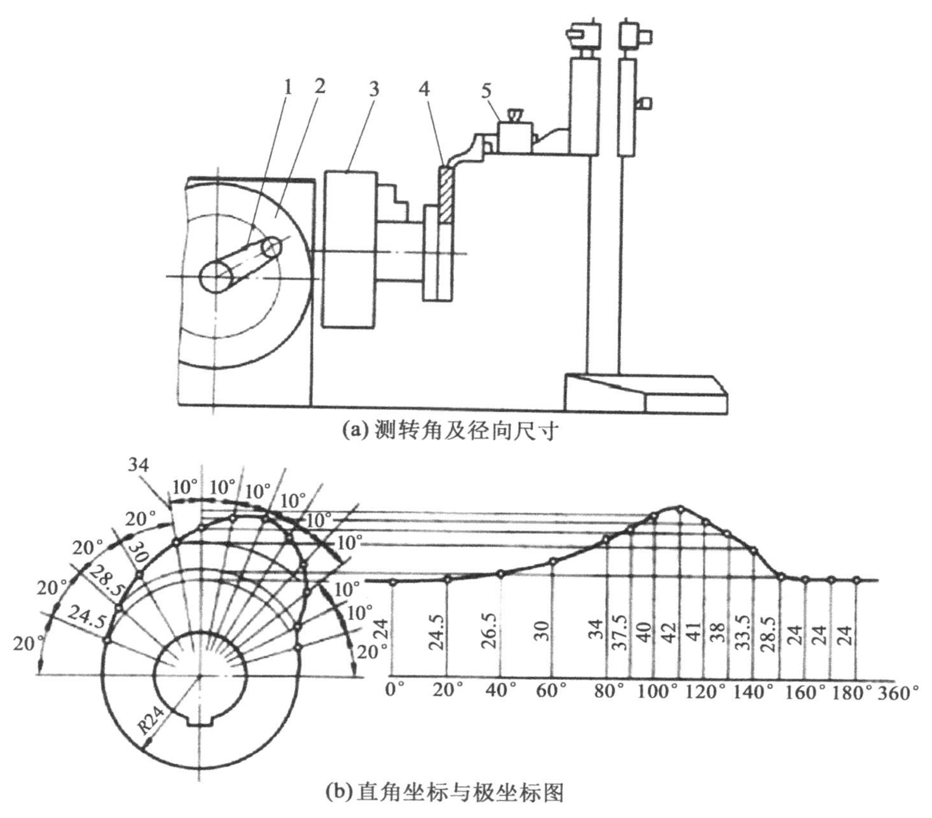

(a) 测转角及径向尺寸

(b) 直角坐标与极坐标图

1—分度手柄；2—分度盘；3—卡盘；4—被测件；5—高度游标尺

图 2-41　平面凸轮测绘示例

（一）标准件在测绘中的处理方法

螺栓、螺母、垫圈、挡圈、键和销、传动带、链和轴承等，它们的结构形状、尺寸规格都已经标准化了，并由专门工厂生产，因此，测绘时，对标准件不需要绘制草图，只要将它们的主要尺寸测量出来，查阅有关设计手册，就能确定它们的规格、代号、标注方法和材料重量等，然后将其填入各部件的标准件明细表中即可。标准件明细表的格式可参考表 2-5。

表 2-5　**某部件标准件明细表**

序　号	名　称	材　料	数　量	单　重	总　重	标准号

对于整台机械设备的测绘，应将所属部件标准件明细表汇总成总标准件明细表。总标准件明细表的格式、内容与表 2-5 相同。

（二）标准部件在测绘中的处理方法

标准部件包括各种联轴器、滚动轴承、减速器、制动器等。测绘时，对它们的处理方法与标准件处理方法类同。

对标准部件同样也不绘制草图，只要将它们的外形尺寸、安装尺寸、特性尺寸等测出后，查阅有关标准部件手册，确定出标准部件的型号、代号等，然后将它们汇总后填入标准部件明细表中。标准部件明细表见表 2-6。

表 2-6　　**某标准部件明细表**

序　号	名　称	规格、性能	数　量	重　量	标准代号

第七节　典型零部件的装配

复杂的机电设备都是由许多零件和部件所组成的。按照规定的技术要求，将若干个零件组合成组件，由若干个组件和零件组合成部件，最后由所有的部件和零件组合成整台机电设备的过程，分别称为组装、部装和总装，统称为装配。

机械设备修理后质量的好坏，与装配质量的高低有密切的关系。机电设备修理后的装配工艺是一个复杂细致的工作，是按技术要求将零部件连接或固定起来，使机电设备的各个零、部件保持正确的相对位置和相对关系，以保证机电设备所应具有的各项性能指标。若装配工艺不当，即使有高质量的零件，机电设备的性能也很难达到要求，严重时，还可造成机电设备或人身事故。因此，修理后的装配必须根据机电设备的性能指标，严肃认真地按照技术规范进行。做好充分周密的准备工作，正确选择并熟悉和遵从装配工艺是机电设备修理装配的基本要求。

一、装配的技术准备工作

（1）研究和熟悉机电设备及各部件总成装配图和有关技术文件与技术资料。了解机电设备及零部件的结构特点、作用、相互连接关系及连接方式。对于那些有配合要求、运动精度较高或有其他特殊技术条件的零部件，尤应引起特别的重视。

（2）根据零部件的结构特点和技术要求，确定合适的装配工艺、方法和程序。准备好必备的工具、量具及夹具和材料。

（3）按清单清理检测各待装零部件的尺寸精度与制造或修复质量，核查技术要求，凡有不合格者，一律不得装配。对于螺栓、键及销等标准件稍有损伤者，应予以更换，不得勉强留用。

（4）零件装配前，必须进行清洗。对于经过钻孔、铰削、镗削等机械加工的零件，要将金属碎屑清除干净，润滑油道要用高压空气或高压油吹洗干净；相对运动的配合表面要保持洁净，以免因脏物或尘粒等混杂其间而加速配合件表面的磨损。

二、装配的一般工艺原则

装配时的顺序应与拆卸顺序相反。要根据零部件的结构特点，采用合适的工具或设备，严格仔细按顺序装配，注意零部件之间的方位和配合精度要求。

（1）对于过渡配合和过盈配合零件的装配，如滚动轴承的内、外圈等，须采用铜棒、铜套等专门工具和工艺措施进行手工装配，按技术条件借助设备进行加温、加压装配。如遇装配困难的情况，则应先分析原因，排除故障，提出有效的改进方法，再继续装配，千万不可乱敲乱打，鲁莽行事。

（2）对油封件，必须使用芯棒压入，对配合表面要经过仔细检查和擦净，如有毛刺，则应经修整后方可装配；螺栓连接按规定的拧紧力矩值按次序均匀紧固；螺母紧固后，螺栓露出的螺纹牙不少于2个，而且要求等高。

（3）凡是摩擦表面，如轴颈、轴承、轴套、活塞、活塞销和缸壁等，装配前，均应涂上适量的润滑油。各部件的密封垫（纸板、石棉、钢皮、软木垫等）应统一按规格制作。自行制作时，应细心加工，切勿让密封垫覆盖润滑油、水和空气的通道。机电设备中的各种密封管道和部件，装配后不得有渗漏现象。

（4）过盈配合件装配时，应先涂润滑油，以利于装配和减少配合表面的初始磨损。另外，装配时应根据零件拆卸下来时所作的各种安装记号进行装配。

（5）对某些有装配技术要求的零部件，如有装配间隙、过盈量、灵活度、啮合印痕等，应边装配边检查，并随时进行调整，以避免装配后返工。

（6）在装配前，要对有平衡要求的旋转零件按要求进行静平衡或动平衡试验，合格后才能装配。这是因为某些旋转零件，如带轮、飞轮、风扇叶轮、磨床主轴等新配件或修理件，可能会由于金属组织密度不均、加工误差、本身形状不对称等原因，使零、部件的重心与旋转轴线不重合，在高速旋转时，会产生很大的离心力，引起机电设备的振动，加速零件磨损，甚至有可能导致损坏。

（7）每一个部件装配完毕，必须严格仔细地检查和清理，防止有遗漏或错装的零件，特别是对工作环境要求固定安装的零、部件要检查。防止把工具、多余零件及杂物留存在箱体之中，确定无疑之后，再进行手动或低速运动，以防机电设备正式运转时引起意外事故。

三、典型零部件的装配工艺

下面以柴油发动机为例，具体说明装配工艺中的若干工艺问题。

（一）螺纹连接件的装配

螺纹连接件的装配和拆卸一样，不仅要使用合适的工具、设备，还要按技术文件的规定施加适当的拧紧力矩。表 2-7 列出的是拧紧碳素钢螺纹件的参考力矩。

表 2-7　**拧紧碳素钢螺纹件的标准力矩（40 号钢）**

螺纹尺寸（mm）	M8	M10	M12	M14	M16	M18	M20	M22	M24
标准拧紧力矩（N·m）	10	30	35	53	85	120	190	230	270

用扳手拧紧螺栓时，应视其直径的大小来确定是否用套管加长扳手，尤其是螺栓直径在 20mm 以内时，要注意用力的大小，以免损坏螺纹。

重要的螺纹连接件都有规定的拧紧力矩，安装时，必须用指针式扭力扳手按规定拧紧螺栓。对成组螺纹连接的装配，施力要均匀，按“由内到外、对角交叉”的次序轮流分 2~3 次拧紧，如图 2-42 所示。如有定位装置（销）时，应该先从定位装置（销）附近开始。

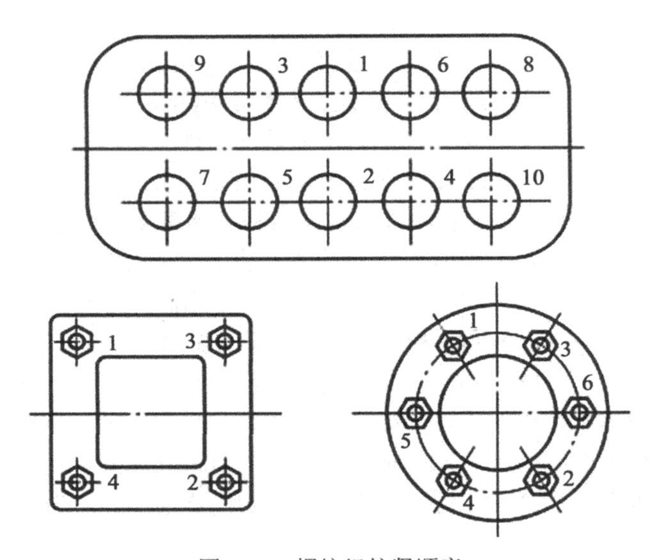

图 2-42　螺纹组拧紧顺序

螺纹连接中还应考虑其防松问题。螺纹连接一旦出现松脱，轻者会影响机电设备正常运转，重者则会造成严重的事故。因此，装配后采取有效的防松措施，才能防止螺纹连接松脱，保证螺纹连接安全可靠。

螺纹连接的防松方法，按照其工作原理，可分为摩擦防松、机械防松、铆冲防松等。黏合防松法近年来得到了发展，它是在旋合的螺纹间涂以液体密封胶，固化后使螺纹副紧密黏合。这种防松方法，效果良好，且具有密封作用。此外，还有一些特殊的防松方法适用于某些专业产品的特殊需要（需要时可参考有关资料）。螺纹连接的常用防松法见表 2-8。

表 2-8

防松方法		结构类型	特点和应用
摩擦防松	对顶螺母	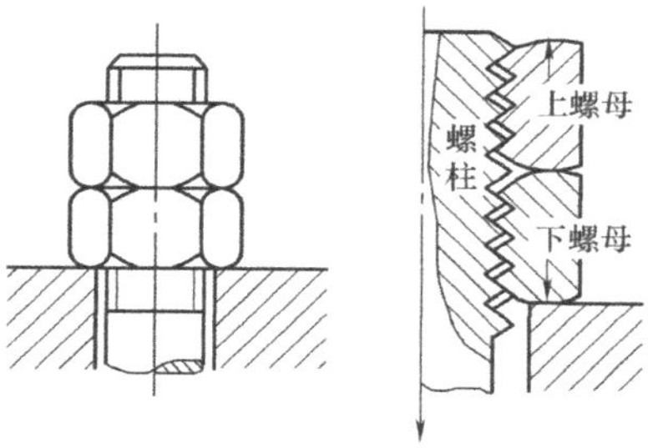 上螺母 螺柱 下螺母	两螺母对顶拧紧后，使旋合螺纹间始终受到附和的压力和摩擦力的作用。工作载荷有变动时，该摩擦力仍然存在，旋合螺纹间的接触情况如图所示，下螺母螺纹牙受力较小，其高度可小些，但为了防止装错，两螺母的高度取成相等为宜。 结构简单，适用于平稳、低速和重载的连接。
	弹簧垫圈	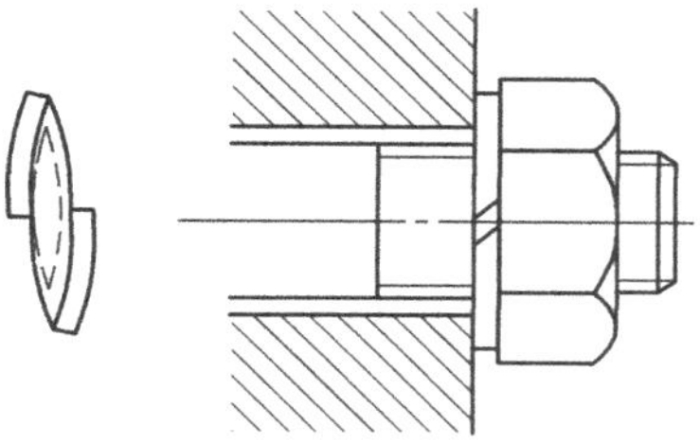	螺母拧紧后，靠垫圈压平而产生的弹性反力使旋合螺纹间压紧。同时垫圈斜口的尖端抵住螺母与被动连接件的支承面也有防松作用。 结构简单、防松方便，但由于垫圈的弹力不均，在冲击、振动的工作条件下，其防松效果较差。一般用于不甚重要的连接。
	自锁螺母	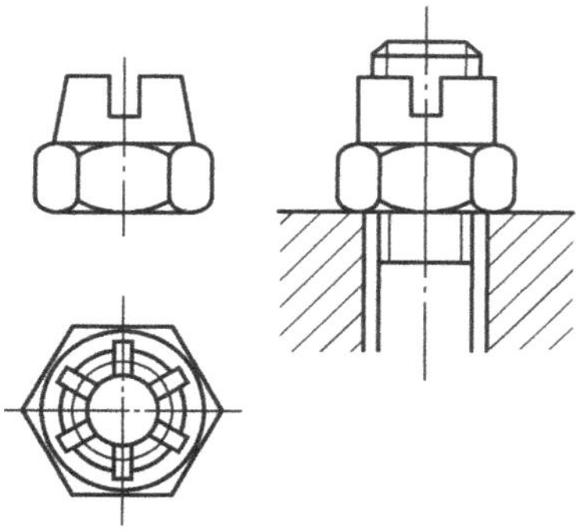	螺母一端制成非圆形收口或开缝后径向收口。当螺母拧紧后，收口胀开，利用收口的弹力使旋合螺纹间压紧。 防松可靠，可多次拆装而不降低防松性能。适用于较重要的连接。
机械防松	开口销与槽形螺母	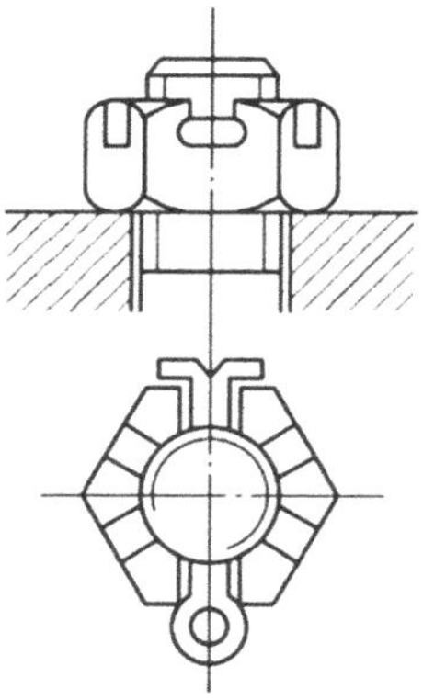	槽形螺母拧紧后，将开口销穿入螺栓局部小孔和螺母的槽内，并将开口销尾部搬开与螺母侧面贴紧。也可用普通螺母代替槽形螺母，但需拧紧螺母后再配孔钻。 适用于较大冲击、振动的高速机械间的连接。

续表

防松方法		结构类型	特点和应用
机械防松	止动垫圈	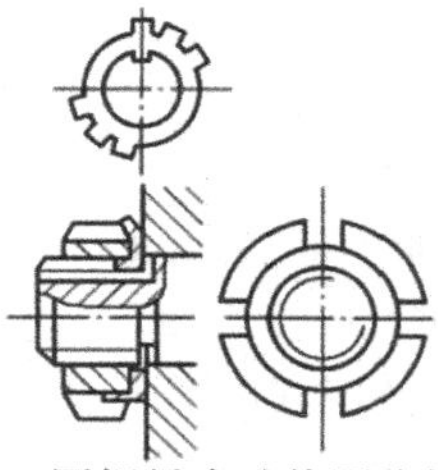 圆螺母止动垫圈防松 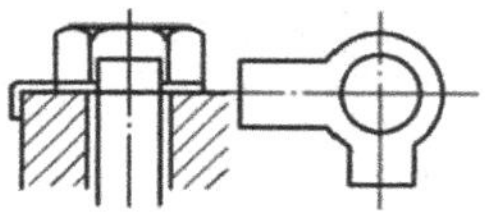	螺母拧紧后，将单耳或双耳止动垫圈分别向螺母和被动连接件的侧面折弯贴紧，即可将螺母锁住。如两个螺栓需要双联锁紧时，可采用双联止动垫圈，使两个螺母互相制动。 结构简单，使用方便，防松可靠。
	串联钢丝	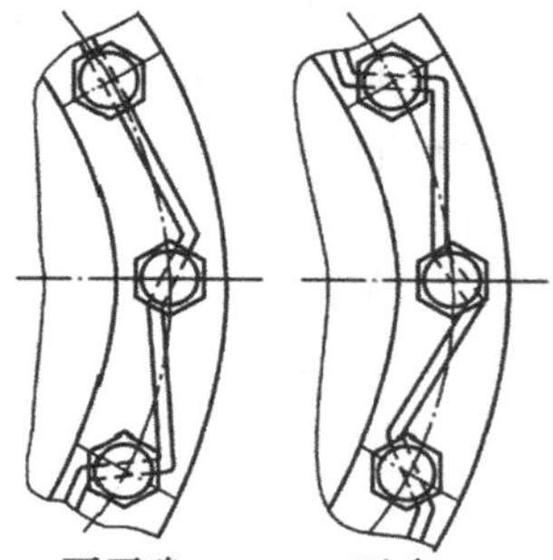 不正确　正确	用低碳钢丝穿入各螺钉头部的孔内，将各螺钉串联起来，使其相互制动。使用时必须注意钢丝的穿入方向。 适用于螺钉组连接，防松可靠，但拆装不便。
端冲防松	端铆	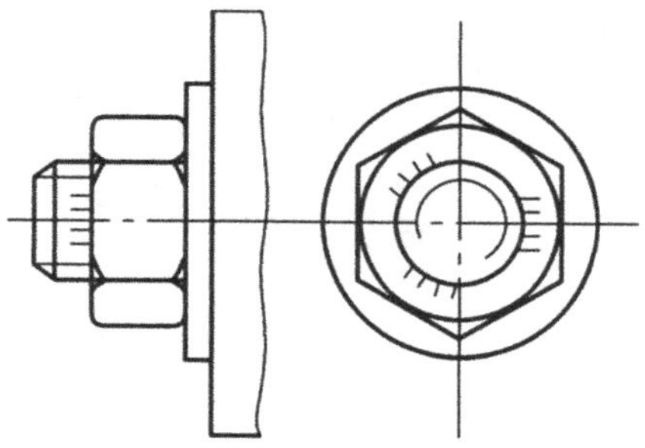	螺母拧紧后，把螺栓末端伸出部分铆死。防松可靠，但拆卸后连接件不能重复使用。 适用于不需拆卸的特殊零件。
	冲点	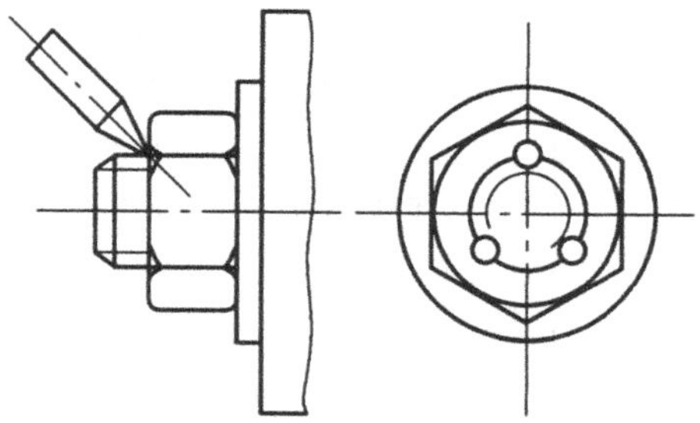	螺母拧紧后，利用冲头在螺栓末端与螺母的旋合缝处打冲，利用冲点防松。防松可靠，但拆卸后连接件不能重复使用。 适用于不需拆卸的特殊零件。

1. 气缸盖螺栓

为了保证柴油发动机气缸的良好密封，除采用优质缸垫和对气缸平面的良好加工外，缸盖螺栓要有恰当而足够的预紧力。这种预紧力是的缸垫和缸盖产生一定的变形，以及对其他热应力产生一定的影响。发动机工作时，在反复爆发压力的作用下，缸盖对气缸垫进行冲击，一般运行 1000~2000km 以后才能开始适应这种情况，但此时螺栓的预紧力就降低了。对于增压柴油机，情况就更加突出。因此，若预紧力过大，会使机体、缸盖和缸垫产生过度的变形，螺栓产生残余应力，反而损害密封作用。因此，在紧固缸盖螺栓时，必须做到以下三点：

（1）在装配前，先将螺栓或螺栓的螺纹部分涂以润滑油，并将缸体上的螺纹孔清洗干净，擦净油和水，以免运转时因孔中的油和水膨胀，而影响螺栓的紧固力，甚至使螺纹孔的周围产生龟裂。

（2）按次序并分次紧固螺栓，一般发动机维修说明书中，均有说明缸盖螺栓的紧固顺序。在紧固时应按规定的拧紧力矩，分 2~3 次完成拧紧。

（3）气缸盖螺栓在经过一定时间运转后，必须重新检查紧固。其方法是先将螺栓或螺母放松，然后再按规定的拧紧力矩紧固。

2. 连杆螺栓与主轴螺栓

连杆螺栓与主轴螺栓承受着弯曲应力和拉伸应力，因而多采用可靠的特种钢材制造。若主轴承盖螺栓松弛，将会使曲轴受到较大的弯曲应力，从而造成烧伤轴承和曲轴断裂等事故。因此，必须在螺栓的螺纹部分涂上润滑油，并从中间向两侧分次逐渐紧固螺栓至规定的拧紧力矩值。

连杆螺栓也多采用特种钢材制造，装配时，轴承盖不要装错。若拧紧力矩不符合规定要求，过大或过小，运转一定时间后，同样会出现重大事故。因此，在装配前，必须认真检查连杆螺栓有无损伤、各个部位有无变形，若有损伤都应更换新件，并以规定拧紧力扭矩紧固。

3. 飞轮螺栓

飞轮紧固螺栓是传递发动机扭矩的重要零件，必须分次并对称地拧紧螺栓，一定要使其拧紧力矩达到规定值，并且必须将锁止垫片紧贴在螺栓头的侧面上，防止松脱。

4. 其他螺栓

发动机上的螺栓很多，除上述主要螺栓外，还有摇臂调整螺栓、喷油器固定螺栓、喷油器紧固螺母、出油阀紧固螺母和油底壳体螺栓等，也是很重要的。如喷油器的固定螺栓在紧固时，必须紧固均匀，否则将出现漏气现象，对有些燃烧室的喷油器来说，还将因而改变喷孔的喷射角度，影响燃烧。又如紧固油底壳体的螺栓时，各螺栓的拧紧力矩不宜过大，且要求各螺栓紧度必须均匀；否则将引起变形，由此导致漏油。因而，罩、盖件螺栓紧固的均匀度很重要，尤其是软木、纸垫和橡胶垫则更应重视。

（二）带轮的装配

1. 带传动机构的装配技术要求

（1）带轮装配在轴上应没有歪斜和跳动。通常要求带轮对带轮轴的径向圆跳动应为 $0.0025 \sim 0.0005D$，端面圆跳动应为 $0.0005 \sim 0.001D$，其中，D 为带轮直径。

（2）两轮的中间平面应重合，其倾斜角和轴向偏移量不超过 1°，倾角过大会导致带磨损不均匀。

（3）带轮工作表面粗糙度要适当，一般为 Ra3.2μm。表面粗糙度太细带容易打滑，过于粗糙则带磨损加快。

（4）带在带轮上的包角不能太小，对于 V 形带传动，带轮包角不能小于 120°。

（5）传动带的张紧力要适当。张紧力太小，不能传递足够的功率；张紧力太大，则传动带、轴和轴承都容易磨损，影响使用寿命，同时轴易发生变形，降低效率。张紧力通过调整张紧装置获得。对于 V 形带传动，合适的张紧力也可根据经验来判断，用大拇指在传动带切边中间处，能按下 15mm 左右为宜。

（6）当传动带的线速度 v>5m/s 时，应对带轮进行静平衡试验；当 v>25m/s，还需要进行动平衡试验。

2. 带轮的装配要点

带轮与轴的配合一般选用 H7/k6 过渡配合，并用键或螺钉固定以传递动力。如图2-43所示。

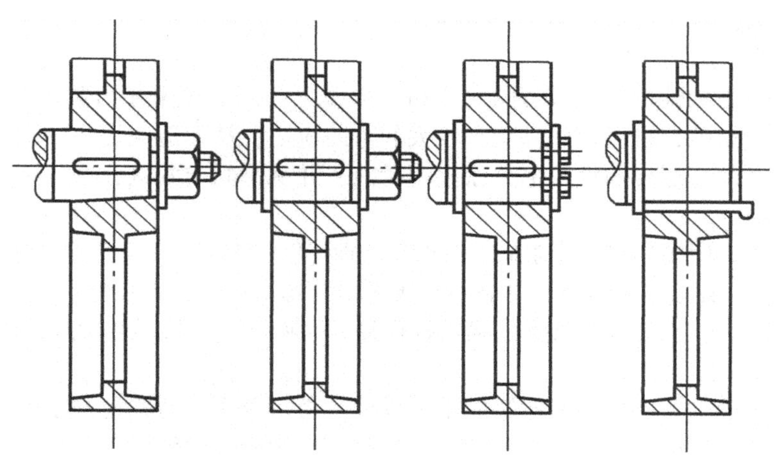

图 2-43　带轮的装配方式

（1）带轮装配前，应检查规格、型号及长度，做好带轮孔、轴的清洁工作，轴上涂上机油，用铜棒、锤子轻轻敲入，最好采用专用的螺旋工具压装。

对圆锥轴配合的带轮，装配时，首先将键安装的轴上，然后将带轮孔的键槽对准轴上的键套入，拧紧轴向固定螺钉即可。

对直轴配合的带轮，装配时将键装在轴上，带轮从轴上渐渐压入。压装带轮时，最好用专用工具或用木锤敲打装配。

（2）装配后，应检查带轮在轴上的装配精度。检查跳动的方法，较大的带轮可用划针盘来检查，较小的带轮可用百分表来检查。

（3）两带轮装配后，应使两轮轴线的平行度符合要求，两带轮的中心平面的轴向偏移量 a，平带一般不应超过 1.5mm，V 形带不应超过 1mm；两轴不平行度不应大于 0.5/1000。中心距大的，可用拉线法；中心距小的，可用钢直尺测量。带轮的中心距要正确，一般可通过检查并调整传动带的松紧程度，补偿中心距误差。

（4）V 形带装入带轮时，应先将 V 形带套入小带轮中，再将 V 形带用旋具拨入大带轮槽中，装配时不宜用力过猛，以防损坏带轮。装好的 V 形带上下平面不应与带轮槽底接触或凸在轮槽外。

（5）带轮的拆卸。修理带传动装置前，必须把带轮从轴上拆下来。一般情况下，不能直接用大锤敲打，而应采用拔轮器拆卸。

3. 调整张紧力

由于传动带的材料不是完全的弹性体，传动带在工作一段时间后会因伸长而松弛，使得张紧力降低。为了保证带传动的承载能力，应定期检查张紧力，如发现张紧力不符合要求，必须重新调整，使其正常工作。

一般可以通过松开其中一个带轮所在部件的地脚螺栓，然后通过调节螺钉推动该部件在底座上移动适当的距离，使得传动带恢复合适的张紧力。部分带传动则使用专用的可调节张紧轮来调节传动带的张紧力。

（三）滚动轴承的装配

滚动轴承在装配前必须经过洗涤，以使新轴承上的防锈油（由制造厂涂在其上）被清除掉，同时也清除掉在储存和拆箱时落在轴承上的灰尘和泥沙。根据轴承尺寸、轴承精度、装配要求和设备条件，可以采用手压床和液压机等装配方法。若无条件，可采用适当的套管加垫木，用锤子打入，严禁用铁锤直接敲打轴承。图 2-44 所示为各种新轴安装滚动轴承的情况。

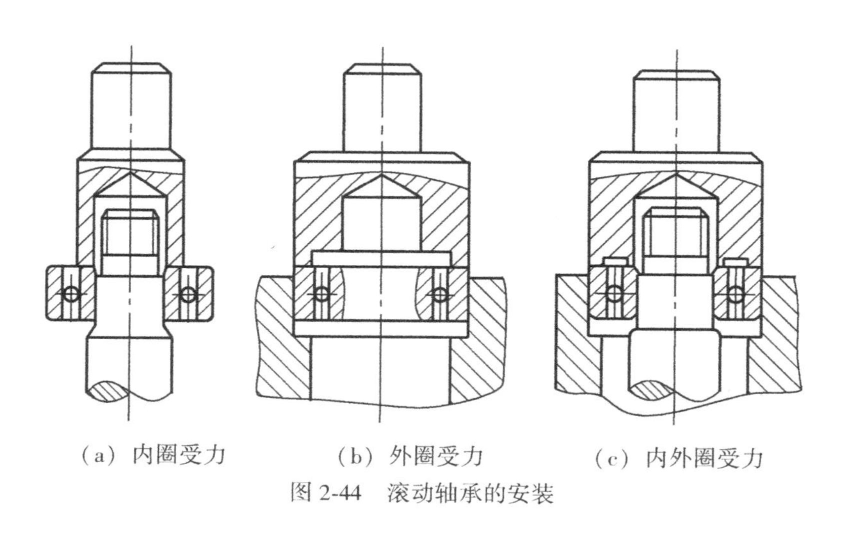

（a）内圈受力　（b）外圈受力　（c）内外圈受力

图 2-44　滚动轴承的安装

根据轴承的不同特点，可以选用常温装配、加热装配和冷却装配等方法。

1. 常温装配

如图 2-45 所示是用齿条手压床把轴承装在轴上的情况。轴承与手压床之间垫以垫套，用手扳动手压床的手把，通过垫套将轴承压在轴上。

如图 2-46 所示为用垫棒敲击，进行轴承装配（垫棒一般用黄铜制成）。

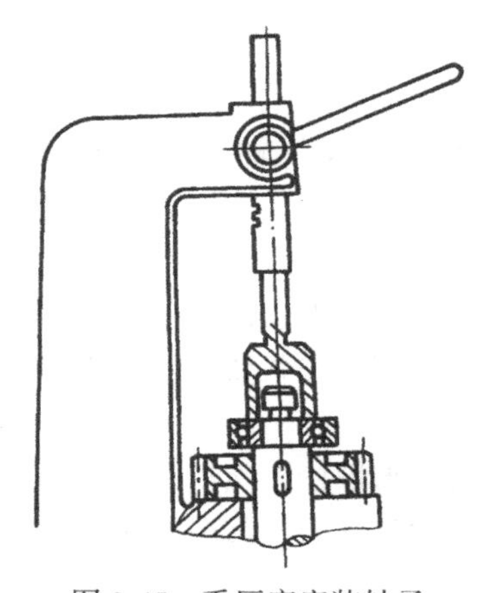

图 2-45　手压床安装轴承

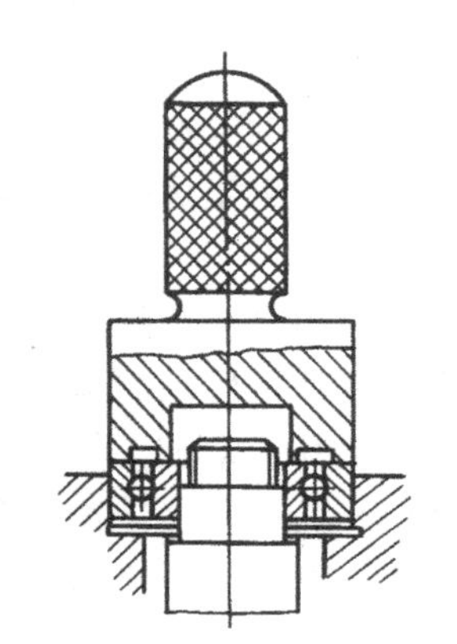

图 2-46　垫棒敲击安装轴承

2. 加热装配

安装滚动轴承时，若过盈量较大，可利用热胀冷缩的原理装配。即用油浴加热等方法，把轴承预热至 80～100℃，然后趁热迅速进行装配。如图 2-47 所示为用来加热轴承的特制油箱，轴承加热时，放在槽内的格子上，格子与箱底有一定距离，以避免轴承接触到比油温高得多的箱底而形成局部过热，且使轴承不接触到箱底沉淀的油泥等脏物。

对有些小型轴承，可以挂在吊钩上在油中加热，如图 2-48 所示。

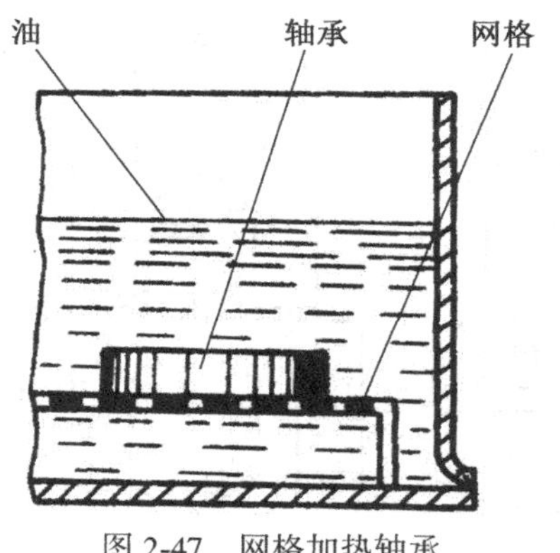

图 2-47　网格加热轴承

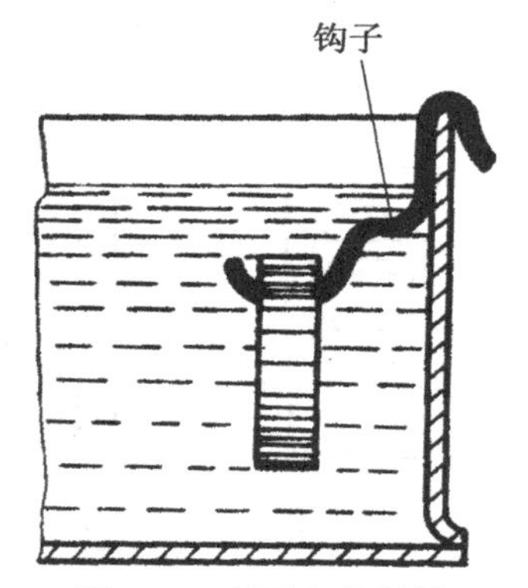

图 2-48　吊钩加热轴承

3. 冷却装配

装在轴承座孔内的轴承外圈，可以用干冰或液氮先行冷却或者将轴承放在 -50～-40℃的工业冰箱里冰冷 10～15min，使轴承尺寸缩小，然后装入轴承座孔。

（四）活塞连杆组的装配

活塞连杆组的装配如图 2-49 所示，其组件的装配步骤如下：

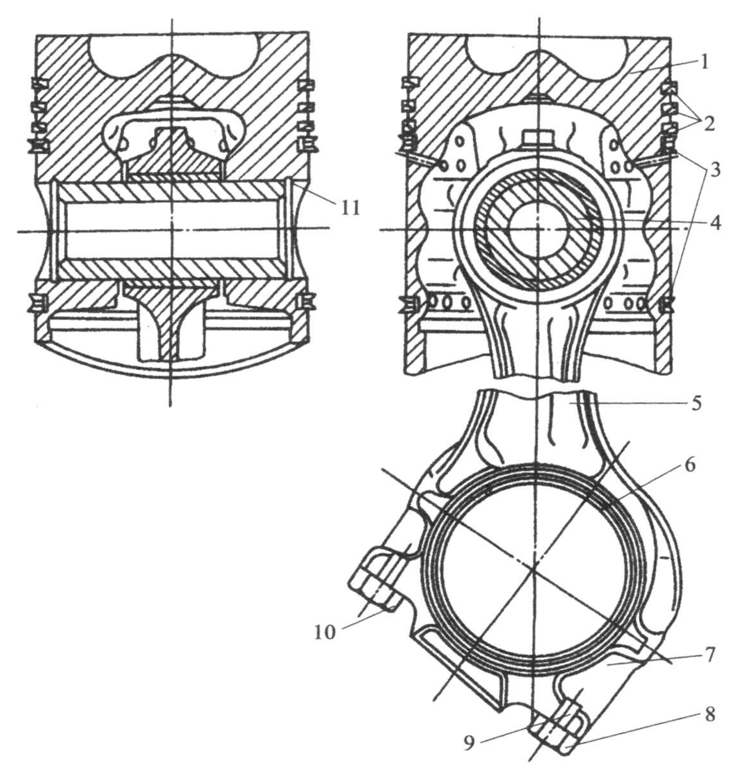

1—活塞；2—气环；3—油环；4—活塞销；5—连杆；6—连杆轴承；
7—连杆盖；8、10—连杆螺栓；9—锁片；11—活塞销卡簧

图 2-49　活塞连杆组装配

（1）首先在活塞销孔一端装上一个活塞销卡簧 11，然后用环箍由下而上地将两个油环 3 和三个气环 2 装入活塞 1 的环槽里。活塞环的平面上若有安装记号，应按记号区分上下面，不能放错，相邻两道环的开口应摆成 120°~180°。

（2）将带环的活塞 1 浸入机油盆里，加温至 80~100℃，历时 10min；取出活塞 1，把连杆 5 的小头插入活塞 1，并对正销孔，将活塞销 4 装入销孔。

注意：不允许将活塞销强行压入销孔；活塞顶面燃烧室若是偏心（非对称）结构，应注意其安装方向与缸头喷油器布置方向匹配。然后将另一活塞销卡簧装入销孔的环槽里。

（3）拧松连杆螺栓 8，连同连杆螺栓一起将连杆盖 7 拆下，并装上连杆轴承 6。装连杆轴承时应注意：一定要使连杆轴承的定位唇与连杆和连杆盖上孔的唇口相吻合。

（4）用机油润滑连杆轴承 6，并用装配套将活塞连杆组装入已涂有机油的缸套里，并使其向连杆大端的轴线方向移动，使连杆轴承孔对正所要装配的曲轴的轴颈，如图 2-50 所示。

（5）装配曲轴，装上连杆端盖 7，并以说明书规定的扭矩，分 2~3 次轮流将连杆螺

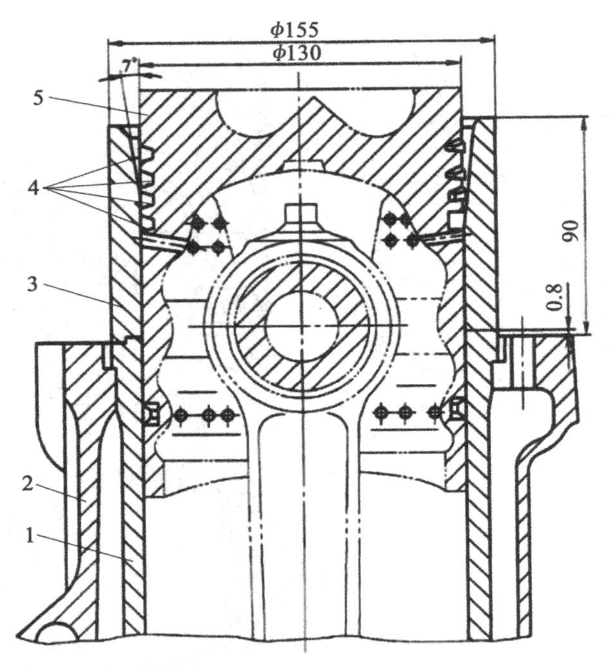

1—气缸；2—缸体；3—装配套；4—活塞环；5—活塞

图 2-50　活塞连杆组装入气缸

栓 8、10 紧固，然后用预先所套的锁片 9 把连杆螺栓 8 和 10 锁住，使锁片靠在连杆螺栓头的平面上。

（6）检查连杆轴承 6 与曲轴轴颈的轴向间隙，其间隙应在说明书允许范围内。

（五）电动机的装配

1. 装配前的准备、检查及要求

（1）清理与检查各零部件，各零部件完整、清洁、完好才能进行装配。

①定子内腔与转子表面应干净，无杂质。

②检查各紧固螺纹孔是否符合标准要求，符合要求后才能进入装配过程。

③检查转子轴及配合零部件的尺寸是否符合标准要求，符合要求后才能进入装配过程。

④检查定子绕组有无碰伤等情况、槽楔或端部有无高出铁芯部位，止口尺寸是否符合要求。

（2）准备好所有装配所使用的工具与材料，保证工具、材料完好才能正常使用。

（3）各表面的防锈处理。

①定、转子与端盖（内、外盖）非配合表面应涂醇酸铁红底漆一层，在涂抹过程中，不能影响其他表面。

②电动机的接线盒内腔与接线盖板非配合面涂醇酸铁红底漆。

③各零部件配合表面涂上清洁的机油。

（4）检查冷却装置如风扇、风罩和散热片的完好性。

（5）将轴承进行加热，加热温度应在90~110℃，加热要均匀。加热过程中，应严禁杂物进入轴承内部及附着在轴承表面，如有此现象应及时清理轴承。

2. 装配过程及要求

（1）装配出线座。根据图纸要求，将出线座装到机座上，注意弹簧垫圈、平垫等标准件要装齐全。

保证出线座内端子套应符合对应等级标准要求。

（2）装配转子。步骤如下：

①将轴承内盖套入转子轴配合内盖位上。

②取出加热好的轴承套入转子轴轴承位上，装配过程中，不应用蛮力，应轻轻地将轴承打到相应位置。

③再给轴承内与轴承外盖内加入规定数量的润滑油脂。

④装配非轴伸端端盖，用锤子轻敲端盖四周，使轴承套入轴承室（端盖内孔）。

⑤装配非轴伸端轴承外盖，并用相应规格的螺钉拧紧，把紧内盖。

⑥将转子按照规定的方向装入定子内腔中，用锤子轻敲端盖四周，使端盖止口与机壳止口相吻合，紧固孔对正，穿入紧固螺钉（有定位孔的端盖，先由定位孔定位），待端盖打到位后进行紧固。在装入过程中，注意保护好定子绕组。

⑦待转子装配到位后，装配另一端端盖及轴承外盖。在紧固螺钉过程中，应同时转动转子，转子转动应灵活。

（3）送检。

（4）送检合格后装风扇、风罩。

（5）待全部合格后，装配及紧固出线座盖板。

（6）钉铭牌，所钉铭牌与电动机参数要相符合。

（7）对轴伸表面进行防锈处理。

（8）表面喷漆处理。

①表面有不平之处，要用腻子粉处理平整。

②面漆颜色要符合规定要求。

③喷漆后，不准有漆瘤存在及表面厚薄不均，表观要整洁。

3. 总装后的检查及要求

（1）检查电动机头尾出线要正确，并且所测绝缘电阻要符合标准要求。

（2）检查电动机是否灵活，有无不正常噪音与轴承响声。

4. 注意事项

（1）装配的零部件必须是清洁无损伤的，特别是转子表面、定子内腔、轴承位及定子绕组端部。

（2）装配前，一定要进行全面检查，所有零部件合格、完整后，才能进行装配。

（3）对于水冷电动机，要在嵌线前检查冷却系统是否完好。

（4）轴承加热温度要符合要求，装配轴承过程中，禁止用锤子直接敲打轴承，按照轴承装配要求装配轴承。

（5）加入轴承润滑脂时，必须保证润滑脂清洁与油脂的数量，轴承清洁、严禁有杂质混入，所有零部件的配合部位，必须涂上清洁的机油。

（6）在装配过程中，严禁重锤敲打，用力要适宜。

（7）在装配过程中，要注意密封件要装配到位。

（8）保证工作场地要清洁，易燃物品远离火源。

（9）特殊电动机装配要按照特殊要求。

（六）齿轮的装配

机床齿轮的修理装配并不是一个简单的装配过程，而是将被装配的齿轮、轴及轴承等多种零件，按照一定的工艺要求，通过正确的装配方法装配起来，并要经过必要的调整，从而提高齿轮的传动精度，减少噪声，避免冲击，使齿轮传动装置能长久可靠地工作。

修理装配中的齿轮多数是已磨损的旧齿轮，而且两个啮合的齿轮，其磨损程度也不完全一致。这样，齿轮装配就较复杂。为了保证齿轮的装配质量，应注意以下3个问题：

（1）对于主要用来传递动力的齿轮，应尽可能维持其原来的啮合状态，以减小噪声。

（2）对用于分度的齿轮传动，装配时不仅要减少噪声，并且还要保证传动均匀。在调整时，尽量取齿侧间隙的最小值，同时使节圆半径的跳动量最小。

（3）装配时，要使轴承的松紧程度适当。太松，轴承旋转时会产生噪声；太紧，则当轴受热时没有膨胀的余地，使轴弯曲变形，影响齿轮的啮合。

圆柱齿轮的装配方法如下：

1. 零件检查

圆柱齿轮的装配，要求成对啮合的齿轮，轴线必须在同一平面内，并且相互平行，两齿轮轴线有正常啮合的中心距。因此，装配前，应检查全部零件，尤其是齿轮箱和轴。检查时，应注意以下两点：

（1）齿轮箱各有关轴孔应互相平行，中心距偏差应在公差范围之内；否则，应进行修复。

（2）轴不能有弯曲，必要时予以校正。

待所有零件检查合格后，进行清洗以待装配。

2. 装配与检查

（1）装配顺序最好按传递运动相反的方向进行，即从最后的被动轴开始，以便于调整；

（2）当安装一对旧齿轮时，要仍按照原来磨合的轴向位置装配；否则将会产生振动，并使噪音增大；

（3）每装完一对齿轮，应进行检查齿面啮合情况和齿侧间隙。

①齿面啮合检查　齿面啮合情况常用涂色法检查。在主动轮齿面上均匀地涂一薄层红丹粉，使齿轮喷啮合旋转，检查另一齿轮齿面上的接触印痕，如图2-51所示。正确的啮合应使印痕沿节圆线分布。印痕的啮合精度见表2-9。

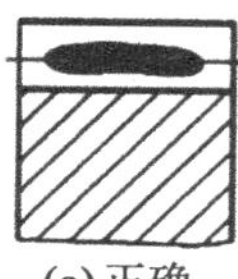   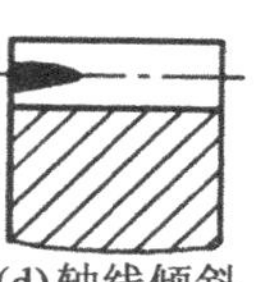

(a)正确　(b)中心距太大　(c)中心距太小　(d)轴线倾斜

图 2-51　圆柱齿轮啮合印痕

表 2-9　**印痕的啮合精度**

精度等级		6	7	8	9
印痕（%）	按齿高度≥	50	45	40	30
	按齿宽度≥	70	60	50	40

齿轮轴向位置啮合要求是：当啮合齿轮轮线宽度≤20mm 时，轴向错位不得超过 1 mm，轮缘宽度>20mm 时，不得大于 5%齿宽，最大不得大于 5mm（两啮合齿轮轮缘宽度不同时，按其中较窄的计算）。

②齿侧间隙检查　齿侧间隙是指互相啮合的一对轮齿在非工作面之间沿法线方向的距离。齿侧间隙的检查，可用塞尺、百分表或压铅丝等方法来实现。

如图 5-52 所示为用百分表检查齿侧间隙。将百分表架 1 放在箱体上，把检验杆 2 装在轴 1 上，百分表测头 3 顶住检验杆。然后转动轴 1 齿轮，让另一个齿轮固定，记下百分表指针读书，按下式计算间隙：

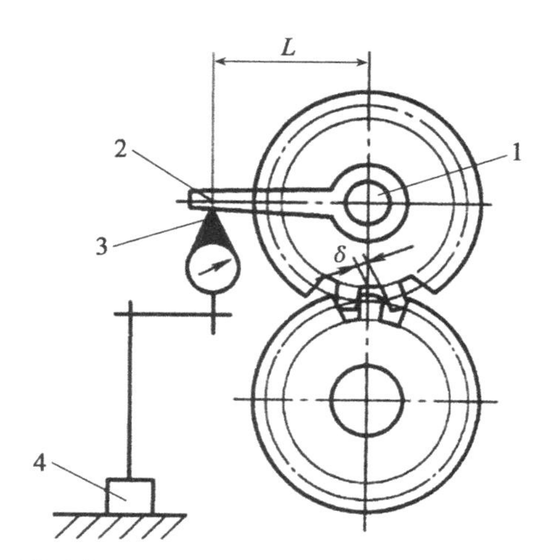

1—百分表架；2—检验杆；3—百分表测头；4—表座

图 2-52　用百分表检测齿侧间隙

$$\delta_0 = \frac{\delta_1 R}{L}$$

式中，δ_0 为齿侧间隙（mm）；δ_1 为百分表读数；R 为转动齿轮的节圆半径（mm）；L 为检验杆旋转中心到百分表测点的距离（mm）。

齿侧间隙应符合技术要求，否则须查明原因。

（七）蜗轮蜗杆的装配

蜗轮蜗杆传动装置根据用途可分为传动蜗轮蜗杆和分度蜗轮蜗杆两种。

1. 涡轮蜗杆传动机构的装配要求

（1）保证蜗杆轴线与蜗轮轴线相互垂直，距离正确，且蜗杆轴线应在蜗轮轮齿的对称中心平面内。

（2）蜗杆和蜗轮有适当的啮合侧隙和正确的接触斑点。

2. 涡轮蜗杆传动机构的装配顺序

① 将蜗轮装在轴上，装配和检查方法与圆柱齿轮装配相同。

② 把蜗轮组件装入箱体。

③ 装入蜗杆，蜗杆轴线位置由箱体安装孔保证，蜗轮的轴向位置可通过改变垫圈厚度调整。

蜗轮副装配后，用涂色法检查其啮合质量。如图 2-53 所示。图 2-53（a）（b）为蜗轮副两轴线不在同一平面内的情况。一般蜗杆位置已固定，则可按图示箭头方向调整涡轮的轴向位置，使其达到图 2-53（c）所示的要求。其接触面积要求见表 2-10。

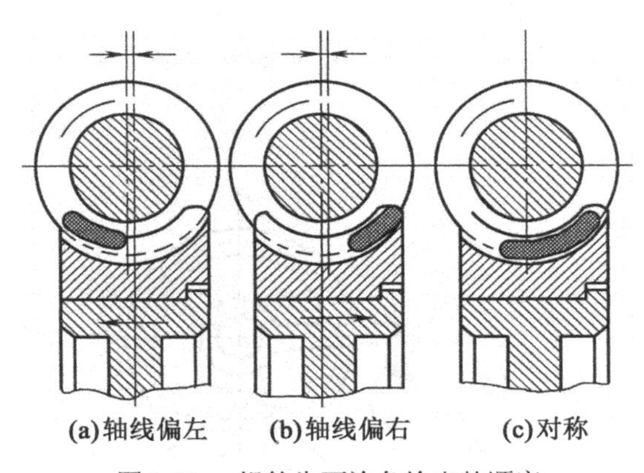

图 2-53　蜗轮齿面涂色检查的顺序

表 2-10　**蜗轮齿面接触面积**

精度等级	接触长度	
	占齿长	占齿宽
6	75%	60%
7	65%	60%
8	50%	60%
9	35%	50%

侧隙检查时，采用塞尺或压铅丝的方法比较困难。一般对不太重要的蜗轮副，凭经验用手转动蜗杆，根据其空程角判断侧隙大小。对运动精度要求比较高的蜗轮副，用百分表进行测量，如图 2-54 所示。

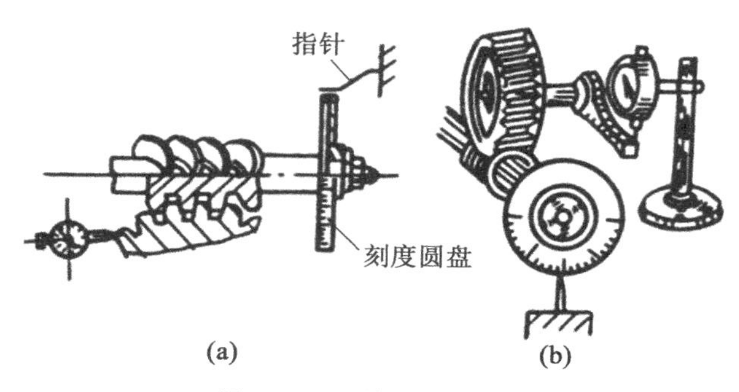

图 2-54 涡轮副侧隙检查

通过测量蜗杆空程角，计算出齿侧间隙。空程角与侧隙有如下近似关系（蜗杆升角影响忽略不计）：

$$\alpha = C_n \frac{360 \times 60}{\pi m Z_1 \times 1000} \approx 6.9 \frac{C_n}{m Z_1}$$

式中，α 是空程角（°）；Z_1 是蜗杆头数；m 是模数（mm）；C_n 是侧隙（mm）。

（八）联轴器的装配

联轴器按结构形式不同，可分为锥销套筒式、凸缘式、十字滑块式、弹性圆柱销式及万向联轴器等。

1. 弹性圆柱销式联轴器的装配

如图 2-55 所示，其装配要点如下：

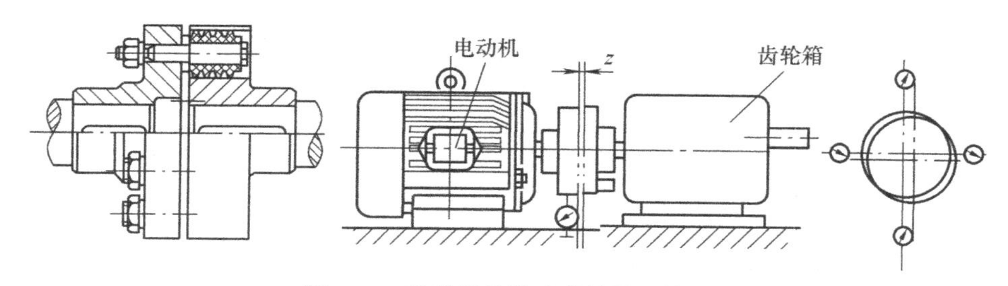

图 2-55 弹性圆柱销式联轴器及装配

（1）先在两轴上装入平键和半联轴器，并固定齿轮箱。按要求检查其径向圆跳动和轴向圆跳动。

（2）将百分表固定在半联轴器上，使其测头触及另外半联轴器的外圆表面，找正两个半联轴器之间的同轴度。

（3）移动电动机，使半联轴器上的圆柱销少许进入另外半联轴器的销孔内。

（4）转动轴及半联轴器，并调整两半联轴器之间的间隙，使其沿圆周方向均匀分布，然后移动电动机，使两个半联轴器靠紧，固定电动机，再复检同轴度达到要求。

2. 十字滑块式联轴器的装配

（1）将两个半联轴器和键分别装在两根被连接的轴上。

（2）用直角尺检查联轴器外圆，在水平方向和垂直方向应均匀接触。

（3）两个半联轴器找正后，再安装十字滑块，移动轴，使半联轴器和十字滑块间留有较小间隙，保证十字滑块在两半联轴器的槽内能自由滑动。

（九）离合器的装配

1. 摩擦离合器

常见的摩擦离合器如图 2-56 所示。对于片式摩擦离合器，装配时应注意调整好摩擦面的间隙。对于圆锥式摩擦离合器，要求用涂色法检查圆锥面接触情况，色斑应均匀分布在整个圆锥表面上。

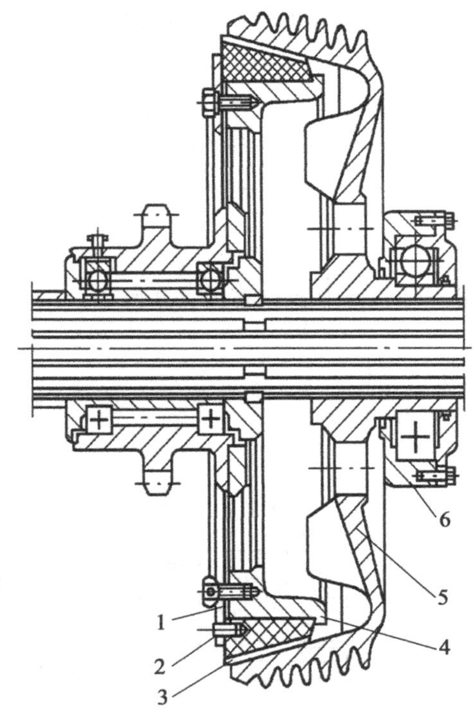

1—连接圆盘；2—圆柱销；3—摩擦衬块；4—外锥盘；5—内锥盘；6—加压环

图 2-56　单摩擦锥盘离合器

2. 牙嵌离合器

如图 2-57 所示，牙嵌离合器由两个带端尺的半离合器组成。端齿有三角形、锯齿形、梯形和矩形等多种。

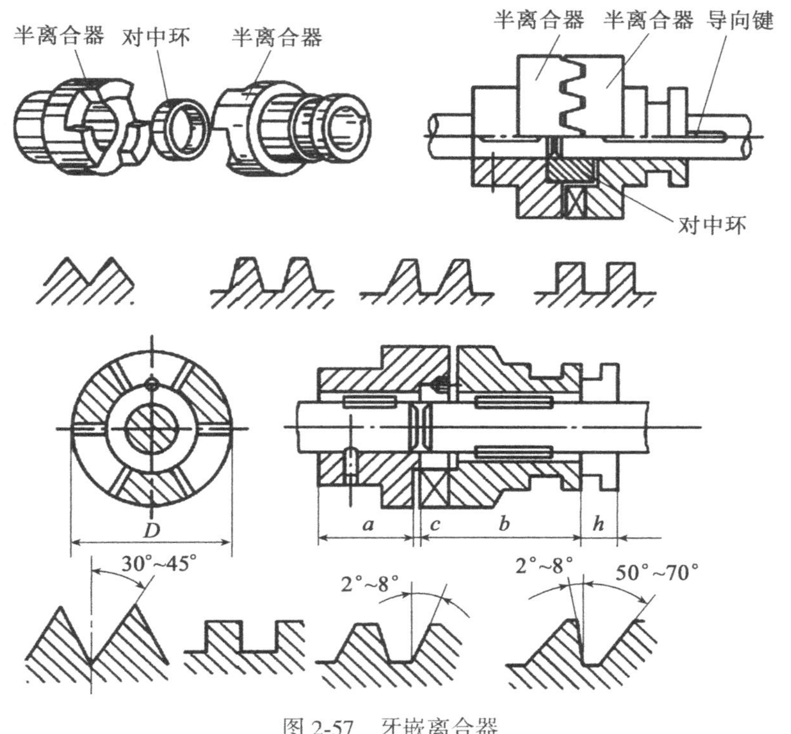

图 2-57　牙嵌离合器

3. 离合器的装配要求

(1) 接合、分离动作灵敏，能传递足够的转矩，工作平稳。

(2) 装配时，把固定的一半离合器在主动轴上，滑动的一半装在从动轴上。保证两半离合器的同轴度，滑动的一半离合器在轴上滑动应自如，无阻滞现象，各个啮合齿的间隙应相等。

(3) 当发生接触斑点不正确的情况时，可通过调整轴承座的位置来解决，或采用修刮的方法达到接触精度要求。

四、机械零部件装配后的调整

机械零部件装配后的调整是机电设备修理的最后程序，也是最为关键的程序。有些机电设备，尤其是其中的关键零部件，不经过严格的仔细调试，往往达不到预定的技术性能，甚至不能正常运行。

机械零部件的调整与调试，是一项技术性、专业性及实践性很强的工作，操作人员除了应具备一定的技术、专业知识基础外，还应注意积累生产实践经验，方可有正确判断和灵活处理问题的能力。

下面仅以柴油发动机的调整与调试中的几个问题，初步进行讨论。

（一）偏缸问题

装配后，发动机若出现偏缸，会引起活塞敲缸、活塞与缸套不正常的磨损、缸套穴蚀、活塞气密性变坏和往缸中窜机油等故障，将严重破坏发动机的性能，其危害非常大。

引起偏缸的原因很多，如缸体变形，修理时未进行检查和修复；曲轴磨削工艺不当，各连杆轴颈不平行；连杆弯曲和扭曲，未进行检查和校直；连杆小端铜套孔轴线与大端连杆轴承孔轴线不平行；风冷式气缸定位基准磨损，珩磨气缸前未进行修整，以及缸盖螺栓的紧固不匀等，都会导致偏缸。为避免偏缸发生，修理中必须保证各道工序的技术要求，综合解决有关的技术问题。

为了正确解决偏缸问题，必须通过专用的仪器工具检验缸体主轴承座孔的轴线与气缸（或缸套座孔）的垂直度，若超过规定的误差范围，则不应进行装配。另外，对装配好的活塞连杆组也应进行检查。检查方法之一是在连杆检验仪上进行，检查其弯曲度，并左右摆动活塞成45°，测量活塞与仪器工具的垂直平板间隙来判定是否存在扭曲。这种方法是假设曲轴完全平直，所得到的弯曲值，与缸中的真实情况有差异，因此只得在不装活塞环的情况下，将活塞连杆组装入缸内，以检查活塞是否偏缸，甚至拆装多次，操作较麻烦。

另一种较切实可行的方法是，在曲轴上进行检查，将检验仪装在主轴颈上，带有活塞销的连杆装在曲轴颈上，然后用游标万能角度尺进行检查。

检查中注意从以下几个方面查找偏缸现象：

（1）个别活塞在整个行程中始终偏靠一边。出现这种偏缸现象，其主要原因是连杆弯曲或连杆小头铜套轴线与连杆轴承轴线不平行所造成。用塞尺检查后，两边差值超过0. 05～0. 10mm，就应该拆下，对连杆进行校直，直到符合标准要求为止。

（2）各缸活塞从上止点到下止点均偏靠一侧。这种情况多是由于各缸中心线与主轴承轴线不垂直而引起，很可能是由于缸体变形，引起主轴承与原定位基准不平行的结果；或因采用的缸套缸体原定位基准遭受破坏，珩磨气缸前未进行修整所造成的后果等。应找出原因进行处理，直至符合要求；否则不宜进行装配。

（3）在上止点处活塞偏靠一侧，而在下止点处活塞偏靠另一侧。如图2-58所示，在上止点时，活塞偏靠左上侧，而当活塞运动至下止点时，则偏靠右下侧。这主要是由于曲轴颈的轴线与主轴颈的轴线不平行所造成的。在上止点时，曲轴颈左低右高，而在下止点时，曲轴颈则左高右低，所以活塞产生左右摆动的现象。

（4）活塞在上、下止点位置不偏，而在中间部位向前偏靠或向后偏靠。这种现象是由于连杆扭曲而产生的，在一根无弯无扭的连杆上，无论连杆摆动到什么位置，连杆小头上的活塞销轴线始终和气缸轴线相垂直。连杆扭曲后，活塞销轴线在上、下止点仍与气缸轴线相垂直，但离开上、下止点位置就逐渐与气缸轴线形成一个可变动的角度，这样活塞也必然产生同样的倾斜角度，形成偏缸。这种倾斜角度在曲轴从上止点转动接近90°时，其倾斜角度最大，放在此位置偏缸现象最明显，离开这个位置又逐渐减小，到下止点时，活塞销轴线又与气缸轴线相垂直，无偏缸现象。对扭曲严重的连杆应经过校正后，方可进行装配。

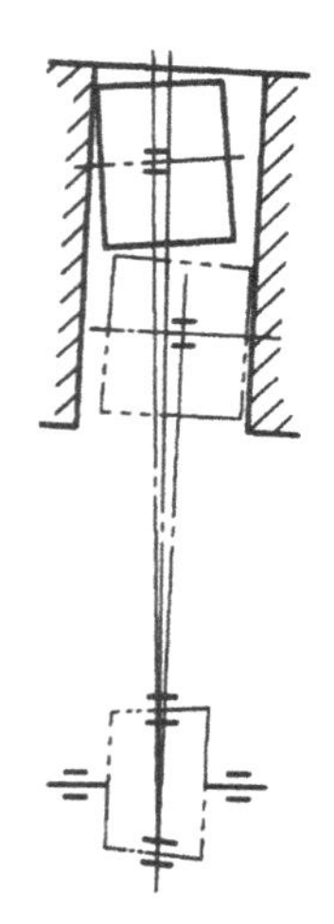

图 2-58　活塞偏缸示意图

（二）气阀间隙的调整

有些柴油发动机的配气凸轮轴装配在气缸盖上，直接驱动气阀组件。测量气阀间隙时的工作位置由凸轮轴的第一缸凸轮凸起位置来确定，如图 2-59 所示，即是使凸轮最大升程点位置朝上。其测量的具体步骤是：

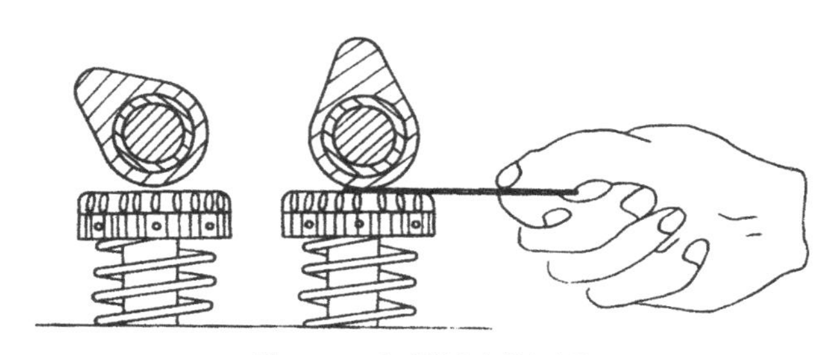

图 2-59　气阀间隙的测量

（1）拆下气缸盖罩，这样可以用手转动发动机曲轴，使第一缸凸轮最大升程点位置朝上时，用塞尺测量所有凸轮基圆朝向气阀锁盘位置的各气阀间隙。

（2）沿柴油机工作转动方向使曲轴转动 360°，再测量其余各气阀间隙。

（3）如气阀间隙不符合规定值，可按图 2-60 所示的方法进行调整。用专用钳子，通过锁盘圆圈上的小孔，将气阀锁盘压下，使锁盘与气阀推盘脱开。再用固定扳手旋转气阀座，间隙过小时，向下旋入；间隙过大时，向上旋出。然后松开锁盘。使其与推盘恢复原连接，重新检查间隙，直至间隙符合标准规定为止。

（三）柴油机配气正时的调整

在调整好所有的气阀间隙之后，对柴油机的配气正时要进行检查。如图 2-61 所示为

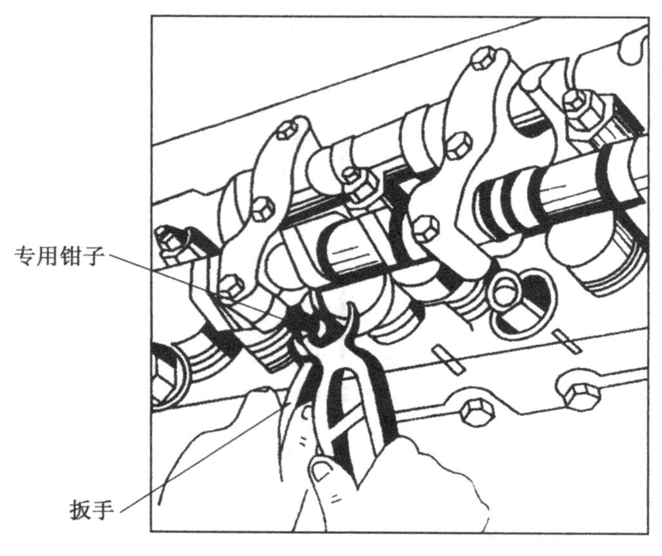

图 2-60　气阀间隙的调整

某柴油机的配气相应图。检查与调整的步骤如下：

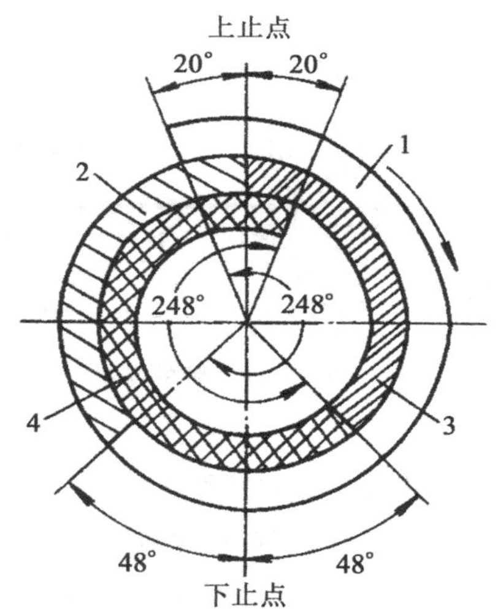

1—进气行程；2—压缩行程；3—做功行程；4—排气行程

图 2-61　配气相位图

（1）沿柴油机正转方向转动手把，参照图 2-62 所示的方法，将左排第一缸活塞转到进气行程止点前 20°处。

（2）如图 2-63 所示，将进气凸轮轴 3 端部的锁环 6 取下，并松开凸轮轴螺母，拔出调整衬套 5；转动进气凸轮轴 3，使左排第一缸的进气凸轮与进气阀调整盘刚好接触，如

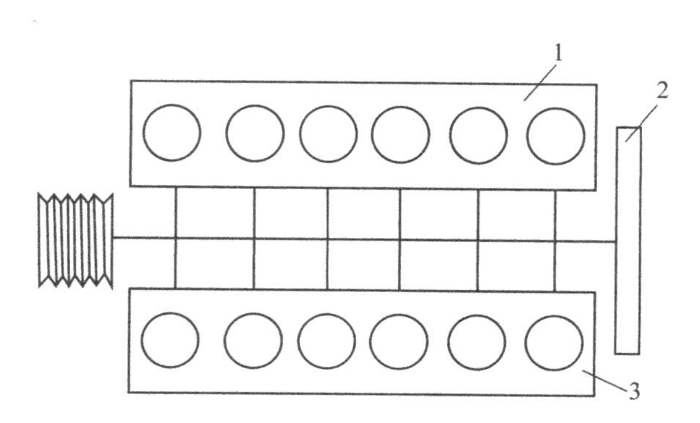

1—左气缸体；2—飞轮；3—右气缸体

图 2-62　发动机气缸排列图

图 2-64 所示，这就是进气阀开气位置。然后将调整衬套 5 装上，并把凸轮轴螺母 7 拧紧，用锁环 6 锁住防松，左排第一缸进气正时调整完毕。

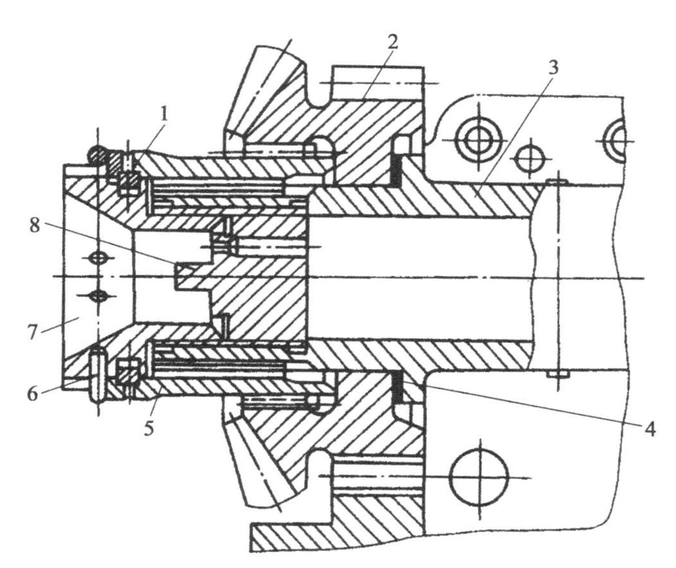

1—弹簧圈；2—复合齿轮；3—凸轮轴；4—调整环；5—调整衬套；6—锁环；7—凸轮轴螺母；8—堵塞

图 2-63　凸轮轴驱动齿轮结构图

（3）将曲轴转到上止点后 20°处，把排气凸轮轴调整衬套取下，转动排气凸轮轴，使左排第一缸的排气凸轮处于刚好要离开推盘的位置，即排气阀开始关闭时间。然后将调整衬套等装上并紧固，左排第一缸然气正时调整完毕。

（4）以右排第六缸为准，如图 2-65 所示，将曲轴转到该缸进气行程上止点前 20°处，调整进气正时；再将曲轴转到上止点后 20°位置，调整排气正时，其操作方法与左排第一

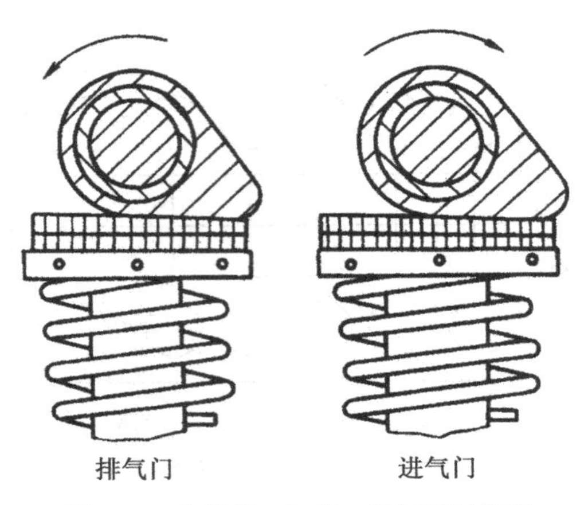

图 2-64　左排第一缸进、排气正时调整

缸的操作步骤完全相同。

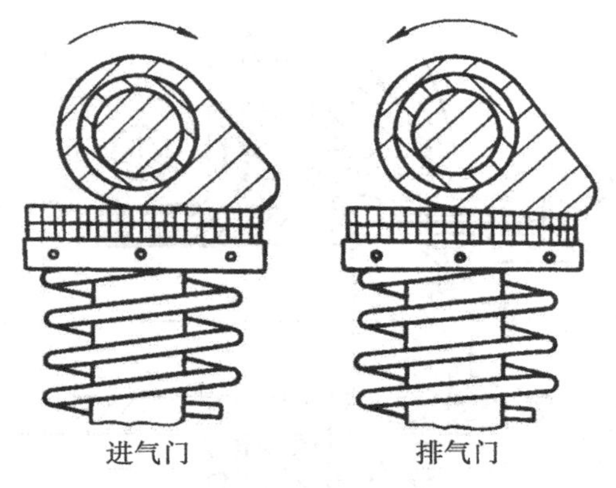

图 2-65　右排第六缸进、排气正时调整

思考题与习题

一、名词解释

1. 击卸法　2. 拉卸法　3. 装配　4. 部装　5. 总装

二、简答题

1. 机电设备拆卸前要做哪些准备工作？拆卸的一般原则是什么？
2. 机电设备拆卸前的注意事项有哪些？
3. 零件清洗的种类有哪些？其清洗方法主要有哪些？

4. 机械设备修理的零件检验有哪些内容？在修理过程中的检验有哪些方法？

三、简述题

1. 简述整体式滑动轴承的装配方法。
2. 滚动轴承的装配有哪些方法？

第三章　机械零件的修复技术

【学习目标】

1. 熟悉机械零部件修复工艺的分类和选用方法。

2. 了解机械零部件常用修复工艺的基本概念和工艺特点

3. 掌握机械零部件的修复工艺、注意事项和应用范围。

4. 熟悉机械零部件修理中常用工具和设备的使用方法。

5. 了解机械设备维修新技术、新工艺和新材料的应用情况。

6. 树立安全文明生产意识，修复过程中应注意自身和他人安全、设备安全，保证工作场地整洁，易燃物品远离火源。

第一节　概　　述

机电设备在使用过程中，由于其零部件会逐渐产生磨损、变形、断裂、蚀损等失效形式，因此，设备的精度、性能和生产率就要下降，这会导致设备发生故障、事故甚至报废，因而需要及时进行维护和修理。在修复性维修中，一切措施都是为了以最短的时间、最少的费用来有效地消除故障，从而提高设备的有效利用率。采用修复工艺措施对失效的零件再制造，能有效地达到此目的。

一、零件修复的优点

修复失效零件主要具有以下一些优点：

（1）减少备件储备，从而减少资金的占用，能取得节约的效果。

（2）减少更换件制造，有利于缩短设备停修时间，提高设备利用率。

（3）减少制造工时，节约原材料，大大降低修理费用。

（4）利用新技术修复失效零件还可提高零件的某些性能，延长零件使用寿命。尤其是对于大型零件、贵重零件和加工周期长、精度要求高的零件，意义就更为重要。

随着新材料、新工艺、新技术的不断发展，零件的修复已不仅仅是恢复原样，很多工艺方法还可以提高零件的性能和延长零件的使用寿命。如电镀、堆焊或涂敷耐磨材料、等离子喷涂与喷焊、粘接和一些表面强化处理等工艺方法，只将少量的高性能材料覆盖于零件表面，成本并不高，却大大提高了零件的耐磨性。因此，在机电设备修理中，充分利用修复技术，选择合理的修复工艺，可以缩短修理时间，节省修理费用，显著提高企业的经济效益。

二、修复工艺的选择

用来修复机械零件的工艺很多，如图 3-1 所示为目前较普遍使用的修复工艺。当前，在机电设备修理行业已经广泛地采用了很多新工艺、新技术来修复零件，取得了明显的效果。因此，大力推广和应用先进的修复技术，是设备维修界的一项重要任务。

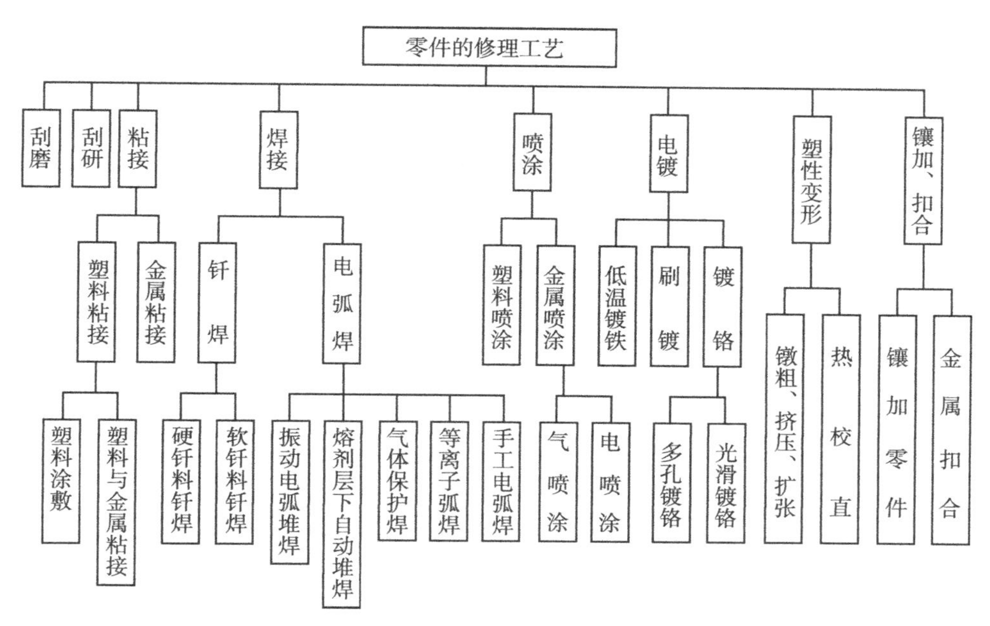

图 3-1 零件的修复工艺

选择机械零件修复工艺时应考虑以下几个因素：

（1）修复工艺对零件材质的适应性　任何一种修复工艺都不能完全适应各种材料，表 3-1 可供选择时参考。

表 3-1　**各种修复工艺对常用材料的适应性**

序号	修理工艺	低碳钢	中碳钢	高碳钢	合金结构钢	不锈钢	灰铸铁	铜合金	铝
1	镀铬	+	+	+	+	+	+		
2	镀铁	+	+	+	+	+	+		
3	气焊	+	+		+		−		
4	手工电弧堆焊	+	+	−	+	+	−		
5	焊剂层下电弧堆焊	+	+						
6	振动电弧堆焊	+	+	+	+	+	−		

续表

序号	修理工艺	低碳钢	中碳钢	高碳钢	合金结构钢	不锈钢	灰铸铁	铜合金	铝
7	钎焊	+	+	+	+	+	+	+	−
8	金属喷涂	+	+	+	+	+	+	+	+
9	塑料粘补	+	+	+	+	+	+	+	+
10	塑性变形	+	+					+	+
11	金属扣合						+		

注："+"为修理效果良好；"−"为修理效果不好。

（2）各种修复工艺能达到的修补层厚度　不同零件需要的修复层厚度不一样，因此，必须了解各种修复工艺所能达到的修补层厚度。如图3-2所示是几种主要修复工艺能达到的修补层厚度。

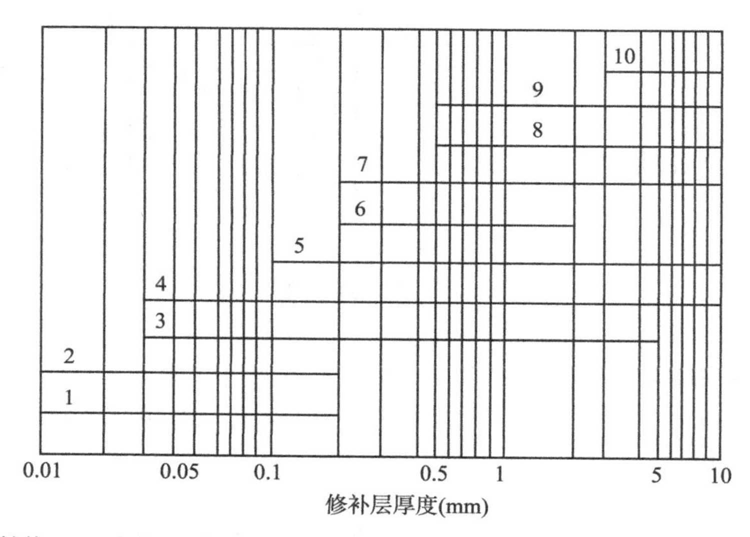

1—镀铬；2—滚花；3—钎焊；4—振动电弧堆焊；5—手工电弧堆焊；6—镀铁；
7—粘补；8—熔剂层下电弧堆焊；9—金属喷涂；10—镶加零件

图3-2　几种主要修复工艺能达到的修补层厚度

（3）被修零件构造对工艺选择的影响　例如，轴上螺纹损坏时可车成直径小一级的螺纹，但要考虑拧入螺母时是否受到邻近轴径尺寸较大的限制；又如镶螺纹套法修理螺纹孔、扩孔镶套法修理孔径时，孔壁厚度与邻近螺纹孔的距离尺寸是主要限制因素。

（4）零件修理后的强度　修补层与零件的结合强度，以及零件修理后的强度，是修理质量的重要指标。表3-2可供选择零件修复工艺时参考。

表 3-2　　**各种修补层的力学性能**

序号	修理工艺	修补层本身抗拉强度（N/mm^2）	修补层与 45 号钢的结合强度（N/mm^2）	零件修理后疲劳强度降低的百分数（%）	硬度
1	镀铬	400～600	300	25～30	600～1000HV
2	低温镀铁		450	25～30	45～65HRC
3	手工电弧堆焊	300～450	300～450	36～40	210～420HBS
4	焊剂层下电弧堆焊	350～500	350～500	36～40	170～200HBS
5	振动电弧堆焊	620	560	与 45 钢相近	25～60HRC
6	银焊（含银 45%）	400	400		
7	铜焊	287	287		
8	锰青铜钎焊	350～450	350～450		217HBS
9	金属喷涂	80～110	40～95	45～50	200～240HBS
10	环氧树脂粘补		热粘 20～40 冷粘 10～20		80～120HBS

（5）修复工艺过程对零件物理性能的影响　修补层物理性能，如硬度、加工性、耐磨性及密实性等，在选择修复工艺时必须考虑。如硬度高，则加工困难；硬度低，一般磨损较快；硬度不均，则加工表面不光滑。耐磨性不仅与表面硬度有关，还与金相组织、磨合情况及表面吸附润滑油的能力有关。如采用多孔镀铬、多孔镀铁、振动电弧堆焊、金属喷涂等修复工艺均能获得多孔隙的覆盖层。这些孔隙中能存储润滑油，从而改善了润滑条件，使得零件即使在短时间缺油的情况下也不会发生表面损伤现象。对修补可能发生液体、气体渗漏的零件，则要求修补的密实性，不允许出现砂眼气孔、裂纹等缺陷。

例如，镀铬层硬度最高，也最耐磨，但磨合性较差。金属喷涂、振动电弧堆焊、镀铁等耐磨性与磨合性都很好。

修补层不同，疲劳强度也不同。若以 45 号钢的疲劳强度为 100%，则各种修补层的疲劳强度为：热喷涂——86%；电弧焊——79%；镀铬——75%；镀铁——71%；振动电弧堆焊——62%。

（6）修复工艺对零件精度的影响　对精度有一定要求的零件，主要考虑修复中的受热变形。修复时，大部分零件温度都比常温高。电镀、金属喷涂、电火花镀敷及振动电弧堆焊等，零件温度低于 100℃，热变形很小，对金相组织几乎没有影响。软焊料钎焊温度为 250～400℃，对零件的热影响也较小。硬焊料钎焊时，零件要预热或加热到较高温度，如达到 800℃以上时，就会使零件退火，热变形增大。

此外，还应考虑修复后的刚度，如镶加、粘接、机械加工等修复法会改变零件的刚度，从而影响修理后的精度。

（7）从经济性上加以考虑　如一些易加工的简单零件，从经济性上考虑，有时修复还不如更换。

由此可见，选择零件修复工艺时，不能只考虑一个方面，而要从几个方面综合考虑。一方面要根据修理零件的技术要求；另一方面要考虑修复工艺的特点，还要结合本企业现有的修复条件和技术水平等，力求做到工艺合理、经济性好、生产可行，这样才能得到最佳的修复工艺方案。

一些典型零件和典型表面的修复工艺选择方法举例详见表3-3~表3-6。

表3-3　**轴的修复工艺选择**

序号	零件磨损部分	修理方法	
		达到设计尺寸	达到修配尺寸
1	滑动轴承的轴颈及外圆柱面	镀铬、镀铁、金属喷涂堆焊并加工至设计尺寸	车削或磨削提高几何形状
2	装滚动轴承的轴颈及静配合面	镀铬、镀铁、堆焊、滚花、化学镀铜（0.05mm以下）	
3	轴上键槽	堆焊修理键槽，转位新铣键槽	键槽加宽。不大于原宽度的1/7，重新配键
4	花键	堆焊重铣或镀铁后磨（最好用振动堆焊）	
5	轴上螺纹	堆焊，重车螺纹	车成小一级螺纹
6	外圆锥面		磨到较小尺寸
7	圆锥孔		磨到较大尺寸
8	轴上销孔		铰大一些
9	扁头、方头及球面	堆焊	加工修整几何形状
10	一端损坏	切削损坏的一段，焊接一段，加工至设计尺寸	
11	弯曲	校正并进行低温稳化处理	

表3-4　**孔的修复工艺选择**

序号	零件磨损部分	修理方法	
		达到基本尺寸	达到修配尺寸
1	孔径	镶套、堆焊、电镀、粘补	镗孔
2	键槽	堆焊处理或转位另插键槽	加宽键槽
3	螺纹孔	镶螺纹套或改变零件位置，转位重钻孔	加大螺纹孔至大一级的螺纹

续表

序号	零件磨损部分	修理方法	
		达到基本尺寸	达到修配尺寸
4	圆锥孔	镗孔后镶套	刮研或磨削修整形状
5	销孔	移位重钻，铰销孔	铰孔
6	凹坑、球面窝及小槽	铣掉重镶	扩大修整形状
7	平面组成的导槽	镶垫板、堆焊、粘补	加大槽形

表 3-5　**齿轮的修复工艺选择**

序号	零件磨损部分	修理方法	
		达到基本尺寸	达到修配尺寸
1	轮齿	（1）利用花键孔，镶新轮圈插齿 （2）齿轮局部断裂，堆焊加工成形 （3）内孔镀铁后磨	大齿轮加工成负变位齿轮（硬底低，可加工者）
2	齿角	（1）对称形状的齿轮调头倒角使用 （2）堆焊齿角后加工	锉磨齿角
3	孔径	镶套、镀铬、镀镍、镀铁、堆焊	磨孔配轴
4	键槽	堆焊加工或转位另开键槽	加宽键槽、另配键
5	离合器爪	堆焊后加工	

表 3-6　**其他典型零件的修复工艺选择**

序号	零件名称	磨损部分	修理方法	
			达到基本尺寸	达到修配尺寸
1	导轨、滑板	滑动面研伤	粘或镶板后加工	电弧冷焊补、钎焊、粘补、刮、磨削
2	丝杠	螺纹磨损 轴颈磨损	（1）调头使用 （2）切除损坏的非螺纹部分，焊接一段后重车 （3）堆焊轴颈后加工	1）校直后车削螺纹进行稳化处理、另配螺母 2）轴颈部分车削或磨削
3	滑移拨叉	拨叉侧面磨损	铜焊、堆焊后加工	
4	楔铁	滑动面磨损		铜焊接长、粘接及钎焊巴氏合金、镀铁
5	活塞	外径磨损镗缸后与气缸的间隙增大、活塞环槽磨宽	移位、车活塞环槽	喷涂金属，着力部分浇铸巴氏合金，按分级修理尺寸车宽活塞环槽

续表

序号	零件名称	磨损部分	修理方法	
			达到基本尺寸	达到修配尺寸
6	阀座	结合面磨损		车削及研磨结合面
7	制动轮	轮面磨损	堆焊后加工	车削至较小尺寸
8	杠杆及连杆	孔磨损	镶套、堆焊、焊堵后重加工孔	扩孔

第二节　机械修复法

利用机械加工、机械连接（如螺纹连接、键、销、铆接、过盈连接等）和机械变形等各种机械方法，使磨损、断裂、缺损的零件得以修复的方法，称为机械修复法。例如镶补、局部修换、金属扣合等，这些方法可利用现有设备和技术，适应多种损坏形式，不受高温影响，受材质和修补层厚度的限制少，工艺易行，质量易于保证，有的还可以为以后的修理创造条件，因此应用很广。但缺点是受到零件结构和强度、刚度的限制，工艺较复杂，被修理件硬度高时难以加工，精度要求高时难以保证。

一、修理尺寸法与零件修复中的机械加工

对机械设备的间隙配合副中较复杂的零件，修理时可不考虑原来的设计尺寸，而采用切削加工或其他加工方法恢复其磨损部位的形状精度、位置精度、表面粗糙度和其他技术条件，从而得到一个新尺寸（这个新尺寸，对轴来说，比原来设计尺寸小；对孔来说，则比原来设计尺寸大），这个尺寸即称为修理尺寸。而与此相配合的零件则按这个修理尺寸制作新件或修复，保证原有的配合关系不变，这种方法称为修理尺寸法。例如轴、传动螺纹、键槽和滑动导轨等结构都可以采用这种方法修复。但必须注意，修理后零件的强度和刚度仍应符合要求，必要时，要进行验算，否则不宜使用该法修理。对于表面热处理的零件，修理后仍应具有足够的硬度，以保证零件修理后的使用寿命。

修理尺寸法的应用极为普遍，为了得到一定的互换性，便于组织备件的生产和供应，大多数修理尺寸均已标准化，各种主要修理零件都规定有它的各级修理尺寸，如内燃机的气缸套的修理尺寸，通常规定了几个标准尺寸，以适应尺寸分级的活塞备件。

零件修复中，机械加工是最基本、最重要的方法。多数失效零件需要经过机械加工来消除缺陷，最终达到配合精度和表面粗糙度等要求。它不仅可以作为一种独立的工艺手段获得修理尺寸，直接修复零件，而且还是其他修理方法的修前工艺准备和最后加工必不可少的手段。修复旧件的机械加工与新制件加工相比有不同的特点：它的加工对象是成品；旧件除工作表面磨损外，往往会有变形；一般加工余量小；原来的加工基准多数已经破坏，给装夹定位带来困难；加工表面性能已定，一般不能用工序来调整，只能以加工方法来适应它；多为单件生产，加工表面多样，组织生产比较困难等。了解这些特点，有利于确保修理质量。

要使修理后的零件符合制造图样规定的技术要求，修理时，不能只考虑加工表面本身的形状精度要求，还要保证加工表面与其他未修表面之间的相互位置精度要求，并使加工余量尽可能小。必要时，需要设计专用的夹具。因此，要根据具体情况，合理选择零件的修理基准和采用适当的加工方法来加以解决。

加工后零件表面粗糙度对零件的使用性能和寿命均有影响，如对零件工作精度及保持稳定性、疲劳强度、零件之间配合性质、抗腐蚀性等产生影响。对承受冲击和交变载荷、重载、高速的零件更要注意表面质量，同时还要注意轴类零件的圆角半径，以免形成应力集中。另外，对高速运转的零件，修复时还要保证其应有的静平衡和动平衡要求。

使用机械加工的修理方法，简便易行，修理质量稳定可靠，经济性好，在旧件修复中应用十分广泛。缺点是零件的强度和刚度削弱，需要更换或修复相配件，使零件互换性复杂化。今后应加强推进修理尺寸的标准化工作。

二、镶加零件修复法

配合零件磨损后，在结构和强度允许的条件下，增加一个零件来补偿由于磨损及修复而去掉的部分，以恢复原有零件精度，这样的方法称为镶加零件修复法。常用的有扩孔、镶套、加垫等方法。

如图 3-3 所示，在零件裂纹附近局部镶加补强板，一般采用钢板加强，螺栓连接。脆性材料裂纹应钻止裂孔，通常在裂纹末端钻直径为 3~6mm 的孔。

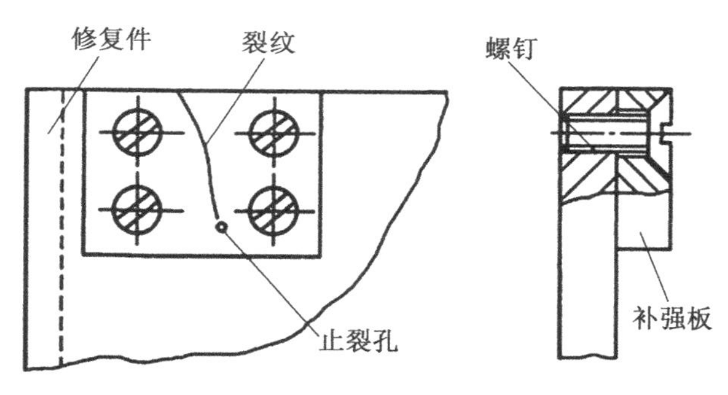

图 3-3　镶加补强板

如图 3-4 所示为镶套修复法。对损坏的孔，可镗孔镶套，原孔尺寸应镗大，以保证镶套有足够刚度，套的外径应保证与孔有适当过盈量，套的内径可事先按照轴径配合要求加工好，也可留有加工余量，镶入后再加工至要求的尺寸。对损坏的螺纹孔可将旧螺纹扩大，再切削螺纹，然后加工一个内外均有螺纹的螺纹套拧入螺孔中，螺纹套内螺纹即可恢复原尺寸。对损坏的轴颈也可用镶套修复法修复。

镶加零件修复法在维修中应用很广。镶加件磨损后可以更换。有些机械设备的某些结构，在设计和制造时就应用了这一原理。对一些形状复杂或贵重零件，在容易磨损的部位预先镶装上零件，以便磨损后只需更换镶加件，即可达到修复的目的。在车床上，丝杠、光杠、操纵杠与支架配合的孔磨损后，可将支架上的孔镗大，然后压入轴套。轴套磨损后

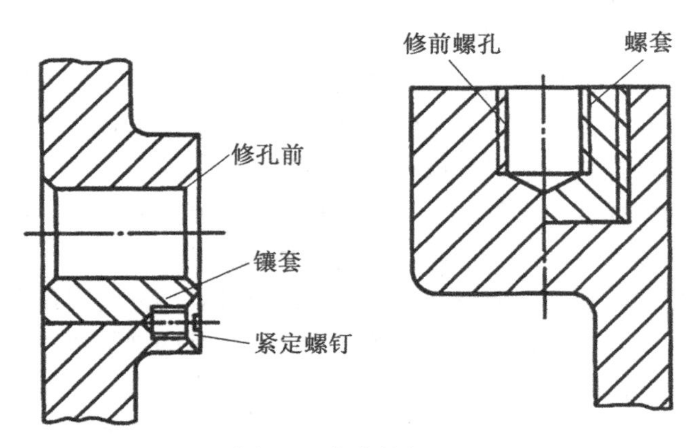

图 3-4　镶套修复法

可再进行更换。

汽车发动机的整体式气缸，磨损到极限尺寸后，一般都采用镶加零件修复法修理。箱体零件的轴承座孔，磨损超过极限尺寸时，也可以将孔镗大，用镶加一个铸铁或低碳钢套的方法进行修理。

如图 3-5 所示为机床导轨的凹坑，可采用镶加铸铁塞的方法进行修理。先在凹坑处钻孔、铰孔，然后制作铸铁塞，该塞子应能与铰出的孔过盈配合。将塞子压入孔后，再进行导轨精加工。如果塞子与孔配合良好，则加工后的结合面非常光整平滑。严重磨损的机床导轨，可采用镶加淬火钢导轨镶块的方法进行修复，如图 3-6 所示。

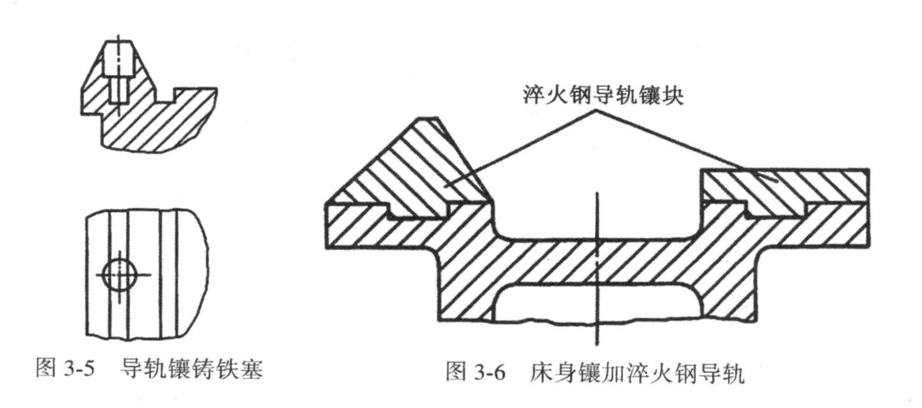

图 3-5　导轨镶铸铁塞　　图 3-6　床身镶加淬火钢导轨

应用这种修复方法时应注意：镶加零件的材料和热处理，一般应与基体零件相同，必要时选用比基体性能更好的材料。为了防止松动，镶加零件与基体零件配合要有适当的过盈量，必要时，可采用在端部加胶粘剂、止动销、紧定螺钉、骑缝螺钉或点焊固定等方法定位。

三、局部修换法

有些零件在使用过程中，往往各部位的磨损量不均匀，有时只有某个部位磨损严重，而其余部位尚好或磨损轻微。在这种情况下，如果零件结构允许，可将磨损严重的部位切除，将这部分重制新件，用机械连接、焊接或粘接的方法固定在原来的零件上，使零件得以修复，这种方法称为局部修换法。该法应用很广泛。

图 3-7（a）所示为将双联齿轮中磨损严重的小齿轮的轮齿切去，重制一个小齿圈，用键连接，并用骑缝螺钉固定；图 3-7（b）所示为在保留的轮毂上，铆接重制的齿圈；图 3-7（c）所示为局部修换牙嵌式离合器以粘接法固定。

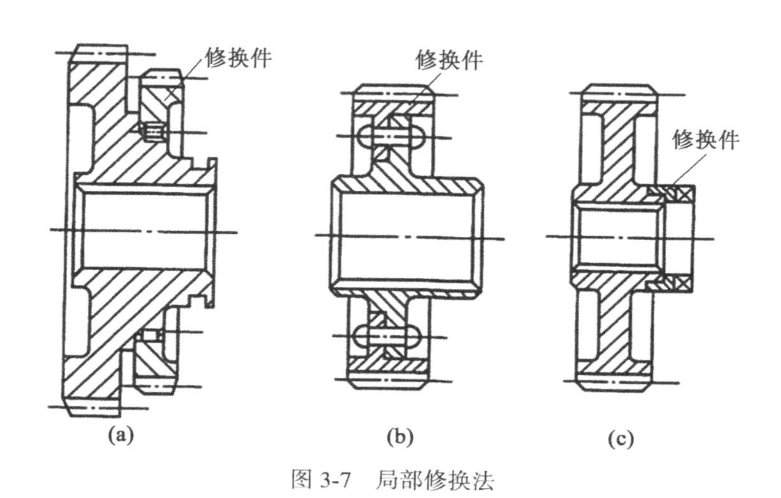

图 3-7　局部修换法

四、塑性变形法

塑性材料零件磨损后，为了恢复零件表面原有的尺寸精度和形状精度，可采用塑性变形法修复。如滚花、镦粗法、挤压法、扩张法和热校直法。

五、换位修复法

有些零件局部磨损后可果用调头转向的方法，如长丝杆局部磨损后，可调头使用；单向传力齿轮翻转 180°，可将它换一个方向安装后利用未磨损面继续使用，但必须结构对称或稍为加工即可实现时才能进行调头转向

图 3-8 所示为轴上键槽重新开制新槽。图 3-9 所示为连接螺孔也可以转过一个角度，在旧孔之间重新钻孔。

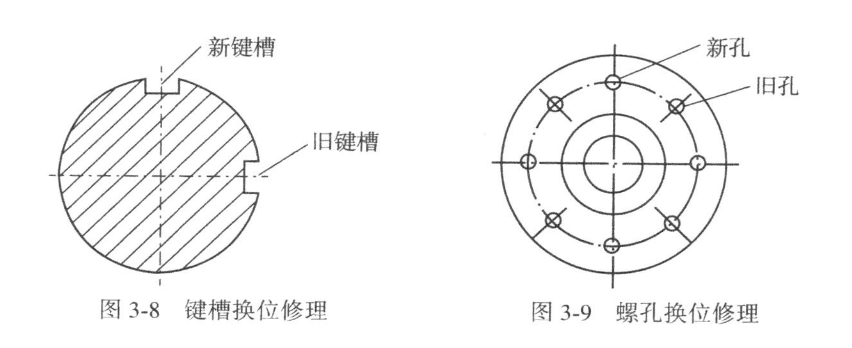

图 3-8　键槽换位修理　　图 3-9　螺孔换位修理

六、金属扣合法

金属扣合法是利用高强度合金材料制成的特殊连接件以机械方式将损坏的机件重新牢固地连接成一体，达到修复目的的工艺方法。它主要适用于大型铸件裂纹或折断部位的修复。按照扣合的性质及特点，可分为强固扣合、强密扣合、优级扣合和热扣合四种工艺。

（一）强固扣合法

该法适用于修复壁厚为8~40mm的一般强度要求的薄壁机件。其工艺过程为：先在垂直于机件的裂纹或折断面的方向上，加工出具有一定形状和尺寸波形槽，然后把形状与波形槽相吻合的高强度合金波形键镶入槽中，并在常温下铆击，使波形键产生塑性变形而充满槽腔，这样波形键的凸缘与波形槽的凹部相互扣合，使损坏的两面重新牢固地连接成体，如图3-10所示。

1. 波形键的设计和制作

通常将波形键（如图3-11所示）的主要尺寸凸缘直径 d、颈部宽度 b、间距 l（波形槽间距 W）规定成标准尺寸，根据机件受力大小和铸件壁厚决定波形键的凸缘个数每个断裂部位安装波形键的键数、波形键间距等。一般取 b 为3~6mm，其他尺寸可按下列经验公式计算：

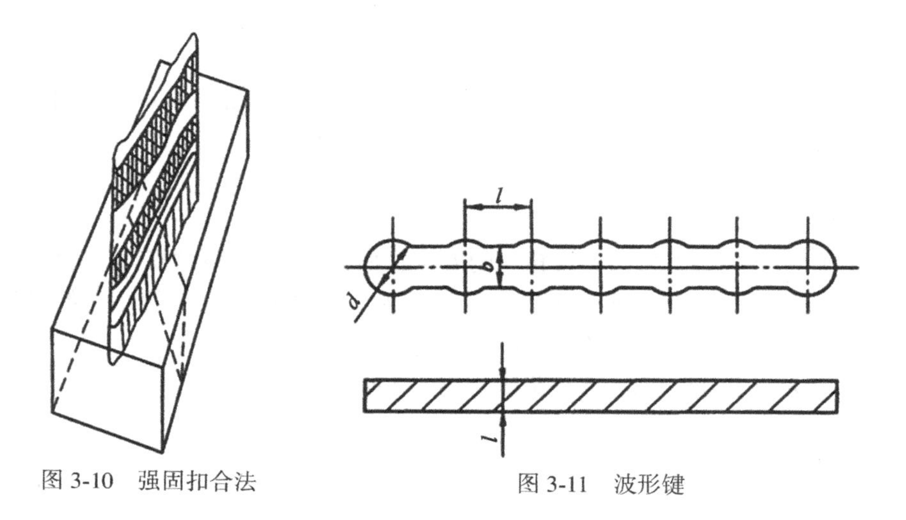

图3-10 强固扣合法

图3-11 波形键

$$d=(1.4\sim1.6)\,b \tag{3-1}$$

$$l=(2\sim2.2)\,b \tag{3-2}$$

$$t\leqslant b \tag{3-3}$$

通常选用的凸缘个数为5、7、9。一般波形键材料常采用1Cr18Ni9或1cr18Ni9Ti奥氏体镍铬钢。对于高温工作的波形键，可采用热膨胀系数与机件材料相同或相近的Ni36或Ni42等高镍合金钢制造。

波形键成批制作的工艺过程为：下料→挤压或锻压两侧波形→机械加工上、下平面和修整凸缘圆弧→热处理。

2. 波形槽的设计和制作

波形槽尺寸除槽深 T 大于波形键厚度 t 外，其余尺寸与波形键尺寸相同，而且它们之间配合的最大间隙可达 0.1~0.2mm。槽深 T 可根据机件壁厚 H 而定，一般取 $T=(0.7\sim0.8)H$。

波形槽的尺寸与布置方式如图 3-12 所示。为改善工件受力状况，波形槽通常布置成一前一后或一长一短的方式，如图 3-12（d）所示。

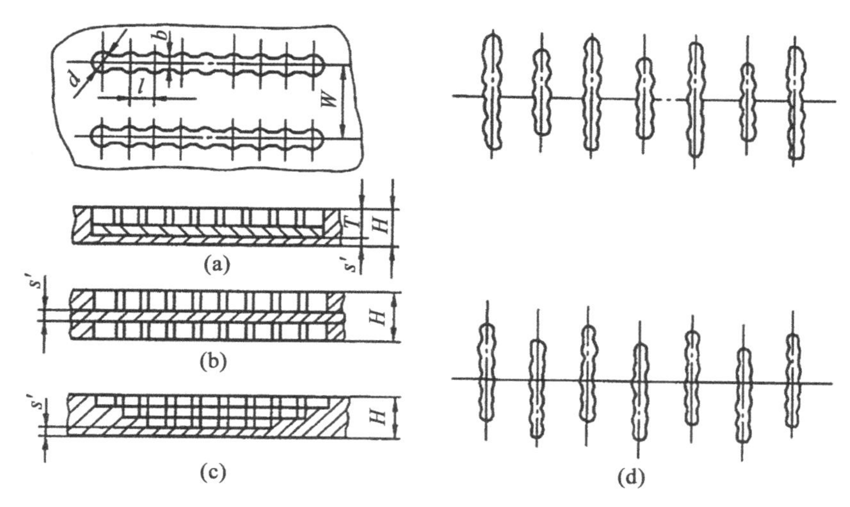

图 3-12　波形的尺寸与布置方式

小型机件的波形槽加工可利用铣床、钻床等加工成形。大型机件因拆卸和搬运不便，因而通常在现场采用手电钻和钻模横跨裂纹钻出与波形键的凸缘等距的孔，用锪钻将孔底锪平，然后钳工用宽度等于 b 的錾子修正波形槽宽度上的两平面，即成波形槽。

3. 波形键的扣合与铆击

波形槽加工好后，清理干净，将波形键镶入槽中，然后从波形键的两端向中间轮换对称铆击，使波形键在槽中充满，最后铆裂纹上的凸缘。一般以每层波形键比波形槽口（机体表面）铆低 0.5mm 左右为宜。

（二）强密扣合法

在应用了强固扣合法以保证一定强度条件之外，对于有密封要求的机件，如承受高压的气缸、高压容器等防渗漏的零件，应采用强密扣合法，如图 3-13 所示。它是在强固扣合法的基础上，在两波形键之间、裂纹或折断面的结合线上，加工缀缝栓孔，并使第二次钻的缀缝栓孔稍微切入已装好的波形键和缀缝栓，形成一条密封的“金属纽带”，以达到阻止流体受压渗漏的目的。

缀缝栓可用直径为 5~8mm 的低碳钢或纯铜等软质材料制造，这样便于铆紧。缀缝栓

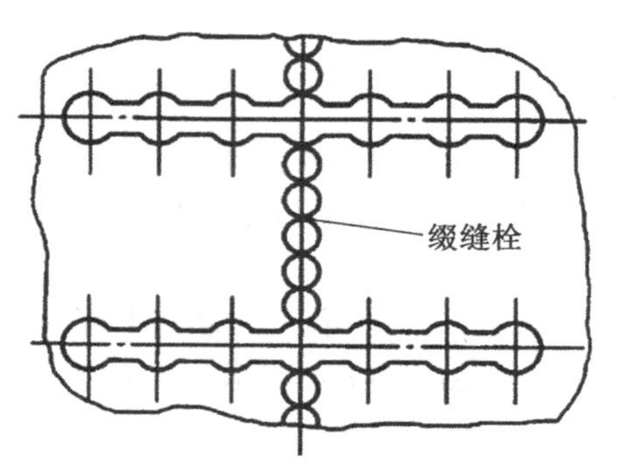

图 3-13 强密扣合法图

与机件的连接与波形键相同。

（三）优级扣合法

主要用于修复在工作过程中要求承受高载荷的厚壁机件，如水压机横梁、轧钢机主梁和辊筒等。为了使载荷分布到更多的面积和远离裂纹或折断处，需在垂直于裂纹或折断面的方向上镶入钢制的砖形加强件，用缀缝栓连接，有时还用波形键加强，如图 3-14 所示。

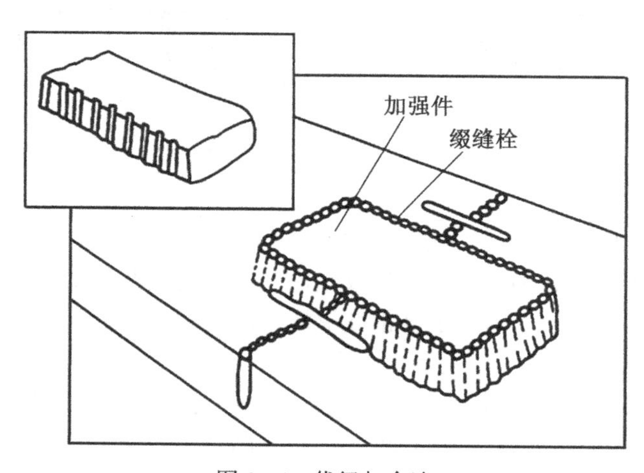

图 3-14 优级扣合法

加强件除砖形外还可制成其他形式，如图 3-15 所示。图 3-15（a）用于修复铸钢件；图 3-15（b）用于多方面受力的零件；图 3-15（c）可将开裂处拉紧；图 3-15（d）用于受冲击载荷处，靠近裂纹处不加缀缝栓，以保持一定的弹性。

（四）热扣合法

热扣合法是利用加热的扣合件在冷却过程中产生收缩而将开裂的机件锁紧。该法适用修复大型飞轮、齿轮和重型设备机身的裂纹及折断面。如图 3-16 所示，圆环状扣合件适

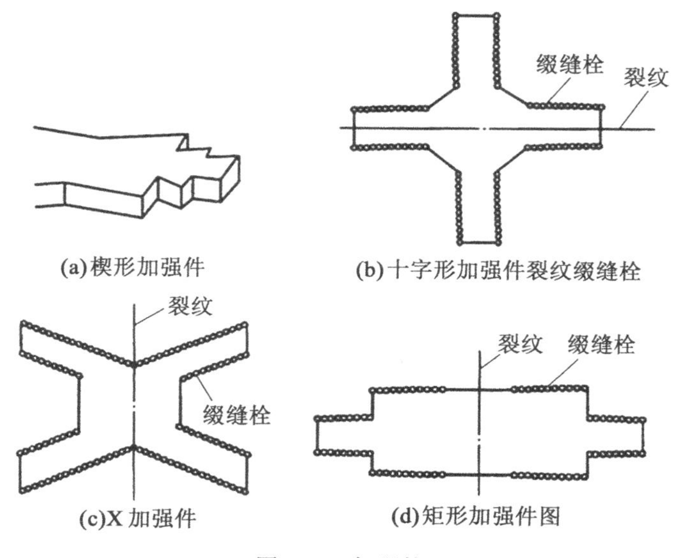

(a)楔形加强件　(b)十字形加强件裂纹缀缝栓

(c)X 加强件　(d)矩形加强件图

图 3-15　加强件

用于修复轮廓部分的损坏；工字形扣合件适用于机件壁部的裂纹或断裂。

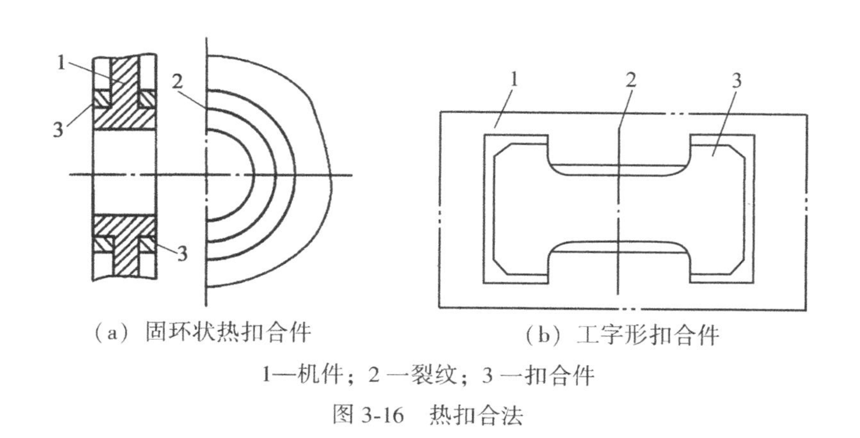

（a）固环状热扣合件　（b）工字形扣合件

1—机件；2 —裂纹；3 —扣合件

图 3-16　热扣合法

综上所述，可以看出，金属扣合法的优点是：使修复的机件具有足够的强度和良好的密封性；所需设备、工具简单，可现场施工；修理过程中机件不会产生热变形和热应力等。其缺点主要是：薄壁铸件（厚度<8mm）不宜采用；波形键与波形槽的制作加工较麻烦等。

第三节　焊接修复法

利用焊接技术修复失效零件的方法，称为焊接修复法。用于修补零件缺陷时称为补焊；用于恢复零件几何形状及尺寸，或使其表面获得具有特殊性能的熔敷金属时称为堆焊。焊接修复法在设备维修中占有很重要的地位，应用非常广泛。

焊接修复法的特点是：结合强度高；可以修复大部分金属零件因各种原因（如磨损缺损、断裂、裂纹、凹坑等）引起的损坏；可局部修换，也能切割分解零件；用于校正形状，对零件进行预热和热处理；修复质量好、生产效率高；成本低，灵活性大；多数工艺简便易行，不受零件尺寸、形状、场地以及修补层厚度的限制，便于野外抢修。但焊接方法也有不足之处，主要是：热影响区大，容易产生焊接变形和应力，以及裂纹、气孔、夹渣等缺陷。对于重要零件焊接后应进行退火处理，以消除内应力。不宜焊接修复较高精度、细长、薄壳类的零件。

一、钢制零件的焊修

机械零件所用的钢材料种类繁多，其可焊性差异很大。一般而言，钢中含碳量越高，合金元素种类和数量越多，可焊性就越差。一般低碳钢、中碳钢、低合金钢均有良好可焊性，焊修这些钢制零件时，主要考虑焊修时的受热变形问题。但一些中碳钢、合金结构钢、合金工具钢制件均经过热处理，硬度、精度要求较高，焊修时残余应力大，易产生裂纹、气孔和变形，为保证精度要求，必须采取相应的技术措施，如选择合适的焊条，焊前要彻底清除油污、锈蚀及其他杂质；焊前预热；焊接时尽量采用小电流、短弧，熄弧后马上用锤头敲击焊缝以减小焊缝内应力；用对称、交叉、短段、分层方法焊接以及焊后热处理等均可提高焊接效果。

二、铸铁零件的焊修

铸铁在机电设备中的应用非常广泛。灰口铸铁主要用于制造各种支座、壳体等基础件球墨铸铁已在部分零件中取代铸钢而获得应用。

铸铁可焊性差，焊修时主要存在以下几个问题：

（1）铸铁含碳量高，焊接时易产生白口，既脆又硬，焊后不仅加工困难，而且容易产生裂纹；铸铁中磷、硫含量较高，也给焊接带来一定困难。

（2）焊接时，焊缝易产生气孔或咬边。

（3）铸铁零件原有气孔、砂眼、缩松等缺陷也易造成焊接缺陷。

（4）焊接时，如果工艺措施和保护方法不当，也易造成铸铁零件其他部位变形过大或电弧划伤而使工件报废。

因此，采用焊修法最主要的还是要提高焊缝和熔合区的可切削性，提高焊补处的防裂性能、防渗透性能和提高接头的强度。

（一）焊接分类

铸铁零件的焊修分为热焊法和冷焊法等。

（1）热焊法　铸铁热焊是焊前将工件高温预热，焊后再加热、保温、缓冷。用气焊或电焊效果均好，焊后易加工，焊缝强度高，耐水压、密封性能好，尤其适用于铸铁零件毛坯缺陷的修复。但由于成本高、能耗大、工艺复杂、劳动条件差，因而应用受到限制。

（2）冷焊法　铸铁冷焊是在常温或局部低温预热状态下进行的，具有成本较低、生产率高、焊后变形小、劳动条件好等优点，因此得到广泛的应用。缺点是易产生白口和裂纹，对工人的操作技术要求高。

（3）加热减应区补焊法　选择零件的适当部位进行加热使之膨胀，然后对零件的损坏处补焊，以减少焊接应力与变形，这个部位称为减应区，这种方法称为加热减应区补焊法。

加热减应区补焊法的关键在于正确选择减应区。减应区加热或冷却不应影响焊缝的膨胀或收缩，它应选在零件棱角、边缘和加强肋等强度较高的部位。

（二）冷焊工艺

铸铁冷焊多采用手工电弧焊，其工艺过程简要介绍如下：

（1）焊前准备　先将焊接部位彻底清除干净；对于未完全断开的工件，要找出全部裂纹及端点位置，钻出止裂孔；如果看不清裂纹，可以将可能有裂纹的部位用煤油浸湿，再用氧乙炔焰将表面油质烧掉，用白粉笔涂上白粉，裂纹内部的油慢慢渗出时，白粉上即可显示的痕迹。此外，也可采用王水腐蚀法、手砂轮打磨法等方法来确定裂纹的位置。

然后，将焊接部位开出坡口，为使断口合拢复原，可先点焊连接，再开坡口。由于铸件组织较疏松，可能吸收油质，因此焊前要用氧乙炔火焰火烤脱油，并在低温（50~60℃）下均匀预热后再进行焊接。焊接时，要根据工件的作用及要求选用合适的焊条，常用的国产铸铁冷焊焊条见表3-7，其中使用较广泛的是镍基铸铁焊条。

表3-7　**国产铸铁电弧焊焊条**

焊条名称	统一牌号	焊芯材料	药皮类型	焊缝金属	主要用途
氧化型钢芯铸铁焊条	Z100	碳钢	氧化型	碳钢	一般非铸铁零件的非加工面焊补
高钒铸铁焊条	Z116	碳钢或高钒钢	低氢型	高钒钢	高强度铸铁零件焊补
高钒铸铁焊条	Z117	碳钢或高钒钢	低氢型	高钒钢	高强度铸铁零件焊补
钢芯石墨化型铸铁焊条	Z208	碳钢	石墨型	灰铸铁	一般灰铸铁零件焊补
钢芯球墨铸铁焊条	Z238	碳钢	石墨型（加球化剂）	球墨铸铁	球墨铸铁零件焊补
纯镍铸铁焊条	Z308	纯镍	石墨型	镍	重要灰口铸铁薄壁零件和加工面焊补
镍铁铸铁焊条	Z408	镍铁合金	石墨型	镍铁合金	重要高强度灰口铸铁零件及球墨铸铁零件焊补
镍铜铸铁焊条	Z508	镍铁合金	石墨型	镍铜合金	强度要求不高的灰口铸铁零件加工面焊补

续表

焊条名称	统一牌号	焊芯材料	药皮类型	焊缝金属	主要用途
铜铁铸铁焊条	Z607	紫铜	低氢型	铜铁混合物	一般灰口铸铁非加工面焊补
铜包钢芯铸铁焊条	Z612	铁皮包铜芯或铜包铁芯	钛钙型	铜铁混合物	一般灰口铸铁非加工面焊补

（2）施焊焊接场所应无风、暖和　采用小电流、快速焊，先点焊定位，按对称分散的顺序，用分段、短段、分层交叉、断续、逆向等操作方法，每焊一小段熄弧后马上锤击焊缝周围，使焊件应力松弛，直到焊缝温度下降到60℃左右不烫手时，再焊下一道焊缝，最后焊止裂孔。经打磨铲修后，修补缺陷，便可使用或进行机械加工。用紫铜或石墨模芯可焊后不加工，难焊的齿形按样板加工。大型厚壁铸件可加热扣合件，扣合件热压后焊死在工件上，再补焊裂纹，如图3-17所示。还可焊接加强板，加强板先用锥销或螺栓销固定，如图3-18所示。

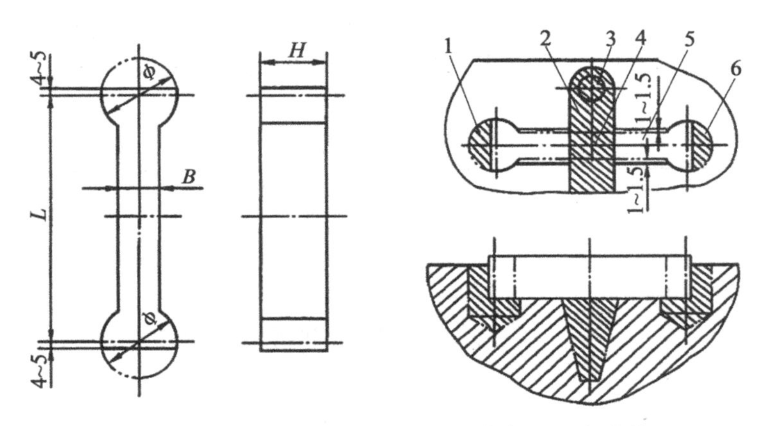

1，2，6—焊缝；3—止裂孔；4—裂纹；5—扣合件

图3-17　加热扣合件的焊接修复

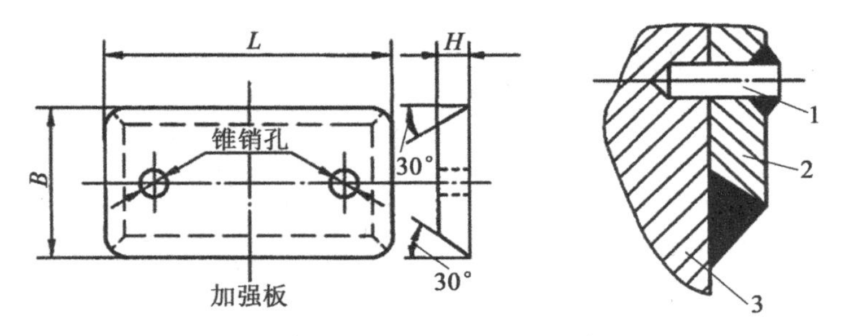

1—锥销；2—加强板；3—工件

图3-18　加强板的焊接

铸铁零件常用的焊修方法见表3-8。

表3-8　**铸铁零件常用的焊修方法**

焊补方法		要点	优点	缺点	适用范围
气焊	热焊	焊前预热至650~700℃，保温缓冷	焊缝强度高，裂纹、气孔少，不易产生白口，易于修复加工，价格低些	工艺复杂，加热时间长，容易变形，准备工序的成本高，修复周期长	用于焊补非边角部位，焊缝质量要求高的场合
	冷焊	不预热，焊接过程中采用加热减应法	不易产生白口，焊缝质量好，基体温度低，成本低，易于修复加工	要求焊工技术水平高，对结构复杂的零件难以进行全方位焊补	用于焊补边角部位
电弧焊	冷焊	用铜铁焊条冷焊	焊件变形小，焊缝强度高，焊条便宜，劳动强度低	易产生白口组织，切削加工性差	用于焊后不需加工的一般零件，应用广泛
		用镍基焊条冷焊	焊件变形小，焊缝强度高，焊条便宜，劳动强度低，切削加工性能极好	要求严格	用于零件的重要部位，薄壁零件修补，焊后需加工
		用纯铁芯焊条或低碳钢芯铁粉型焊条冷焊	焊接工艺性好，焊接成本低	易产生白口组织，切削加工性差	用于非加工面的焊接
		用高钒焊条冷焊	焊缝强度高，加工性能好	要求严格	用于焊补强度要求较高的厚件及其他部件
	热焊	用钢芯石墨化焊条，预热400~500℃	焊缝强度与基体相近	工艺较复杂，切割加工性不稳定	用于大型铸件，缺陷在中心部位，而四周刚度大的场合
		用铸铁芯焊条预热，保温、缓冷	焊后易于加工，焊缝性能与基体相近	工艺复杂，易变形	应用范围广泛

（三）应用举例

【例3-1】某台国产6135发动机，由于冬季在室外停放时忘记放水，缸体气缸套处开裂长约4cm的裂纹，运用手工电弧焊修复工艺如下：

（1）焊条：选用铸612铜铁焊条，焊条直径3.2mm，焊后不进行机械加工。

（2）清除污物：将裂纹周围清洗干净，包括油污、铁锈，裂纹深处的油污和水用氧乙炔火焰加热，直到不冒烟为止。

（3）修整裂纹：在裂纹两端钻中3mm的止裂孔。为了增大结合强度，沿裂纹方向用手砂轮开出U形坡口，坡口开度120°，深4~6mm。坡口两侧25mm以内用钢丝刷打光，露出金属表面。

（4）施焊：使缸体裂纹成水平位置放置，运条方向由两端向中间进行，待整条裂纹焊补完毕后，再焊两端的止裂孔。焊接速度为3.2~3.5mm/s，电流为80~110A。

三、有色金属零件的焊修

机电维修中常用的有色金属材料有铜及铜合金、铝合金等，与黑色金属相比可焊性差。由于它们的导热性好、热膨胀系数大、熔点低，高温时脆性较大、强度低，很容易氧化，因此焊接比较复杂、困难，要求具有较高的操作技术，并采取必要的技术措施来保证焊接质量。铜及铜合金的焊修工艺要点如下：焊修时，首先要做好焊前准备，对焊丝和工件进行表面处理，并开出坡口。施焊时，要对工件预热，一般温度为300~700℃，注意焊修速度，按照焊接工艺规范进行操作，及时锤击焊缝。气焊时一般选择中性焰，手工电弧焊则要考虑焊修方法。焊修后需要进行热处理。

四、钎焊修复法

采用比基体金属熔点低的金属材料作钎料，将钎料放在焊件连接处，一同加热到高于钎料熔点、低于基体金属熔点的温度，利用液态钎料润湿基体金属，填充接头间隙并与基体金属相互扩散实现连接焊件的焊接方法，称为钎焊。

（一）钎焊种类

（1）硬钎焊　用熔点高于450℃的钎料进行钎焊，如铜焊、银焊等。硬钎料还有铝、锰、镍、钼等及其合金。

（2）软钎焊　用熔点低于450℃的钎料进行钎焊，也称为低温钎焊，如锡焊等。软钎料还有铅、铋、镉、锌等及其合金。

（二）特点及应用

钎焊较少受基体金属可焊性的限制，加热温度较低，热源较容易解决而不需特殊焊接设备，容易操作。但钎焊较其他焊接方法焊缝强度低，适用于强度要求不高的零件的裂纹和断裂的修复，尤其适用于低速运动零件的研伤、划伤等局部缺陷的补修。

（三）应用举例

【例3-2】某机床导轨面产生划伤和研伤，采用锡铋合金钎焊，其工艺过程如下：

（1）锡铋合金焊条的制作（成分为质量分数）　在铁制容器内投入55%（熔点为232℃）的锡和45%的铋（熔点为271℃），加热至完全熔融，然后迅速注入角钢槽内，冷却凝固后便成为锡铋合金焊条。

（2）焊剂的配制（成分为质量分数）将氯化锌12%、氯化亚铁21%、蒸馏水67%放入玻璃瓶内，用玻璃棒搅拌至完全溶解后即可使用。

（3）焊前准备　主要包括以下几个方面的工作：

①先用煤油或汽油等将待焊补部位擦洗干净，用氧乙炔火焰烧除油污。

②用稀盐酸去污粉，再用细钢丝刷反复刷擦，直至露出金属光泽，用除油棉沾丙酮擦洗干净。

③迅速用除油棉沾上1号镀铜液涂在待焊补部位，同时用干净的细钢丝刷刷擦，再

刷，直到染上一层均匀的淡红色为止。1号镀铜液（成分为质量分数）是在30%的浓盐酸中加入4%的锌，完全溶解后再加入4%的硫酸铜和62%的蒸馏水搅拌均匀配制而成的。

④用同样的方法涂擦2号镀铜液，反复几次，直到染成暗红色为止。镀铜液自然晾干后，用细钢丝刷擦净，无脱落现象即可。

2号镀铜液（成分为质量分数）是以75%的硫酸铜加25%的蒸馏水配制而成的。

（4）施焊　将焊剂涂在焊补部位及烙铁上，用已加热的300~500W电烙铁或紫铜烙铁切下少量焊条涂于施焊部位，用侧刃轻轻压住，趁焊条在熔化状态时，迅速地在镀铜面上往复移动涂擦，并注意赶出细缝及小凹坑中的气体。

（5）焊后检查和处理　当导轨研伤完全被焊条填满并凝固之后，用刮刀以45°交叉形式仔细修刮。若有气孔、焊接不牢等缺陷，则补焊后修刮至要求。

最后清理钎焊导轨面，并在焊缝上涂敷一层全损耗系统用油防腐蚀。

五、堆焊

采用堆焊法修复机械零件时，不仅可以恢复其尺寸，而且可以通过堆焊材料改善零件的表面性能，使其更为耐用，从而取得显著的经济效果。常用的堆焊方法有手工堆焊和自动堆焊两类。

（一）手工堆焊

手工堆焊是利用电弧或氧乙炔火焰来熔化基体金属和焊条，采用手工操作进行的堆焊方法。由于手工电弧堆焊的设备简单、灵活、成本低，因此应用最广泛。它的缺点是生产率低、稀释率较高，不易获得均匀且薄的堆焊层，劳动条件较差。

手工堆焊方法适用于工件数量少且没有其他堆焊设备的条件下，或工件外形不规则、不利于机械堆焊的场合。

手工堆焊方法的工艺要点如下：

（1）正确选用合适的焊条　根据需要选用合适的焊条，应避免成本过高和工艺复杂化。

（2）防止堆焊层硬度不符合要求　焊缝被基体金属稀释是堆焊层硬度不够的主要原因，可采取适当减小堆焊电流或多层焊的方法来提高硬度。此外，还要注意控制好堆焊后的冷却。

（3）提高堆焊效率　应在保证质量的前提下，提高熔敷率。如适当加大焊条直径和堆焊电流，采用填丝焊法以及多条。

（4）防止裂纹　可采取改善热循环和堆焊过渡层的方法来防止产生裂纹。

（二）自动堆焊

自动堆焊与手工堆焊相比，具有堆焊层质量好、生产效率高、成本低、劳动条件好等优点，但需专用的焊接设备。

（1）埋弧自动堆焊　又称为焊剂层下自动堆焊，其特点是生产效率高、劳动条件好等。堆焊时所用的焊接材料包括焊丝和焊剂，两者配合使用以调节焊缝成分。埋弧自动堆焊工艺与一般埋弧堆焊工艺基本相同，堆焊时，要注意控制稀释率和提高熔敷率。埋弧自动堆焊适用于修复磨损量大、外形比较简单的零件，如各种轴类、轧辊、车轮轮缘和履带车辆上的负重轮等。

（2）振动电弧堆焊的主要特点　堆焊层薄且均匀，耐磨性好，工件变形小，熔深浅，热影响区窄，生产效率高，劳动条件好，成本低等。

振动电弧堆焊的工作原理如图 3-19 所示。将工件夹持在专用机床上，并以一定的速度旋转，堆焊机头沿工件轴向移动。焊丝以一定频率和振幅振动而产生电脉冲。图中焊嘴 2 受交流电磁铁 4 和调节弹簧 9 的作用而产生振动。堆焊时需不断向焊嘴提供冷却液（一般为 4%～6%碳酸钠水溶液），以防止焊丝和焊嘴熔化粘结或在焊嘴上结渣。

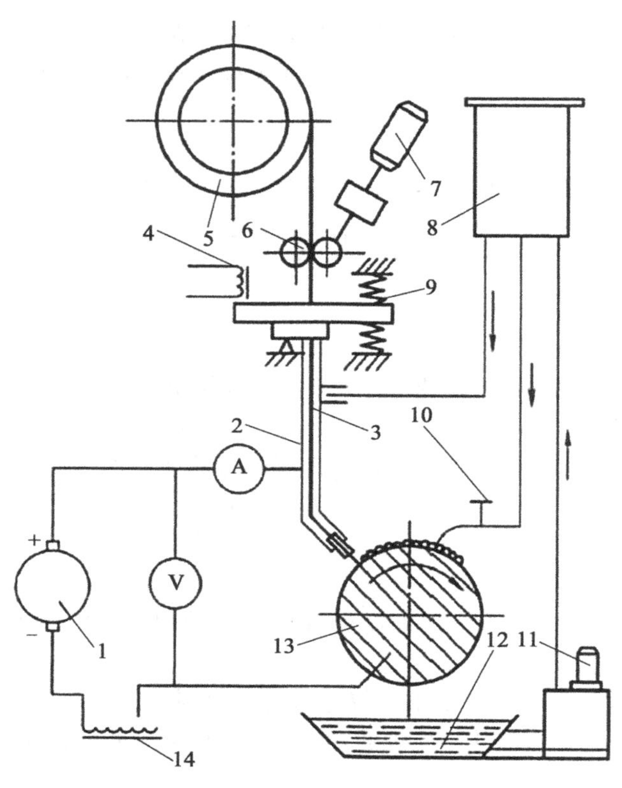

1—电源；2—焊嘴；3—焊丝；4—交流电磁铁；5—焊丝盘；6—送绽轮；7—进丝电动机；8—水箱；9—调节弹簧；10—冷却液供给开关；11—水泵；12—冷却液沉淀箱；13—工件；14—电感线圈

图 3-19　振动电弧堆焊示意图

第四节　热喷涂修复法

用高温热源将喷涂材料加热至熔化或呈塑性状态，同时用高速气流使其雾化，喷射到经过预处理的工件表面上，形成一层覆盖层的过程，称为喷涂。将喷涂层继续加热，使之达到熔融状态而与基体形成冶金结合，获得牢固的工作层，称为喷焊或喷熔。这两种工艺总称为热喷涂。热喷涂工艺如图 3-20 所示。涂层颗粒在喷涂过程中的经历为：加热熔融，形成熔滴→熔滴雾化，加速飞行→撞击基体，变形展平→凝固沉积，加速冷却。热喷涂技术不仅可以恢复零件的尺寸，而且还可以改善和提高零件表面的某些性能，如耐磨性、耐腐蚀性、抗氧化性、导电性、绝缘性、密封性及隔热性等。热喷涂技术是全国重点推广的表面强化技术之一，在机电设备修理中占有重要地位，应用十分广泛。

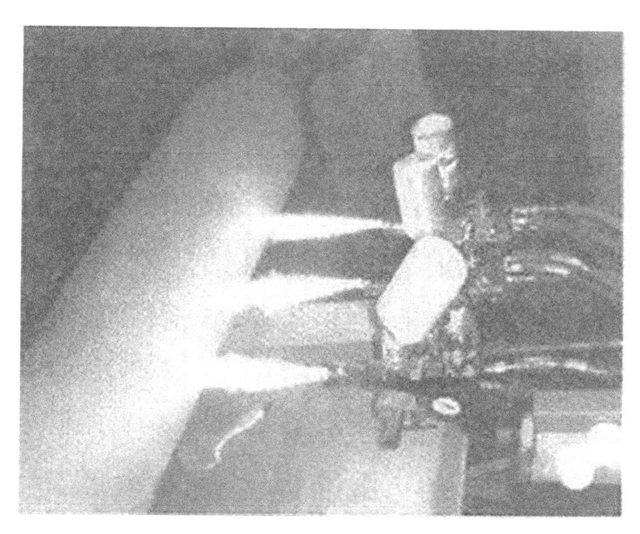

图 3-20　热喷涂工艺示意图

一、热喷涂的分类及特点

热喷涂技术按所用热源不同，可分为氧乙炔火焰喷涂与喷焊、电弧喷涂、等离子喷涂与喷焊、爆炸喷涂和高频感应喷涂等多种方法。喷涂材料有丝状和粉末状两种。

热喷涂技术的特点如下：

(1) 适用材料广，喷涂材料广。喷涂和基体的材料可以是金属、合金，也可以是非金属。

(2) 涂层的厚度不受严格限制，可以从几十微米到几毫米。而且涂层组织多孔，易存油，润滑性和耐磨性都较好。

(3) 喷涂时工件表面温度低（一般为 70～80℃），不会引起零件变形和金相组织改变。

(4) 可赋予零件以某些特殊的表面性能，达到节约贵重材料、提高产品质量、满足多种工程技术和高新技术的需要。如可以把韧性好的金属材料和硬而脆的陶瓷材料复合，还得到新的表面复合材料。

(5) 设备不太复杂，工艺简便，可在现场作业。

(6) 对失效零件修复的成本低、周期短、生产效率高。

缺点是喷涂层结合强度有限，喷涂前工件表面需经粗化处理，降低零件的强度和刚度；且多孔组织也易发生腐蚀；不宜用于窄小零件表面和受冲击载荷的零件修复。

电弧喷涂的最高温度为5538～6649℃，等离子喷涂与喷焊的最高温度为11093℃，可见，对快速加热和提高粒子速度来说，等离子喷涂与喷焊最佳；电弧喷涂次之；氧乙炔火焰喷涂与喷焊最差。但由于电弧喷涂和等离子喷涂与喷焊都需要专用的成套设备，成本高；而氧乙炔火焰喷涂与喷焊具有设备投资少、成本低、工艺简便等优点，因此氧乙炔火焰喷涂与喷焊技术的应用最为广泛。

二、热喷涂在设备维修中的应用

热喷涂技术在机电设备维修中应用广泛。对于大型复杂的零件，如机床主轴、曲轴、凸轮轴轴颈、电动机转子轴，以及机床导轨和溜板等，采用热喷涂修复其磨损的尺寸，既不产生变形又延长使用寿命；大型铸件的缺陷，采用热喷涂进行修复，加工后，其强度和耐磨性可接近原有性能；在轴承上喷涂合金层，可代替铸造的轴承合金层；在导轨上用氧乙炔火焰喷涂一层工程塑料，可提高导轨的耐磨性和减摩性；还可以根据需要喷制防护层等。

三、喷涂层的形成过程、结构和性能

（一）喷涂层的形成过程

金属丝或金属粉末熔化后，被焰流本身或压缩空气吹成很小的微粒，这些微粒以140～300m/s的速度飞向工件表面，并与工件表面结合起来，后到的颗粒又与先到的颗粒结合，如此连续进行，便逐步形成了喷涂层。微粒在飞行过程中，高温的液态金属与空气接触，在凝固的同时，产生强烈的氧化与氮化，结果使金属丝中的合金元素烧损。到达工件时，每个颗粒外包着一层氧化膜和氮化膜，对涂层的性能有严重的影响。高温颗粒以高速撞击到工件表面时，被撞扁而贴在工件表面上。此时，颗粒与工件表面之间有如下连接过程：

1. 机械黏合

工件表面通常都要进行粗糙加工（例如喷砂、拉毛等），表面上的不平凸起对涂层有一种钩锚作用，微粒既和工件金属又和后到的微粒产生机械结合而形成覆盖层。发生这种情况的前提是金属微粒达到工件表面时，其温度应很高，处于塑性状态。喷涂时，微粒运动速度近似等于空气流的速度，且微粒从喷枪口飞到工件表面的时间很短（不超过0.003s），金属微粒不会剧烈地冷却。如图3-21所示。

2. 吸附

金属颗粒撞击到工件表面时，在两接触表面上，部分分子间距离极近，它们的相互吸引力能使颗粒吸附在工件表面上。且飞到工件表面的金属微粒，由于撞击变形，一些微粒表面的氧化膜可能破裂而裸露出纯金属，而会产生分子状直接接触。发生这种情况的前提是，两表面没有油污、水蒸气等杂物。由此可知，金属喷涂层的连接，既有机械结合，又有分子结合，以机械结合为主。

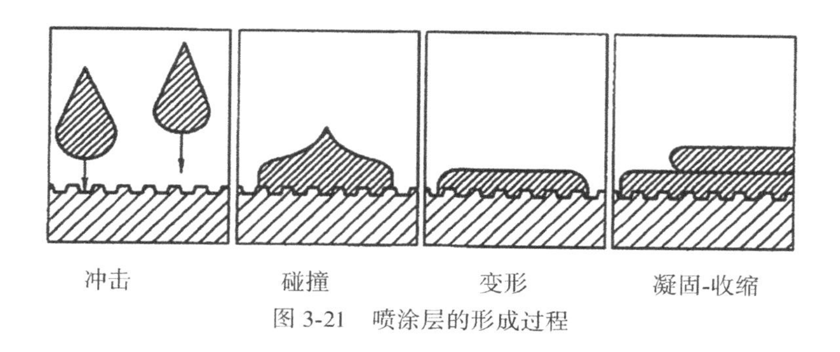

图 3-21　喷涂层的形成过程

（二）喷涂层的结构和性能

1. 喷涂层的结构

如图 3-22 所示，金属喷涂层不是熔合的，而是由大大小小的金属小颗粒在塑性状态下堆砌而成涂层、涂层与基体结合而成的，颗粒被撞击成鱼鳞状，颗粒堆砌成的喷涂层形成孔隙，具有多孔性。在其他条件相同的情况下，电弧喷涂层的孔隙占喷涂层体积的 15%~20%，等离子喷涂层的孔隙率占 5%~10%。喷涂距离增大，各种喷涂层的孔隙率都会增加；金属颗粒受热温度越高，喷射速度越大，氧化程度越轻，喷涂层的孔隙率越低。整个喷涂层由金属颗粒、氧化物、氮化物和孔隙组成。

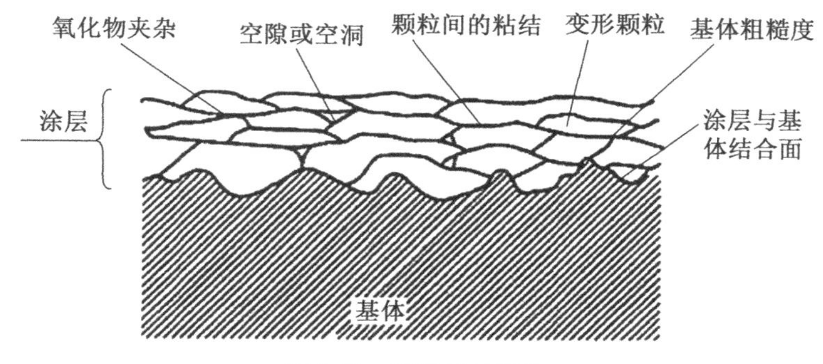

图 3-22　喷涂层的结构

2. 喷涂层的性能

（1）硬度　喷涂层的硬度取决于喷涂材料和喷枪规范，一般为 150~350HBW。喷涂材料、喷射距离、压缩空气压力和喷涂层厚度对涂层硬度都有影响。金属喷涂层的硬度高于所用的金属丝的硬度，这是因为金属微粒喷射到零件表面上后迅速冷却而产生了淬火作用；后到的金属微粒撞击已经堆积的微粒时，产生了冷作硬化作用；喷涂层中夹杂着氧化物。

（2）喷涂层的耐磨性　喷涂层的多孔结构有利于在零件表面上保持一层油膜。因此，在正常的润滑条件下，喷涂过的轴颈和轴瓦的摩擦系数较小（约为 0.008）。喷涂层的较高硬度和较好的适油性能，使涂层具有较好的耐磨性。但在干摩擦条件下，喷涂层的耐磨性则很差，会很快磨损，所以那些在干摩擦条件下工作的零件，不应用金属喷涂法修复。

（3）喷涂层对零件疲劳强度的影响　喷涂层对零件的疲劳强度影响不大，但喷涂前，零件的表面准备及涂层内存在的残余拉应力会对疲劳强度产生一定的影响。因此，在进行表面准备时，应注意选择对零件疲劳强度影响不大的表面粗糙方法。

（4）喷涂层的机械强度　喷涂层的非金属熔合型结构使其本身的机械强度较低，各种钢质喷涂层的抗拉强度极限为150~250MPa（等离子涂层的强度最高）。由于涂层的机械强度较低，在零件磨合期或干摩擦情况下，涂层的金属易脱落。

四、氧乙炔火焰喷涂和喷焊

（一）所需的工具、设备与材料

在设备维修中最常用的就是氧乙炔火焰喷涂和喷焊。氧乙炔火焰喷涂时使用氧气与乙炔比例约为1：1的中性焰，温度约3100℃，其设备与一般的气焊设备大体相似，主要包括喷枪、氧气和乙炔供给装置以及辅助装置等。如图3-23所示为氧乙炔火焰喷涂设备结构示意图。

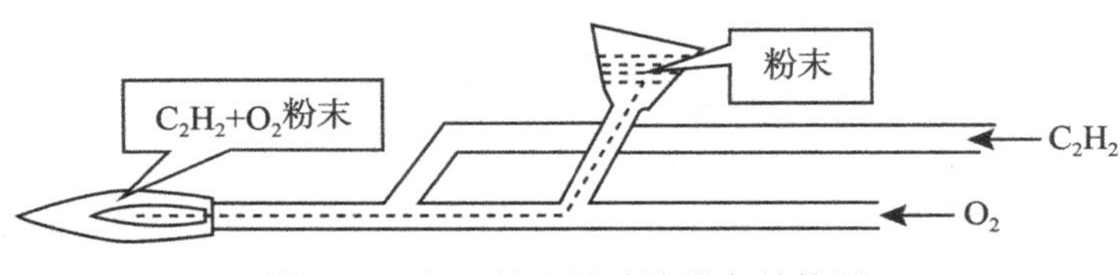

图3-23　氧乙炔火焰喷涂设备结构图

喷枪是热喷涂的主要工具，目前国产喷枪分为中小型和大型两种规格。中小型喷枪主要用于中小型和精密零件的喷涂和喷焊，适应性强；大型喷枪主要用于对大型零件的喷焊，生产效率高。中小型喷枪的结构基本上是在气焊枪结构上加一套送粉装置；大型喷枪是在枪内设置了专门的送粉通道。喷枪的主要型号有QSH-4、SPH-E等，如图3-24所示。

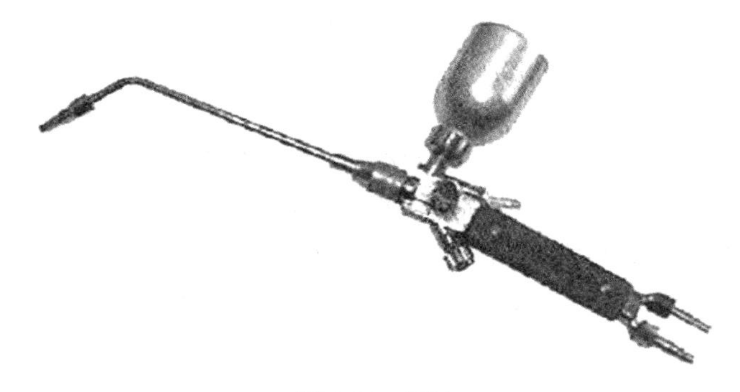

图3-24　喷枪

供氧一般采用瓶装氧气，乙炔最好也选用瓶装的。如使用乙炔发生器，以产气量为 $3m^3/h$ 的中压型为宜。辅助装置包括喷涂机床、保温炉、烘箱、喷砂机及电火花拉毛机等。

喷涂材料绝大多数采用粉末，此外还可使用丝材。喷涂粉末分为结合层粉末和工作层粉末两类。结合层粉末目前多为镍铝复合粉，有镍包铝、铝包镍两种。工作层粉末主要有镍基、铁基、铜基三大类。常见喷涂粉末的牌号和性能见表 3-9。根据需要，还有一次性喷涂粉末，并有两层粉末的特性，使喷涂工艺简化。

表 3-9 **国产喷涂粉末的性能及用途**

类别	牌号	化学成分（%）								硬度（HB）	应用范围
		w_{Cr}	w_{si}	w_B	w_{Ai}	w_{Sn}	w_{Ni}	w_{Fe}	w_{Cu}		
镍基	粉 111	15	—	—	—	—	其余	7.0	—	150	加工性好，用于轴承座、轴类、活塞套类表面
	粉 112	15	1.0	—	4.0	—	其余	7.0	—	200	耐腐蚀性好，用于轴承表面、泵、轴
	粉 113	10	2.5	1.5	—	—	其余	5.0	—	250	耐磨性好，用于机床主轴、凸轮表面等
铁基	粉 313	15	1.0	1.5	—	—	—	其余	—	250	涂层致密，用于轴类保护涂层、柱塞、机壳表面
	粉 314	18	1.0	1.5	—	—	9	其余	—	250	耐磨性较好，用于轴类
铜基	粉 411	—	—	—	10	—	5	—	其余	150	易加工，用于轴承、机床导轨等
	粉 412	—	—	—	—	10	—	—	其余	120	易加工，用于轴承、机床导轨等
结合层粉末	粉 511	—	—	—	20	—	其余	—	—	137	具有自粘接作用，用于打底层
	粉 512	—	2.0	—	8	—	其余	—	—	—	具有自粘接作用，用于打底层

喷涂粉末的选用应根据工件的使用条件和失效形式、粉末特性等来考虑。对于薄涂层工件，可只喷结合层粉末即可；对于厚涂层工件，则应喷结合层粉末，然后再喷工作层粉末。

（二）氧乙炔火焰喷涂

氧乙炔火焰喷涂工艺如下：

1. 喷前准备

喷前准备包括工件清洗、表面预加工、表面粗化和预热几道工序。

清洗的主要对象是工件待喷区域及其附近表面的油污、锈蚀和氧化皮层。有些材料要用火焰烘烤法除油，否则不能保证结合质量。

表面预加工的目的是去除工件表面的疲劳层、渗碳硬化层、镀层和表面损伤，修正不均匀的磨损表面和预留涂层厚度，预加工量主要由所需涂层厚度决定。预加工时，应注意保证过渡圆角的平滑过渡。表面预加工的常用方法有车削和磨削等。

表面粗化是将待喷表面粗化处理，以提高喷涂层与基体的结合强度。常用的方法有喷砂和电火化拉毛等，另外还可以采用机械加工法，包括车削、磨削、滚花等。采用车削的粗化处理，通常是加工出螺距为 0.3~0.7mm、深为 0.3~0.5mm 的螺纹。

预热的目的是去除表面吸附的水分，减少冷却时的收缩应力和提高结合强度。可直接用喷枪以微碳化焰进行预热，预热温度以不超过 200℃ 为宜。

2. 喷涂结合层

对预处理后的工件应立即喷涂结合层，这样做可提高工作层与工件之间的结合强度。在工件较薄、喷砂处理易产生变形的情况下，尤为适用。

结合层的厚度一般为 0.10~0.15mm，喷涂距离为 180~200mm。若厚度太厚，会降低工作层的结合强度，并造成喷涂工作层厚度减少，且经济性也不好。

3. 喷涂工作层

结合层喷涂好后，应立即喷涂工作层。喷涂工作层的质量主要取决于送粉量和喷涂距离。送粉量应适中，过大会使涂层内生粉增多而降低涂层质量；过小又会降低生产率。喷涂距离以 150~200mm 为宜，距离太近，会使粉末加热时间不足和工件温升过高；距离太远，又会使合金粉到达工件表面时的速度和温度下降。工件表面的线速度为 20~30m/min。

在喷涂过程中，应注意粉末的喷射方向要与工件表面垂直。

4. 喷涂后处理

喷涂后应注意缓冷。由于喷涂层组织疏松多孔，有些情况下，为了防腐，可涂上防腐液，一般用油漆、环氧树脂等涂料刷于涂层表面即可。要求耐磨的喷涂层，加工后应放入 200℃ 的机油中浸泡半小时。

当喷涂层的尺寸精度和表面粗糙度不能满足要求时，可采用车削或磨削的方法对其进行精加工。

（三）氧乙炔火焰喷焊

氧乙炔火焰喷焊与基体之间结合主要是原子扩散型冶金结合，结合强度是喷涂结合强度的 10 倍左右，氧乙炔火焰喷焊对工件的热影响介于喷涂与堆焊之间。

1. 氧乙炔火焰喷焊的特点

（1）基体不熔化，焊层不被稀释，可保持喷焊合金的原有性能。

（2）可根据工件需要得到理想的强化表面。

（3）喷焊层与基体之间结合非常牢固，喷焊层表面光洁，厚度可控制。

（4）设备简单，工艺简便，适应于各种钢、铸铁及铜合金工件的表面强化。

2. 氧乙炔火焰喷焊工艺

氧乙炔火焰喷焊工艺与喷涂大体相似，包括喷焊前准备、喷粉和重熔、喷焊后处理等。

（1）喷焊前准备　包括工件清洗、表面预加工和预热等几道工序。

表面预加工的目的是去除工件表面的疲劳层，渗碳硬化层、镀层和腐蚀层等，预加工的表面粗糙度值可适当大些。

预热的目的是为了活化喷焊表面，去除表面吸附的水分，改善喷焊层与基体的结合强度。预热温度比喷涂的要高，但也不宜过高，以免使基体金属氧化。一般碳钢工件的预热温度为250℃，淬火倾向大的钢材为300℃左右。预热火焰宜用微碳化焰，预热后最好立即在工件表面上喷一层0.1mm厚的合金粉，这样可有效防止氧化。

（2）喷粉和重熔　喷焊时，喷粉和重熔紧密衔接，按操作顺序分为一步法和两步法两种。

一步法是喷粉和重熔一步完成的操作方法；两步法是喷粉和重熔分两步进行（即先喷后熔）。一步法适用于小零件，或零件虽大，但需喷焊的面积小的场合；两步法适用于回转件（如轴类）和大面积的喷焊，易实现机械化作业，生产效率高。

（3）喷焊后处理　为了避免工件喷焊后产生变形和裂纹，应根据具体情况采用不同的冷却措施。一般要求的工件喷焊后，放入石棉灰中缓冷，要求高的工件可放入750～800℃的炉中随炉冷却。

（四）应用举例

【例3-3】 某发动机气缸体用合金铸铁制作，其主轴承座孔因异常磨损与拉伤而失效。该气缸体的喷涂修复工艺过程如下：

（1）喷前准备　处理前，先将主轴承座孔进行整体加工，消除椭圆。用氧乙炔火焰将待喷涂部位加热到300～350℃，烧掉其表面微孔和石墨中的油污，先用三氯乙烯清洗干净。

用石英砂进行表面粗化处理后，再在座孔表面每隔2～3mm打一个三角形样冲眼。在上、下半环旋入四只高度与涂层厚度一致的M3螺钉，以提高涂层与基体的结合力。喷涂前再用丙酮擦洗一次。用氧乙炔火焰将座孔预热到160～180℃。

（2）喷涂　喷涂0.1mm厚的镍包铝底层。用钢丝刷除去沉积物后，喷涂镍基粉末工作层。氧气压力0.6～0.8MPa，乙炔压力0.05～0.03MPa，喷涂距离150～200mm。喷涂时，涂层表面温度不能超过300℃。

（3）喷后处理　喷涂后，将主轴承座孔下半环埋入250℃左右的石棉中冷却到室温，上半环座外表面用水冷，以避免涂层脱落。喷涂后，座孔的耐磨性和润滑性好，使用寿命长，经济效益好。

五、电弧喷涂

电弧喷涂技术由于生产率较高，涂层厚度也较大（可达1～3mm），目前在热喷涂技术中应用也非常广泛。

电弧喷涂是以电弧为热源，将金属丝熔化并用高速气流使其雾化，使熔融金属粒子高速喷到工件表面而形成喷涂层的一种工艺方法。电弧喷涂主要用于修复各种外圆表面，如各种曲轴的轴颈表面等。内圆表面和平面也可使用电弧喷涂。

第五节 电镀修复法

电镀是利用电解的方法，使金属或合金沉积在零件表面上形成金属镀层的工艺方法。电镀修复法不仅可以用于修复失效零件的尺寸，而且可以用于提高零件表面的耐磨性、硬度和耐腐蚀性，以及其他用途等。因此，电镀是修复机械零件的最有效方法之一，在机电设备维修领域中应用非常广泛。目前常用的电镀修复法有镀铬、镀铁和电刷镀技术等。

一、镀铬

（一）镀铬层的特点

镀铬层的特点是：硬度高（800~1000HV，高于渗碳钢、渗氮钢），摩擦因数小（为钢和铸铁的50%），耐磨性高（高于无镀铬层的2~50倍），导热率比钢和铸铁约高40%；具有较高的化学稳定性，能长时间保持光泽，抗腐蚀性强；镀路层与基体金属有很高的结合强度。镀铬层的主要缺点是：脆性大，只能承受均匀分布的载荷，受冲击易破裂；而且随着镀层厚度增加，镀层强度、疲劳强度也随之降低。镀铬层可分为平滑镀铬层和多孔性镀铬层两类。平滑镀铬层具有很高的密实性和较高的反射能力，但其表面不易储存润滑油，一般用于修复无相对运动的配合零件尺寸，如锻模、冲压模、测量工具等。而多孔性镀铬层的表面形成无数网状沟纹和点状孔隙，能储存足够的润滑油以改善摩擦条件，可修复具有相对运动的各种零件尺寸，如比压大、温度高、滑动速度大和润滑不充分的零件、切削机床的主轴、镗杆等。

（二）镀铬层的应用范围

镀铬层应用广泛，可用来修复零件尺寸和强化零件表面，如补偿零件磨损失去的尺寸。但是，补偿尺寸不宜过大，通常镀铬层厚度控制在0.3mm以内为宜。镀铬层还可用来装饰和防护表面。许多钢制品表面镀铬，既可装饰，又可防腐蚀。此时，镀铬层的厚度通常很小（几微米），但是在镀防腐装饰性铬层之前，应先镀铜或镍做底层。

此外，镀铬层还有其他用途，如在塑料和橡胶制品的压模上镀铬，可改普模具的脱模性能等。

但是必须注意，由于镀铬电解液是强酸，其蒸气毒性大，污染环境，劳动条件差，因此需采取有效措施加以防范。

（三）镀铬工艺

镀铬的一般工艺过程如下：

1. 镀前表面处理

（1）机械准备加工　为了得到正确的几何形状和消除表面缺陷，并达到表面粗糙度的要求，工件要进行准备加工和消除锈蚀，以获得均匀的镀层。如对机床主轴，镀前一般要加以磨削。

（2）绝缘处理　对不需镀覆的表面，要做绝缘处理。通常先刷绝缘性清漆，再包扎乙烯塑胶带，工件的孔眼则用铅堵牢。

（3）除去油脂和氧化膜　可用有机溶剂、碱溶液等将工件表面清洗干净，然后进行弱酸腐蚀，以清除工件表面上的氧化膜，使表面显露出金属的结晶组织，增强镀层与基体金属的结合强度。

2. 施镀

装上挂具吊入镀槽进行电镀，根据镀铬层种类和要求选定电镀工艺规范，按时间控制镀层厚度。设备修理中常用的电解液成分为 $CrO_3$150～250g/L、$H_2SO_4$0. 75～2. 5g/L，工作温度（温差±1℃）为 55～60℃。

3. 镀后检查和处理

镀后检查镀层质量，观察镀层表面是否镀满及色泽，测量镀层的厚度和均匀性。如果镀层厚度不合要求，可重新补镀；如果镀层有起泡、剥落、色泽不符合要求等缺陷，可用10%盐酸化学溶解或用阳极腐蚀法去除原镀铬层，重新镀铬。

对镀格层厚度超过 0. 1mm 的较重要零件，应进行热处理，以提高镀层的韧性和结合强度。一般采用温度为 180～250℃，时间为 2～3h，在热的矿物油或空气中进行。最后根据零件技术要求进行磨削加工，必要时进行抛光。镀层薄时，可直接镀到尺寸要求。

此外，除应用镀铬的一般工艺外，目前还采用了一些新的镀铬工艺，如快速镀铬、无槽镀铬、喷流镀铬、三价铬镀铬、快速自调镀铬等。

二、镀铁

按照电解液的温度不同分为高温镀铁和低温镀铁。电解液的温度在 90℃以上的镀铁工艺，称为高温镀铁，所获得的镀层硬度不高，且与基体结合不可靠；在 50℃以下至室温的电解液中镀铁的工艺，称为低温镀铁。

目前一般均采用低温镀铁。它具有可控制镀层硬度（30～65HRC），耐磨性高，沉积速度快（0. 60～1mm/h），镀铁层厚度可达 2mm，成本低、污染小等优点，因而是一种应用范围广泛的修复工艺。

镀铁层可用于修复在有润滑的一般机械磨损条件下工作的间隙配合副、过盈配合副的磨损表面，以恢复尺寸。但是，镀铁层不宜用于修复在高温或腐蚀环境、承受较大冲击载荷、干摩擦或磨料磨损条件下工作的零件。镀铁层还可用于补救零件加工尺寸的超差。

当磨损量较大且需耐腐蚀时，可用镀铁层做底层或中间层补偿磨损的尺寸，然后再镀耐腐蚀性好的镀层。

三、局部电镀

在设备大修理过程中，经常遇到大的壳体轴承松动现象。如果采用扩大镗孔后镶套法，费时费工；用轴承外圈镀铬的方法，则给以后更换轴承带来麻烦。若在现场利用零件建立一个临时电镀槽进行局部电镀，即可直接修复孔的尺寸，如图 3-25 所示。对于长度大的轴类零件，也可采用局部电镀法直接修复轴上的局部轴颈尺寸。

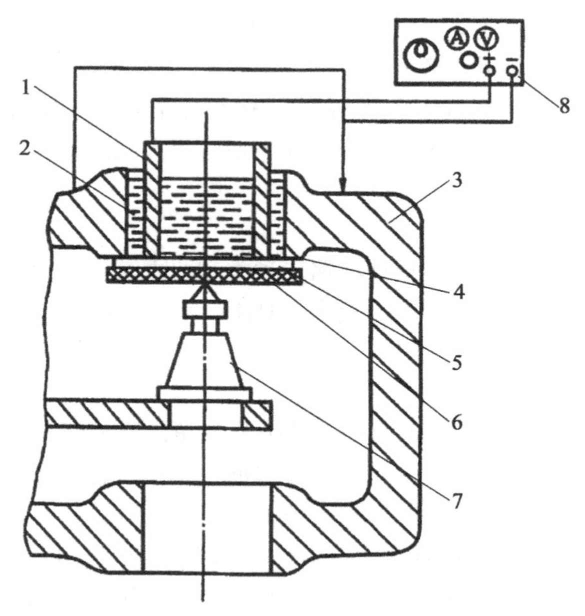

1—纯镍阳极空心圈；2—电解液；3—被镀箱体；4—聚氯乙烯薄膜；
5—泡沫塑料；6—层压板车；7—千斤顶；8—电源设备

图 3-25　局部电镀槽的构成

四、电刷镀

电刷镀是在镀槽电镀基础上发展起来的新技术，在 20 世纪 80 年代初获得了迅速发展。过去用过很多名称，如涂镀、快速笔涂、电镀、无槽电镀等，现按国家标准称为电刷镀。电刷镀是依靠一个与阳极接触的垫或刷提供电镀需要的电解液的电镀方法。电镀时，垫或刷在被镀的工件（阴极）上移动而得到需要的镀层。

（一）电刷镀的工作原理

如图 3-26 所示为电刷镀的工作原理示意图。电刷镀时，工件与专用直流电源的负极连接，刷镀笔与电源正极连接。刷镀笔上的阳极包裹着棉花和棉纱布，蘸上电刷镀专用的电解液，与工件待镀表面接触并作相对运动。接通电源后，电解液中的金属离子在电场作用下向工件表面迁移，从工件表面获得电子后还原成金属离子，结晶沉积在工件表面上形成金属镀层。随着时间延长，镀层逐渐增厚，直至达到所需厚度。镀液可不断地蘸用，也可用注射管、液压泵不断地滴入。

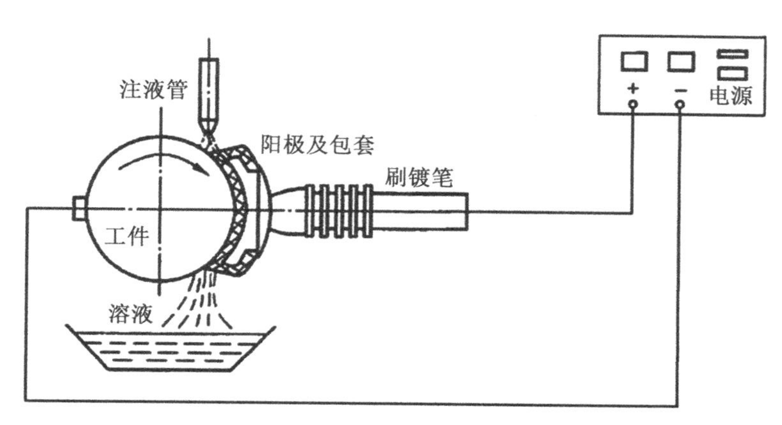

图 3-26　电刷镀的工作原理示意图

（二）电刷镀技术的特点

（1）设备简单，工艺灵活，操作简便。工件尺寸形状不受限制，尤其是可以在现场不解体即可进行修复，凡刷镀笔可触及的表面，不论盲孔、深孔、键槽均可修复，给设备维修或机加工超差件的修旧利废带来极大的方便。

（2）结合强度高，比槽镀高，比喷涂更高。

（3）沉积速度快，一般为槽镀的 5~50 倍，辅助时间少，生产效率高。

（4）工件加热温度低，通常小于 70℃，不会引起变形和金相组织变化。

（5）镀层厚度可精确控制，镀后一般不需机械加工，可直接使用。

（6）操作安全，对环境污染小，不含毒品，储运无防火要求。

（7）适应材料广，常用金属材料基本上都可用电刷镀修复。

焊接层、喷涂层、镀铬层等的返修也可应用电刷镀技术。淬火层、氮化层不必进行软化处理，不用破坏原工件表面，便可进行电刷镀。

（三）电刷镀的应用范围

电刷镀技术近年来推广很快，在设备维修领域其应用范围主要有以下几个方面：

（1）恢复磨损或超差零件的名义尺寸和几何形状。尤其适用于精密结构或一般结构的精密部分及大型零件、不慎超差的贵重零件、引进设备的特殊零件等的修复。常用于滚动轴承、滑动轴承及其配合面、键槽及花键、各种密封配合表面、主轴、曲轴、油缸、各种机体和模具等。

（2）修复零件的局部损伤，如划伤、凹坑、腐蚀等，修补槽镀缺陷。

（3）改善零件表面的性能，如提高耐磨性，做新件防护层，氧化处理，改善钎焊性，防渗碳、防氮化，做其他工艺的过渡层（如喷涂、高合金钢槽镀等）。

（4）修复电气元件，如印制电路板、触头、开关及微电子元件等。

(5) 用于去除零件表面部分的金属层，如刻字、去毛刺、动平衡去重等。
(6) 完成槽镀难以完成的项目，如盲孔、超大件、难拆难运件等。
(7) 对文物和装饰品进行维修或装饰。

(四) 电刷镀溶液

电刷镀溶液根据用途可分为表面准备溶液、沉积金属溶液、去除金属用溶液和特殊用途溶液，常用的表面准备溶液的性能和用途见表3-10；常用电刷镀溶液的性能和用途见表3-11。

表3-10 常用的表面准备溶液的性能和用途

名称	代号	主要性能	适用范围
电净液	SGY-1	无色透明，pH=12~13，碱性，有较强的去污能力和轻度的去锈能力，腐蚀性小，可长期存放	用于各种金属表面的电化学除油
1号活化液	SHY-1	无色透明，pH=0.8~1，酸性，有去除金属氧化膜作用，对基体金属腐蚀小，作用温和	用于不锈钢、高碳钢、铬镍合金、铸铁等的活化处理
2号活化液	SHY-2	无色透明，pH=0.6~0.8，酸性，有良好导电性，去除金属氧化物和铁锈能力较强	用于中碳钢、中碳合金钢、高碳合金钢、铝及铝合金、灰铸铁、不锈钢等的活化处理
3号活化液	SHY-3	浅绿色透明，pH=4.5~5.5，酸性，导电性较差，对用其他活化液活化后残留的石墨或碳墨具有强的去除能力	用于去除经1号活化液或2号活化液活化的碳钢、铸铁等表面残留的石墨（或碳墨）或不锈钢表面的污物

表3-11 常用电刷镀溶液的性能和用途

名称	代号	主要性能	适用范围
特殊镍	SDY101	深绿色，pH=0.9~1，镀层致密，耐磨性好，与大多数金属都具有良好的结合强度	用于铸铁、合金钢、镍、铬及铜、铝等的过渡层和耐磨表面层
快速镍	SDY102	蓝绿色，pH=7.5，沉积速度快，镀层有一定的孔隙和良好的耐磨性	用于恢复尺寸和作耐磨层
低应力镍	SDY103	深绿色，pH=3~3.5，镀层致密孔隙少，具有较大压应力	用于组合镀层的“夹心层”和防护层
镍钨合金	SDY104	深绿色，pH=0.9~1，镀层致密，耐磨性好，与大多数金属都具有良好的结合力	用于耐磨工作层，但不能沉积过厚，一般限制在0.03~0.07mm
快速铜	SDY401	深蓝色，pH=1.2~1.4，沉积速度快，但不能直接在钢铁零件上刷镀，镀前需用镍打底层	用于镀厚及恢复尺寸

续表

名称	代号	主要性能	适用范围
碱性铜	SDY403	紫色，pH = 9 ~ 10，镀层致密，在铝、钢、铁等金属上具有良好的结合强度	用于过渡层和改善表面性能，如改善钎焊性、防渗碳、防氮化等

（五）电刷镀设备

电刷镀的主要设备是专用直流电源和刷镀笔，此外还有一些辅助器具和材料。目前，SD 型刷镀电源应用广泛，它具有使用可靠、操作方便、精度高等特点。电源的主电路供给无级调节的直流电压和电流，控制线路中具有快速过电流保护装置、安培小时计及各种开关仪表等。

刷镀笔由导电手柄和阳极组成，常见结构如图 3-27 所示。其中，Ⅰ型为小型镀笔，Ⅱ型为大中型镀笔。刷镀笔上阳极的材料最好选用高纯细结构的石墨。为适应各种表面的刷镀，石墨阳极可做成圆柱、半圆、月牙、平板和方条等各种形状。

不论采用何种结构形状的阳极，都必须用适当材料包裹，形成包套以储存镀液，并防止阳极与镀件直接接触短路。同时，又对阳极表面腐蚀的石墨微粒和其他杂质起过滤作用。常用的阳极包裹材料主要是医用脱油棉、涤棉套管等。包裹要紧密均匀、可靠，使用时不松脱。

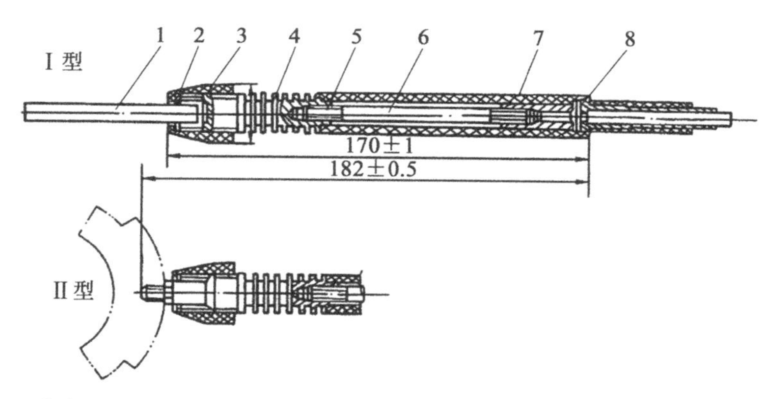

1—阳极；2—“O”形密封圈；3—锁紧螺母；4—散热片；5—尼龙手柄；
6—导电螺栓；7—尾座；8—电缆插头

图 3-27　SDB-1 型刷镀笔

（六）电刷镀工艺

电刷镀工艺过程如下：

(1) 镀前准备　清整工件表面至光洁平整，如除油、除锈、去掉飞边和毛刺等。预制键槽和油孔的塞堵。如需机械加工，则应在满足修整加工目的的前提下，去掉的金属越少越好（以节省镀液），磨得越光越好（以提高镀层的结合强度），其表面粗糙度值一般不高于 Ra1.6μm。对深的划伤和腐蚀斑坑要用锉刀、磨条、油石等修整露出基体金属。

（2）电净处理　在上述清理的基础上，还必须用电净液进一步通电处理工件表面。通电使电净液成分离解，形成气泡，撕破工件表面油膜，达到除油的目的。

电净时，镀件一般接于电源负极，但对疲劳强度要求甚严的工件，如有色金属和易氢脆的超高强度钢，则应接于电源正极，旨在减少氢脆。

电净时的工作电压和时间应根据工件的材质和表面形状而定。电净的标准是：冲水时水膜均匀摊开。

（3）活化处理　电净之后紧接着是活化处理，其实质是去除工件表面的氧化膜、钝化膜或析出的碳元素微粒黑膜，使工件表面露出纯净的金属层，为提高镀层与基体之间的结合强度创造条件。

活化时，工件必须接于电源正极，用刷镀笔沾活化液反复在刷镀表面刷抹。低碳钢处理后，表面应呈均匀银灰色，无花斑。

中碳钢和高碳钢的活化过程：先用 2 号活化液（SHY-2）活化至表面呈灰黑色，再用 3 号活化液（SHY-3）活化至表面呈均匀银灰色。活化后，工件表面用清水彻底冲洗干净。

（4）镀过渡层　活化处理后，紧接着就刷镀过渡层。过渡层的作用主要是提高镀层与基体的结合强度及稳定性。

常用的过渡层镀液有特殊镍（SDY101）、碱铜（SDY403）或低氢脆性镉镀液。碱铜适用于改善可焊性或需防渗碳、防渗氮，以及需要良好电气性能的工件，碱铜过渡层的厚度限于 0.01～0.05mm；低氢脆性镉作底层，适用于对氢特别敏感的超高层与基体的结合强度，又可避免渗氢变脆的危险。其余一般采用特殊镍作过渡层，为了节约成本，通常只需刷镀 2μm 厚即可。

（5）镀工作层　根据情况选择工作层并刷镀到所需厚度。由于单一金属的镀层随厚度的增加，内应力也增大，结晶变粗，强度降低，因此电刷镀时单一镀层厚度不能过大，否则镀层内残余应力过大可能使镀层产生裂纹或剥离。根据实践经验，单一刷镀层的最大允许厚度见表 3-12，供电刷镀时参考。

表 3-12　**单一刷镀层的最大允许厚度**　（单位：mm）

刷镀液种类	平面	外圆面	内孔面
特殊镍	0.03	0.06	0.03
快速镍	0.03	0.06	0.05
低应力镍	0.30	0.50	0.25
镍钨合金	0.03	0.06	0.05
快速铜	0.30	0.50	0.25
碱性铜	0.03	0.05	0.03

当需要刷镀大厚度的镀层时，可采用分层刷镀的方法。这种镀层是由两种乃至多种性能的镀层按照一定的要求组合而成的，因而称为组合镀层。采用组合镀层具有提高生产率、节约贵重金属、提高经济性等效果。但是，组合镀层的最外一层必须是所选用的工作镀层，这样才能满足工件表面要求。

(6) 镀后检查和处理 电刷镀后，用自来水彻底清洗干净工件上的残留镀液并用压缩空气吹干或用理发吹风机干燥，检查镀层色泽及有无起皮、脱层等缺陷，测量镀层厚度，需要时进行机械加工。若工件不再加工或直接使用，则应涂上防锈油或防锈液。

(七) 应用举例

【例 3-4】 某一圆周运动的齿轮材料为合金钢，热处理后的硬度为 240~285HBW，齿轮中间是一轴承安装孔，孔直径的设计尺寸为 $\phi160\times0.04$mm，长为 55mm。该零件在使用中经检查发现：孔直径尺寸均为磨损至 $\phi160.08$mm，并有少量划伤。此时可采用电刷镀工艺修复。其修复工艺过程如下：

(1) 镀前准备 用细砂纸打磨损伤表面，在去除毛刺和氧化物后，用有机溶剂彻底清洗待镀表面及镀液流淌的部位，然后用清水冲净。

(2) 电净处理 将工件夹持 在车床卡盘上进行电净处理。工件接负极，选用 SDB-1 型刷镀笔，电压为 10V，时间为 10~30s，镀液流淌部位也应做电净处理。电净后用水清洗，刷镀表面应达到完全湿润，不得有挂水现象。

(3) 活化处理 用 2 号活化液，工件接正极，电压为 10V，时间为 10~30s，刷镀笔型号同前。活化处理后用清水冲洗零件。

(4) 镀层设计 由于孔是安装轴承用的，磨损量较小，对耐磨性要求不高，可采用特殊镍打底，快速镍增补尺寸并作为工作层。为使零件刷镀后免去加工工序，可采用电刷镀方法将孔直径镀到其制造公差的中间值，即 $\phi160.02$mm，此时单边镀层厚度为 0.03mm。

(5) 镀过渡层 用特殊镍镀液，工件接负极，电压为 10V，镀层厚度为 1~ 2μm。

(6) 镀工作层 刷镀过渡层后，迅速刷镀快速镍，直至所要求的尺寸。

(7) 镀后检查和处理 用清水冲洗干净，擦干后，测量检查刷镀后孔径尺寸、孔表面是否光滑，合格后涂防锈液。

五、纳米复合电刷镀

(一) 纳米复合电刷镀技术

复合电刷镀技术是通过在单金属镀液或合金镀液中添加固体颗粒，使基质金属和固体颗粒共沉积获得复合镀层的一种工艺方法。根据复合镀层基质金属和固体颗粒的不同，可以制备出具有高硬度、高耐磨性和良好的自润滑性、耐热性、耐蚀性等功能特性的复合镀层。纳米颗粒的加入，会给镀层带来很多优异的性能。纳米复合电刷镀技术是表面处理新技术，它是纳米材料与复合电刷镀技术的结合，不但保持了原有电刷镜的特点，而且还拓宽了电刷镀技术的应用范围，获得更广、更好、更强的应用效果。近年来研制的含纳米粉末的电刷镀复合镀层，可有效降低零件表面的摩擦系数，提高镀层的硬度，实现零件的再制造并改善提升零件表面的耐磨性和抗疲劳性能等。

纳米复合电刷镀技术适用于轴类件、叶片、大型模具等损伤部位进行高性能材料修复，缸套、活塞环槽、齿轮、机床导轨、溜板、工作台、尾座等零件的表面硬度提高，轧辊、电厂风机转子等零件的表面强化，赋予零件耐磨、耐腐蚀、耐高温等性能，并提高其尺寸、形状和位置精度等。

（二）纳米复合电刷镀液的配制

纳米复合电刷镀液的主要配方包括：硫酸镍、柠檬酸铵、醋酸铵、草酸铵、氨水、表面活性剂、分散剂及纳米粉末等成分。

（1）首先将纳米粉末与少量快速镍镀液混合、搅拌，使纳米粉末充分润湿。

（2）将复合刷镀液与已加入表面活性剂的快速镍镀液相混合，添加至规定体积。

（3）复合刷镀液配制完后，置于超声设备中超声分散1h后待用。

（三）影响刷镀层性能的主要工艺参数

刷镀层主要应用于零件修复，镀层的结合强度、显微硬度、耐磨性能和抗疲劳性能等是最重要的性能指标。影响镀层质量的电刷镀工艺参数较多，主要有纳米颗粒的含量、刷镀电压、镀笔与工件的相对运动速度、镀液温度等。

（1）镀液中纳米颗粒的含量　加入刷镀溶液中的纳米颗粒含量通常在几克到几十克之间，若加入量过少，则难以保证获得纳米复合镀层；若加入量过多，由于镀层的包覆能力有限，镀层中纳米粉末含量的增加很少，并使镀液中纳米粉末团聚更加严重，而难以获得满意的镀层。

（2）刷镀电压　电刷镀工作电压的高低，直接影响溶液的沉积速度和质量。当电压偏高时，电刷镀电流相应提高，使镀层沉积速度加快，易造成组织疏松、粗糙；当电压偏低时，不仅沉积速度太慢，而且同样会使镀层质量下降。所以，应按照每种镀液确定的工作电压范围灵活使用。例如，当工件被镀面积小时，工作电压宜低些；镀笔与工件相对运动速度较慢时，电压应低些；反之应高些。刚开始刷镀时，若镀液与工件温度较低，则起镀电压应低些；反之应高些。一般刷镀电压为7~14V。

（3）刷镀笔与工件的相对运动速度　电刷镀时，刷镀笔与工件之间所作的相对运动有利于细化晶粒、强化镀层，提高镀层的力学性能。速度太慢时，刷镀笔与工件接触部位发热量大，镀层易发热，局部还原时间长，组织易粗糙，若镀液供给不充分，还会造成组织疏松；速度太快时，会降低电流效率和沉积速度，形成的镀层虽然致密，但应力大易脱落。相对速度通常选用6~14m/min。

（4）镀液温度　在电刷镀过程中，工件的理想温度是15~35℃，最低不能低于10℃，最高不宜超过50℃。镀液温度应保持在25~50℃，这不仅能使溶液性能（如pH值、电导率、溶液成分、耗电系数、表面张力等）保持相对稳定，而且能使镀液的沉积速度、均镀能力和深镀能力及电流效率等始终处于最佳状态，所得到的镀层内应力小、结合强度高。为了防止刷镀笔过热，在电刷镀层厚时，应同时准备多支刷镀笔轮换使用，并定时将刷镀笔放入冷镀液中浸泡，使温度降低。刷镀笔的散热器部位应保持清洁，散热器表面钝化或堵塞时，都会影响散热效果，应及时清理干净。

（四）纳米复合电刷镀工艺流程

电刷镀制备纳米复合刷镀层通常可分为预处理和镀层制备两个阶段。预处理主要是对基体金属表面进行处理，其目的是使基体金属与刷镀层紧密结合。除了对基体表面进行除油和除锈，利用电化学法可进一步进行处理。

纳米复合电刷镀的工艺流程如下：镀前表面准备→电净液电净→自来水冲洗→1 号活化液活化→自来水冲洗→2 号活化液活化→自来水冲洗→特殊镍镀液刷镀打底层→纳米复合刷镀液刷镀工作层→镀后处理。

将配制好的纳米复合刷镀液进行超声波震荡 1h，使纳米粉末能够均匀悬浮于复合刷镀液中。电刷镀的电净过程实质是电化学的除油过程。电净后需采用自来水彻底冲洗，确保试样表面无水珠和干斑。1 号活化液具有较强的去除金属表面氧化膜和疲劳层的能力，从而保证镀层与基体金属有较好的结合强度；用 2 号活化液进一步活化，以提高镀层和基体的结合强度。在刷镀打底层前，应在工件表面进行 3～5s 的无电擦拭，其作用是在被镀的试样表面事先布置金属离子，阻止空气与活化后的表面直接接触，防止被氧化；同时使被镀工件表面的 pH 值趋于一致，增强表面的润湿性，并利用机械摩擦和化学作用去除工序间的微量氧化物。

电净液配方如下：

氢氧化钠（$NaOH$）25g/L，碳酸钠（Na_2CO_3）21.7g/L，磷酸三钠（Na_3PO_4）50g/L，氯化钠（$NaCl$）2.5g/L。

1 号活化液配方如下：

硫酸（H_2SO_4）90g/L，硫酸铵（$(NH_4)_2SO_4$）100g/L，磷酸（H_3PO_4）5g/L，磷酸铵（$(NH_4)_3PO_2$）5g/L，氟硅酸（H_2SiF_6）5g/L。

2 号活化液配方如下：

柠檬酸三钠（$Na_3C_6H_5O_7 \cdot 2H_2O$）141.2g/L，柠檬酸（$H_3C_6H_5O_7$）94.2g/L，氯化镍（$NiCl_2 \cdot 6H_2O$）3g/L。

（五）应用举例

【例 3-5】某大型转子轴颈磨损严重，磨损量（宽度×深度）约 25mm×0.5mm，现决定用纳米复合电刷镀技术修复。具体施镀工艺参数及过程如下：

（1）镀前准备　用细砂纸打磨工件损伤表面，去除工件表面的疲劳层和氧化膜，再用丙酮除油处理后，用清水冲净。

（2）电净处理　用 1 号电净液，工件接电源正极，电压 8～12V，工件与刷镀笔的相对运动速度 8～12m/min，时间 10～30s。用清水清洗后，工件表面不挂水珠，水膜均匀摊开。

（3）活化处理　用2号活化液，工件接电源正极，电压8~12V，工件与刷镀笔的相对运动速度8~12m/min，时间10~30s。用清水清洗后，工件表面不挂水珠，水膜均匀摊开。

（4）镀过渡层用特殊镍镀液打底层　先无电擦拭表面5s，工件接电源负极，电压8~20V，工件与刷镀笔的相对运动速度8~20m/min，厚度1~2μm。用清水冲洗，去除残留镀液。

（5）镀工作层 先无电擦拭零件表面5s，然后通电，工件接电源负极，电压10~12V，刷镀n-Al_2O_3/Ni纳米复合镀层，刷镀至要求的厚度后，用清水冲洗，彻底去除残留液。

（6）镀后处理　用暖风吹干工件表面，然后涂上防护油。

六、电镀修复与其他修复技术的比较

各种修复技术都具有优点和不足，一般而言，一种技术都不能完全取代另一种技术，而是应用于不同的范围。表3-13所示为电镀修复技术与堆焊、热喷涂修复技术的比较。

表3-13　**电镀修复技术与其他修复技术的比较**

项目	电镀法	堆焊法	热喷涂法
工件尺寸	受镀槽限制	无限制	无限制
工件形状	范围较广	不能用于小孔	不能用于小孔
粘结性	较好	好	一般较低
基体	导电体	钢、铁、超合金	一般固体物品
涂覆材料	金属、合金、某些复合材料，非金属材料经化学镀后也可	钢、铁、超合金	一般固体物品
涂覆厚度（mm）	0.001~1	3~30	0.1~3
孔隙率	极小	无	1%~15%
热输入	无	很高	较低
表面预处理要求	高	低	高
基体变形	无	大	小
表面粗糙度	很小	极大	较小
沉积速率（kg/h）	0.25~0.5	1~70	1~70

第六节　粘接修复法

采用胶粘剂等对失效零件进行修补或连接，以恢复零件使用功能的方法，称为粘接修

复法。近年来粘接技术（又名胶粘技术）发展很快，在机电设备维修中已得到越来越广泛的应用。

一、粘接工艺的特点

（1）粘接力较强，可粘接各种金属或非金属材料，且可达到较高的强度要求。

（2）粘接工艺温度不高，不会引起基体金属金相组织的变化和热变形，不会产生裂纹等缺陷。因而可以粘补铸铁件、铝合金件和薄壁件、细小件等。

（3）粘接时不破坏原件强度，不易产生局部应力集中。与铆接、螺纹连接、焊接相比，减轻结构重量20%~25%，表面美观平整。

（4）工艺简便，成本低，工期短，便于现场修复。

（5）胶缝有密封、耐磨、耐腐蚀和绝缘等性能，有的还具有隔热、防潮、防振减振性能。两种金属间的胶层还可防止电化学腐蚀。

其缺点是：不耐高温（一般只有150℃，最高300℃，无机胶除外），抗冲击、抗剥离、抗老化的性能差；粘接强度不高（与焊接、铆接比）；粘接质量的检查较为困难。所以，要充分了解粘接工艺特点，合理选择胶粘剂和粘接方法，扬长避短，使其在修理工作中充分发挥作用。

二、粘接方法

（1）热熔粘接法　该法利用电热、热气或摩擦热将黏合面加热熔融，然后黏合加上足够的压力，直到冷却凝固为止。主要用于热塑性塑料之间的粘接，大多数热塑性塑料表面加热到150~230℃即可进行粘接。

（2）溶剂粘接法　非结晶性无定形的热塑性塑料，接头加单纯溶剂或含塑料的溶液，使表面溶融从而达到粘接的目的。

（3）粘合剂粘接法　利用粘合剂将两种材料或两个零件粘合在一起，达到所需的连接强度。该法应用最广，可以粘接各种材料，如金属与金属、金属与非金属、非金属与非金属等。

粘合剂品种繁多，分类方法很多。按粘合剂的基本成分可分为有机粘合剂和无机粘合剂；按原料来源可分为天然粘合剂和合成粘合剂；按粘接接头的强度特性可分为结构粘合剂和非结构粘合剂；按粘合剂状态可分为液态粘合剂和固态粘合剂；粘合剂的形态有粉状、棒状、薄膜、糊状及液体等；按热性能可分为热塑性粘合剂与热固性粘合剂等。其中，有机合成胶是现代工程技术中主要采用的粘合剂。

天然粘合剂组成简单，合成粘合剂大多由多种成分配合而成。它通常以具有粘性和弹性的天然材料或高分子材料为基料，加入固化剂、增塑剂、增韧剂、稀释剂、填充剂、偶联剂、溶剂、防老剂等添加剂组成。这些添加剂成分是否需要加入，应视粘合剂的性质和使用要求而定。合成粘合剂又可分为热塑性（如丙烯酸酯、纤维素聚酚氧、聚酰亚铵）、热固性（如酚醛、环氧、聚酯、聚氨酯）、橡胶（如氯丁、丁腈）以及混合型（如酚醛-丁腈、环氧-聚硫、酚醛-尼龙）。其中，环氧树脂粘合剂对各种金属材料和非金展材料都具有较强的胶接能力，并具有良好的耐水性、耐有机溶剂性、耐酸碱性与耐腐蚀性，收缩性小，电绝缘性好，所以应用最为广泛。

表 3-14 列出了机电设备修理中常用的几种粘合剂。

表 3-14 机电设备修理中常用的粘合剂

类别	牌号	主要成分	主要性能	用途
通用胶	HY-914	环氧树脂，703 固化剂	双组分，室温快速固化，中强度	60℃以下金属和非金属材料粘补
	农机 2 号	环氧树脂，二乙烯三胺	双组分，室温固化，中强度	120℃以下各种材料
	KH-520	环氧树脂，703 固化剂	双组分，室温固化，中强度	60℃以下各种材料
	JW-1	环氧树脂，聚酰胺	三组分，60℃ 2h 固化，中强度	60℃以下各种材料
	502	α-氰基丙烯酸乙酯	单组分，室温快速固化低强度	70℃以下受力不大的各种材料
结构胶	J-19C	环氧树脂，双氰胺	单组分，高温加压固化，高强度	120℃以下受力大的部位
	J-04	钡酚醛树脂丁腈橡胶	单组分，高温加压固化，高强度	250℃以下受力大的部位
	204（JF-1）	酚醛-缩醛有机硅酸	单组分，高温加压固化，高强度	200℃以下受力大的部位
密封胶	Y-150 厌氧胶	甲基丙烯酸	单组分，隔绝空气后固化，低强度	100℃以下螺纹堵头和平面配合处紧固密封堵漏
	7302 液体密封胶	聚酯树脂	半干性，密封耐压 3.92MPa	200℃以下各种机电设备平面法兰螺纹连接部位的密封
	W-1 密封耐压胶	聚醚环氧树脂	不干性，密封耐压 0.98MPa	

三、粘接工艺

（一）粘合剂的选用

选用粘合剂时，主要考虑被粘接件的材料、受力情况及使用环境，并综合考虑被粘接件的形状、结构和工艺上的可能性，同时应成本低、效果好。

（二）接头设计

粘接接头受力情况可归纳为四种主要类型，即剪切力、拉伸力、剥离力及不均匀扯离力，如图 3-28 所示。

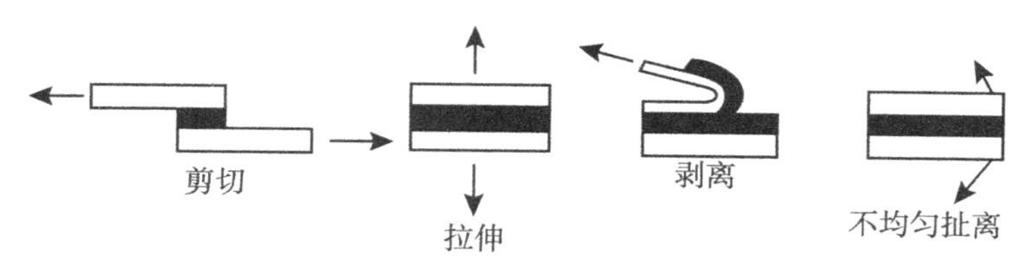

图 3-28 粘接接头受力类型

在设计接头时，应遵循下列基本原则：

（1）粘接接头承受或大部分承受剪切力。

（2）尽可能避免剥离和不均匀扯离力的作用。

（3）尽可能增大粘接面积，提高接头承载能力。

（4）尽可能简单实用，经济可靠。对于受冲击或承受较大作用力的零件，可采取适当的加固措施，如焊接、铆接、螺纹连接等形式。

（三）表面处理

其目的是获得清洁粗糙活性的表面，以保证粘接接头牢固。它是整个粘接工艺中最重要的工序，关系到粘接的成败。

表面清洗可先用干布、棉纱等除尘，清去厚油脂，再以丙酮、汽油、三氯乙烯等有机溶剂擦拭，或用碱液处理除油。用锉削、打磨、粗车、喷砂、电火花拉毛等方法除锈及氧化层，并可粗化表面。其中喷砂的效果最好。金属件的表面粗糙度以 Ra12. 5μm 为宜。经机械处理后，再将表面清洗干净，干燥后待用。

必要时，还可通过化学处理使表面层获得均匀、致密的氧化膜，以保证粘接表面与粘合剂形成牢固的结合。化学处理一般采用酸洗、阳极处理等方法。钢、铁与天然橡胶进行粘接时若在钢、铁表面进行镀铜处理，可大大提高粘接强度。

（四）配胶

不需配制的成品胶使用时摇匀或搅匀，多组分的胶配制时，要按规定的配比和调制程序现用现配，在使用期内用完。配制时，要搅拌均匀，并注意避免混入空气，以免胶层内出现气泡。

（五）涂胶

应根据粘合剂的不同形态，选用不同的涂布方法。如对于液态胶可采用刷涂、刮涂、喷涂和滚筒布胶等方法。涂胶时应注意保证胶层无气泡、均匀而不缺胶。涂胶量和涂胶次数因胶的种类不同而异，胶层厚度宜薄。对于大多数粘合剂，胶层厚度控制在 0. 02～0. 2mm 为宜。

（六）晾置

含有溶剂的粘合剂，涂胶后应晾置一定时间，以使胶层中的溶剂充分挥发；否则，固化后胶层内产生气泡，降低粘接强度。晾置时间的长短、温度的高低都因胶而异，按规定掌握。

（七）固化

晾置好的两个被粘接件可用来进行合拢、装配和加热、加压固化。除常温固化胶外，其他胶几乎均需加热固化。即使是室温固化的粘合剂，提高温度也对粘接效果有益。固化时，应缓慢升温和降温。升温至粘合剂的流动温度时，应在此温度保温20~30min，使胶液在粘接面充分扩散、浸润，然后再升至所需温度。

固化温度、压力和时间，应视粘合剂的类型而定。加温时，可使用恒温箱、红外线灯、电炉等，近年来还开发了电感应加热等新技术。

（八）质量检验

粘接件的质量检验有破坏性检验和无损检验两种。破坏性检验是测定粘接件的破坏强度。在实际生产中常用无损检验，一般通过观察外观和敲击听声音的方法进行检验，其准确性在很大程度上要取决于检验人员的经验。目前一些先进技术如声阻法、激光全息摄影、X光检验等也用于粘接件的无损检验，取得了很好的效果。

（九）粘接后的加工

有的粘接件粘接后还要通过机械加工或钳工加工至技术要求。加工前，应进行必要的倒角、打磨，加工时应控制切削力和切削温度。

四、粘接技术在设备修理中的应用

粘接工艺的优点使其在设备修理中的应用日益广泛。应用时，可根据零件的失效形式及粘接工艺的特点，具体确定粘接修复方法。

（一）机床导轨磨损的修复

机床导轨严重磨损后，通常在修理时需要经过刨削、磨削或刮研等修理工艺，但这样做会破坏机床原有的尺寸链。现在可以采用有机合成粘合剂，将工程塑料薄板如聚四氟乙烯板、1010尼龙板等粘接在铸铁导轨上，这样可以提高导轨的耐磨性，同时可以改善导轨的防爬行性和抗咬焊性。若机床导轨面出现拉伤、研伤等局部损伤，则可采用粘合剂直接填补修复，如采用502瞬干胶加还原铁粉（或氧化铝粉、二硫化钼等）粘补导轨的研伤处。

（二）零件动、静配合磨损部位的修复

机械零部件如轴颈磨损、轴承座孔磨损、机床楔铁配合面的磨损等均可用粘接工艺修

复，比镀铬、热喷涂等修复工艺简便。

（三）零件裂纹和破损部位的修复

零件产生裂纹或断裂时，采用焊接法修复常常会引起零件产生内应力和热变形，尤其是一些易燃易爆的危险场合更不宜采用。而采用粘接修复法则安全可靠，简便易行。零件的裂纹、孔洞、断裂或缺损等均可用粘接工艺修复。

（四）填补铸件的砂眼和气孔

采用粘接技术修补铸造缺陷，简便易行，省工省时，修复效果好，且颜色可保持与铸件基体一致。在操作时要认真清理干净待填补部位，在涂胶时可用电吹风均匀在胶层上加热，以去掉粘合剂中混入的气体和使粘合剂顺利流入填补的缝隙里。

（五）用于连接表面的密封堵漏和紧固防松

如防止油系泵体与泵盖结合面的渗油现象，可将结合面清理干净后涂一层液态密封胶，晾置后在中间再加一层纸垫，将泵体和泵盖结合，拧紧螺栓即可。

（六）用于连接表面的防腐

采用表面有机涂层防腐是目前行之有效的防腐措施之一，粘接修复法可广泛用于零件腐蚀部位的修复和预保护涂层，如化工管道、储液能等表面的防腐。

粘接技术也可用于简单零件粘接组合成复杂零件，以代替铸造、焊接等，从而缩短加工周期。如利用环氧树脂胶代替锡焊、点焊，省锡节电。

如图 3-29 所示，列举了一些粘接修复实例。

第七节　刮研修复法

刮研是利用刮刀、拖研工具、检测器具和显示剂，以手工操作的方式，边刮研加工，边研点边测量，使工件达到规定的尺寸精度、几何精度和表面粗糙度等要求的一种精加工工艺。

一、刮研技术的特点

刮研技术具有以下一些优点：

（1）可以按照实际使用要求，将导轨或工件平面的几何形状刮成中凹或中凸等各种特殊形状，以解决机械加工中不易解决的问题，消除由一般机械加工所遗留的误差。

（2）刮研是手工作业，不受工件形状、尺寸和位置的限制。

（3）刮研中切削力小，产生热量小，不易引起工件受力变形和热变形。

（4）刮研表面接触点分布均匀，接触精度高，如采用宽刮法，还可以形成油楔，润滑性好，耐磨性高。

（5）手工刮研掉的金属层可以小到几微米以下，能够达到很高的精度要求。

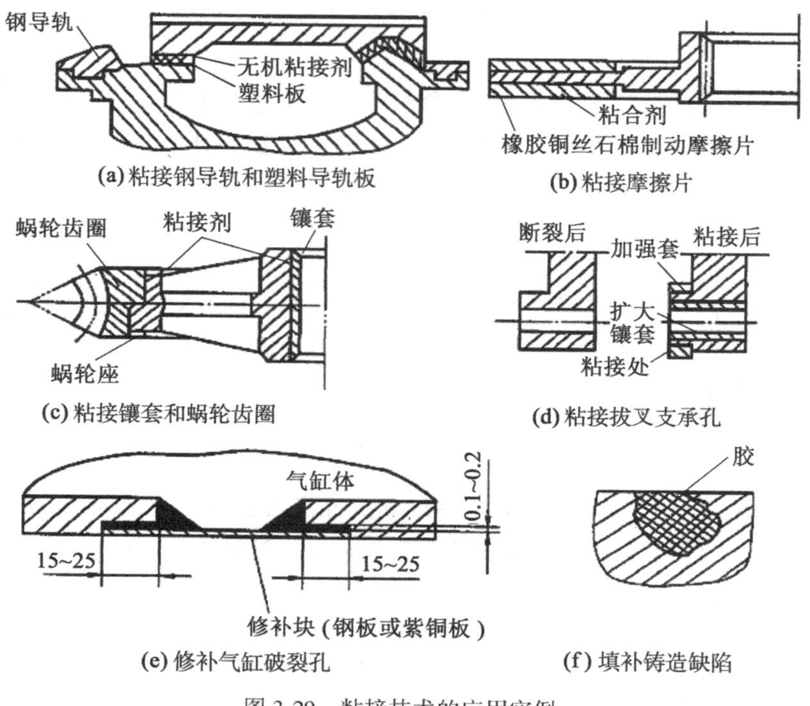

图 3-29　粘接技术的应用实例

刮研法的明显缺点是工效低、劳动强度大。但尽管如此，在机电设备修理中，刮研法仍占有重要地位。如导轨和相对滑行面之间，轴和滑动轴承之间，导轨和导轨之间，部件与部件的固定配合面，两相配零件的密封表面等，都可以通过刮研而获得良好的接触精度，增加运动副的承载能力和耐磨性，提高导轨和导轨之间的位置精度；增加连接部件间的连接刚性；使密封表面的密封性提高。因此，刮研法广泛地应用在机械制造及修理中。对于尚未具备导轨磨床的中小型企业，需要对机床导轨进行修理时，仍然采用刮研修复法。

二、刮研工具和检测器具

刮研工作中常用的工具和检测器具有刮刀、平尺、角尺、平板、角度垫铁、检验棒、检验桥板、水平仪、光学平直仪（自准直仪）、塞尺和各种量具等。

（一）刮刀

刮刀是刮研的主要工具。为适应不同形状的刮研表面，刮刀分为平面刮刀和内孔刮刀两种。平面刮刀主要用来刮研平面；内孔刮刀主要用来刮研内孔，如刮研滑动轴承、剖分式轴承或轴套等。

刮刀一般采用碳素工具钢或轴承钢制作。在刮研表面较硬的工件时，也可采用硬质合金刀片镶在 45 号钢的刀杆上的刮刀。刮刀经过锻造、焊接，在砂轮上进行粗磨刀坯，然后进行热处理。刮刀淬火时，温度不能过高。淬硬后的刮刀，再在砂轮上进行刃磨。但砂轮上磨出的刃口还不很平整，需要时可在油石上进行精磨。刮研过程中，为了保持锋利的刃口，要经常磨刃。

（二）基准工具

基准件是用以检查刮研面的准确性、研点数多少的工具。各种导轨面、轴承相对滑动表面都要用基准件来检验。常用于检查研点的基准件有以下几种：

1. 平板

由耐磨性较好、变形较小的铸铁经铸造、粗刨、时效处理、精刨、粗刮、精刮等工序制作而成，一般用于检验较宽的平面。

2. 平尺

用来检验狭长的平面。

内孔刮研质量的检验工具一般是与之相配的轴，或定制的一根基准轴，如检验心轴等。

（三）显示剂

显示剂是用来反映工件刮研表面与基准工具互研后，保留在其上面的高点或接触面积的一种涂料。

1. 种类

常用的显示剂有红丹粉、普鲁士蓝油及松节油等。

（1）红丹粉有铁丹（氧化铁呈红色）和铅丹（氧化铅呈橘黄色）两种，用机油调和而成，多用于黑色金属刮研。

（2）普鲁士蓝油是由普鲁士蓝粉和机油调和而成，用于刮研铜、铝工件。

（3）烟墨油是由烟墨和机油调和而成，用于刮研有色金属。

（4）松节油用于平板刮研，接触研点白色发光。

（5）酒精用于校对平板，涂于超级平板上，研出的点子精细而发亮。

（6）油墨与普鲁士蓝油用法相同，用于精密轴承的刮研。

2. 使用方法

显示剂使用正确与否，直接影响刮研表面质量。使用显示剂时，应注意避免砂粒、切屑和其他杂质混入而拉伤工件表面。显示剂容器必须有盖，且涂抹用品必须保持干净，这样才能保证涂布效果。

粗刮时，显示剂可调得稀些，均匀地涂在刮研表面上，涂层可稍厚些。这样显示的点子较大，便于刮研。精刮时，显示剂应调得干些，涂在研件表面上要薄而均匀，研出的点子细小，便于提高刮研精度。

（四）刮研精度的检查

1. 用配合面的研点数表示

刮研精度的检查一般以工件表面上的显点数来表示。无论是平面刮研还是内孔刮研，工件经过刮研后，表面上研点的多少和均匀与否直接反映了平面的直线度和平面度，以及内孔面的形状精度。一般规定用边长为 25mm×25mm 的方框罩在被检测面上，根据方框内显示的研点数的多少来表示刮研质量。在整个平面内任何位置上进行抽检，都应达到规定的点子数。

各类机械中的各种配合面的刮研质量标准大多数不相同，对于固定结合面或设备床身、机座的结合面，为了增加刚度，减少振动，一般在每刮方（即 25mm×25mm 面积）内有 2~10 点；对于设备工作台表面、机床的导轨及导向面、密封结合面等，一般在每刮方内有 10~16 点；对于高精度平面，如精密机床导轨、测量平尺、1 级平板等，每刮方内应有 16~25 点；而 0 级平板、高精度机床导轨及精密量具等超精密平面，其研点数在每刮方内应有 25 点以上。

各种平面接触精度的研点数见表 3-15。

表 3-15　**各种平面接触精度的研点数**

平面种类	每 25mm×25mm 内研点数	应　　用
一般平面	2~5	较粗糙零件的固定结合面
	5~8	一般结合面
	8~12	一般基准面、机床导向面、密封结合面
	12~16	机床导轨及导向面、工具基准面、量具接触面
精密平面	16~20	精密机床导轨、直尺
	20~25	1 级平板、精密量具
超精密平面	>25	0 级平板、高精度机床导轨、精密量具

在内孔刮研中，接触得比较多的是对滑动轴承内孔的刮研，其不同接触精度的研点数见表 3-16。

表 3-16　**滑动轴承的研点数**

轴承直径（mm）	机床或精密机械主轴轴承			锻压设备、通用机械的轴承		动务机械、冶金设备的轴承	
	高精度	精密	普通	重要	普通	重要	普通
	每 25mm×25mm 内的研点数						
≤120	25	20	16	12	8	8	5
>120	—	16	10	8	6	6	2

2. 用框式水平仪检查精度

工件平面大范围内的平面度误差和机床导轨面的直线度误差等，一般用框式水平仪进行检查；也有用百分表和其他测量工具配合来检查刮研平面的中凸、中凹或直线度等。

有些工件除了要用框式水平仪检查研点数外，还要用塞尺检查配合面之间的间隙大小。

三、平面刮研

（一）刮研前的准备工作

刮研前，工件应平稳放置，防止刮研时工件移动或变形。刮研小工件时，可用虎钳或辅助夹具夹持。待刮研工件应先去除毛刺和表面油污，锐边倒角，去掉铸件上的残砂，防止刮研过程中伤手和拖研时拉毛工件表面。

（二）刮研的工艺过程

平面刮研的常用方法有两种：一种是手推式刮研，另一种是挺刮式刮研。工件的刮研过程如下：

（1）粗刮　用粗刮刀进行刮研，并使刀迹连成一片。第一遍粗刮时，可按着刨刀刀纹或导轨纵向的45°方向进行，第二遍刮研则按上一遍的垂直方向进行（即90°交叉刮），连续推刮工件表面。在整个刮研面上刮研深度应均匀，不允许出现中间高、四周低的现象。当粗刮到每刮方内的研点数有2~3点时，就可进行细刮。

（2）细刮　用细刮刀进行刮研，在粗刮的基础上进一步增加接触点。刮研时，刀迹宽度应在6~8mm，长10~25mm，刮深0.01~0.02mm。按一定方向依次刮研。刀迹按点子分布且可连刀刮。刮第二遍时应与上一遍交叉45°~60°的方向进行。在刮研中，应将高点的周围部分也刮去，以使周围的次高点容易显示出来，可节省刮研时间。同时要防止刮刀倾斜，在回程时将刮研面拉出深痕。细刮后的点子一般在每刮方内有12~15点即可。

（3）精刮　在细刮后，为进一步提高工件的表面质量，需要进行精刮。刮研时，要用小型刮刀或将刀口磨成弧形，刀迹宽度3~5mm，长在3~6mm，每刀均应落在点子上。点子可分为三种类型刮研，刮去最大最亮的点子，挑开中等点子，小点子留下不刮。这样连续刮几遍，点子会越来越多。在刮到最后两三遍时，交叉刀迹大小要一致，排列应整齐，以增加刮研面美观。精刮后的表面要求在每刮方内的研点数应有20~25点。

（4）刮花　刮花可增加刮研面的美观，或能使滑动表面之间形成良好的润滑条件，并且还可以根据花纹的消失来判断平面的磨损程度。一般常见的花纹有斜花纹、鱼鳞花纹和半月形花纹等，如图3-30所示。

在平面刮研时，工件的研点方法应随工件的形状不同和面积大小而异。对中小型工件，一般是基准平板固定，工件待刮面在平板上拖研。当工件面积等于或略超过平板时，则拖研时工件超出平板的部分不得大于工件长度的1/4，否则容易出现假点子；对大型工件，一般是将平板或平尺在工件被刮研面上拖研；对重量不对称的工件，拖研时应单边配重或采取支托的办法解决，才能反映出正确的研点。

当刮研面上有孔或螺纹孔时，应控制刮刀不将孔口刮低。一般要求螺纹孔周围的刮研面要稍高些。如果刮研面上有窄边框，则应掌握刮刀的刮研方向与窄边夹角小于30°，以

（a）斜花纹

（b）鱼鳞花

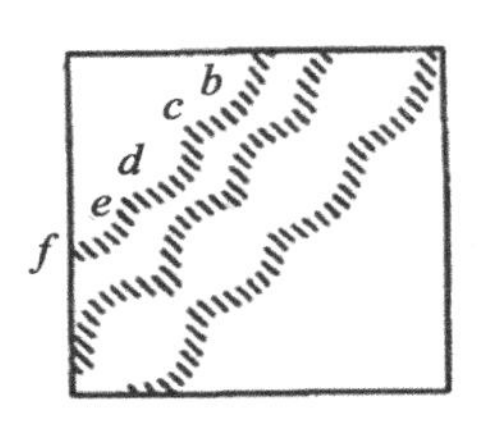

（c）半月花

图 3-30　刮花的花纹

防止将窄边刮低。

四、内孔刮研

内孔刮研的原理和平面刮研一样。但内孔刮研时，刮刀在内孔面上作螺旋运动，且以配合轴或检验心轴作研点工具。将显示剂薄而均匀地涂布在轴的表面上，然后将轴在轴孔中来回转动显示研点。

（一）内孔刮研的方法

如图 3-31（a）所示为一种内孔刮研方法。右手握刀柄，左手用四指横握刀身。刮研时，右手作半圆转动，左手顺着内孔方向作后拉或前推刀杆的螺旋运动。

另一种刮研内孔的方法如图 3-31（b）所示。刮刀柄搁在右手臂上，双手握住刀身。刮研时，左右手的动作与前一种方法一样。

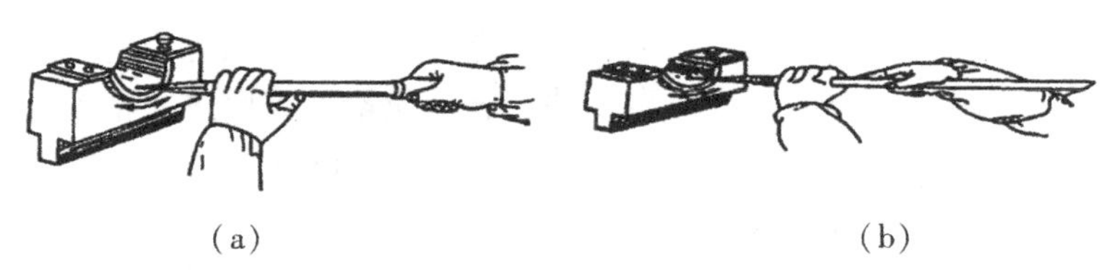

（a）　　（b）

图 3-31　内孔刮研方法

（二）刮研时刮刀的位置与刮研的关系

当用三角刮刀或匙形刮刀刮内孔时，要及时改变刮刀与刮研面所成的夹角。刮研中刮刀的位置大致有以下三种情况：

（1）有较大的负前角如图 3-32（a）所示，由于刮研时切屑较薄，故刮研表面粗糙度较低。一般在刮研硬度稍高的铜合金轴承或在最后修整时采用。而刮研硬度较低的锡基轴承时，则不宜采用这种位置，否则易产生啃刀现象。

（2）有较小的负前角　如图 3-32（b）所示，由于刮研的切屑极薄，能将显示出的高点较顺利地刮去，并能把圆孔表面集中的点子改变成均匀分布的点子。但在刮研硬度较低的轴承时，应注意用较小的压力。

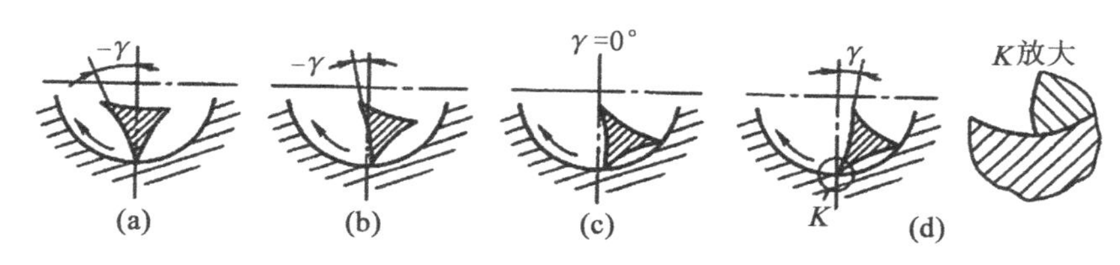

图 3-32 三角刮刀的位置

(3) 前角为零或不大的正前角 如图 3-32 (c)(d) 所示，这时刮研的切屑较厚，刀痕较深，一般适合粗刮。当内孔刮研的对象是较硬的材料，则应避免采用如图 3-32 (d) 所示的产生正前角的刮刀位置，否则易产生振痕。振痕深时，修正也困难。而对较软的巴氏合金轴承的刮研，用这种位置反而能取得较好的刮研效果。

内孔刮研时，研点应根据轴在轴承内的工作情况合理分布，以取得良好的效果。一般轴承两端的研点应硬而密些，中间的研点可软而稀些，这样容易建立油楔，使轴工作稳定；轴承承载面上的研点应适当密些，以增加其耐磨性，使轴承在负荷情况下保持其几何精度。

五、机床导轨的刮研

机床导轨是机床移动部件的基准。机床有不少几何精度检验的测量基准是导轨。机床导轨的精度直接影响到被加工零件的几何精度和相互位置精度。机床导轨的修理是机床修理工作中最重要的内容之一，其目的是恢复或提高导轨的精度。未经淬硬处理的机床导轨，如果磨损、拉毛、咬伤程度不严重，可以采用刮研修复法进行修理。一般具备导轨磨床的大中型企业，对于与"基准导轨"相配合的零件（如工作台、溜板、滑座等）导轨面以及特殊形状导轨面的修理，通常也不采用精磨法，而是采用传统的刮研法。

(一) 导轨刮研基准的选择

机床导轨经过修理后，不仅要恢复导轨本身的几何精度，还应保证其与相关部件的安装平面（或孔、槽等）相互平行、相互垂直或成某种角度的要求。因此，在刮研导轨时，必须正确合理地选择刮研基准。

一般情况下，应选择能保持机床原有制造精度（精度应较高），不需要修理或稍加修理的零部件安装面（或孔、槽）作为机床导轨的刮研基准。基准的数量，对于直线移动的一组导轨来说，在垂直平面内和在水平面内刮研基准应各选一个。例如，卧式车床床身导轨的刮研基准，在水平面内，可以选择进给箱安装平面和光杠、丝杠、操纵杠托架安装平面；在垂直平面内，可选择主轴箱安装平面和纵向齿条安装平面。这样便于恢复机床整机精度和减少总装配的工作量。

配刮导轨副时，选择刮研基准应考虑变形小、精度高、刚度好、主要导向的导轨；尽量减少基准转换；便于刮研和测量的表面。

（二）导轨刮研顺序的确定

机床导轨随着各自运动部件形式的不同，而构成各种相互关联的导轨副。它们除自身有较高的形状精度要求外，相互之间还有一定的位置精度要求，修理时就要求有正确的刮研顺序。一般可按以下方法确定：

（1）先刮与传动部件有关联的导轨，后刮无关联的导轨。

（2）先刮形状复杂（控制自由度较多）的导轨，后刮简单的导轨。

（3）先刮长的或面积大的导轨，后刮短的或面积小的导轨。

（4）先刮施工困难的导轨，后刮容易施工的导轨。

当两件配刮时，一般先刮大工件，配刮小工件；先刮刚度好的，配刮刚度较差的；先刮长导轨，配刮短导轨。要按达到精度稳定、搬动容易、节省工时等目标来确定顺序。

（三）导轨刮研的注意事项

1. 要求有适宜的工作环境

工作场地清洁，周围没有严重振源的干扰，环境温度尽可能变化不大，避免阳光的直接照射。因为在阳光照射下机床局部受热，会使机床导轨产生温差而变形，刮研显点会随温度的变化而变化，易造成刮研失误。特别是在刮研较长的床身导轨和精密机床导轨时，上述要求更要严格些。如果能在温度可控制的室内刮研则最为理想。

2. 刮研前机床床身要安置好

在机床导轨修理中，床身导轨的修理量最大，如果刮研时床身安置不当，则可能产生变形，造成返工。

床身导轨在刮研前，应用机床垫铁垫好，并仔细调整，以便在自由状态下尽可能保持最好的水平。垫铁位置应与机床实际安装时的位置一致，这一点对长度较长和精密机床的床身导轨尤为重要。

3. 机床部件的重量对导轨精度有影响

机床各部件自身的几何精度是由机床总装后的精度要求决定的。大型机床各部件重量较大，总装后可能有关部件对导轨自身的原有精度产生一定影响（因变形所引起）。如龙门刨床、龙门铣床、龙门导轨磨床等床身导轨精度将随立柱的装上和拆下而有所变化；横梁导轨精度将随刀架（或磨架）的装上和拆下而有所变化。因此，拆卸前，应对有关导轨精度进行测量，记录下来，拆卸后再次测量，经过分析比较，找出变化规律，作为刮研各部件及其导轨时的参考。这样便可以保证总装后各项精度一次达到规定要求，从而避免刮研返工。

对于精密机床的床身导轨，精度要求很高。在精刮时，应把可能影响导轨精度变化的部件预先装上，或采用与该部件形状、重量大致相近的物体代替。例如，在精刮立式齿轮磨床床身导轨时，齿轮箱应预先装上；精刮精密外圆磨床床身导轨时，液压操纵箱应预先装上。

4. 导轨磨损严重或有深伤痕的应预先加工

机床导轨磨损严重或伤痕较深（超过 0.5mm），应先对导轨表面进行刨削或车削加工后再进行刮研。另外，有些机床，如龙门刨床、龙门铣床、立式车床等工作台表面冷作硬化层的去除，也应在机床拆修前进行；否则，工作台内应力的释放会导致工作台微量变形，可能使刮研好的导轨精度发生变化。因此这些工序，一般应安排在精刮导轨之前。

5. 刮研工具与检测器具要准备好

机床导轨刮研前，刮研工具和检测器具应准备好，在刮研过程中，要经常对导轨的精度进行测量。

（四）导轨的刮研工艺

导轨刮研一般分为粗刮、细刮和精刮等几个步骤，并依次进行。导轨的刮研工艺过程大致如下：

（1）首先修复机床部件移动的“基准导轨”。该导轨通常比沿其表面移动的部件导轨长，例如床身导轨、滑座溜板的上导轨、横梁的前导轨和立柱导轨等。

（2）V 平面导轨副，应先修刮 V 形导轨，再修刮平面导轨。

（3）双 V 形、双平面（矩形）等相同形式的组合导轨，应先修刮磨损量较小的那条导轨。

（4）修刮导轨时，如果该部件上有不能调整的基准孔（如丝杠、螺母、工作台、主轴等装配基准孔），应先修整基准孔后，再根据基准孔来修刮导轨。

（5）与“基准导轨”配合的导轨，如与床身导轨配合的工作台导轨，只需与“基准导轨”进行合研配刮，用显示剂和塞尺检查与“基准导轨”的接触情况，可不必单独做精度检查。

第八节　其他修复技术

机电设备修理中常用的重要修复技术有机械加工、电镀、焊接、热喷涂和粘接等，此外，还有其他修复技术，如表面强化技术和在线带压堵漏技术等，也有应用并取得良好的经济效果。

为了提高零件的表面性能，如提高零件表面的硬度、强度、耐磨性、耐腐蚀性等，延长零件的使用寿命，可采用表面强化技术。在机电设备维修中常用的表面强化技术有表面热处理强化工艺、电火花表面强化工艺和机械强化工艺。如机床导轨表面经过高频淬火后，其耐磨性比铸造时提高 2 倍多，并显著改善了抗擦伤能力。

一、电火花表面强化工艺

（一）电火花表面强化工艺原理

电火花表面强化工艺是通过电火花放电的作用把一种导电材料涂敷熔渗到另一种导电材料的表面，从而改变工件表面物理和化学性能的工艺方法。

如图 3-33 所示为金属电火花表面强化的工艺原理示意图。在电极与工件之间接上直流电源或交流电源，由于振动器的作用，使电极与工件之间的放电间隙频繁发生变化，故电极与工件之间不断产生火花放电。

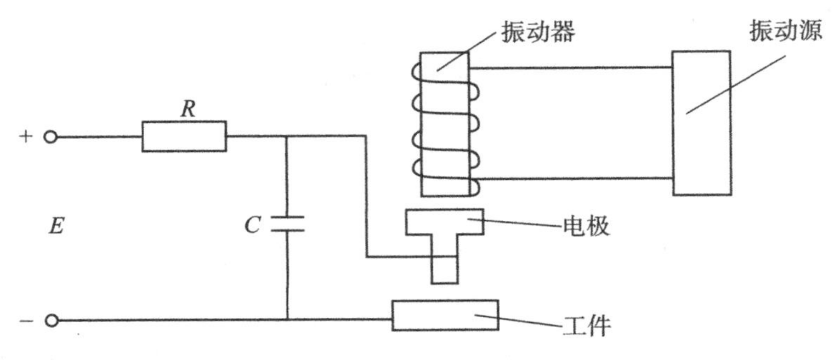

图 3-33 电火花表面强化工艺原理示意图

电火花表面强化一般是在空气介质中进行，强化过程如图 3-34 所示，图中箭头表示当时电极的运动方向。如图 3-34（a）所示，当电极与工件分开较大距离时，强化直流电源经过电阻对电容器充电，同时电极在振动器的带动下向工件运动；如图 3-34（b）所示，当电极与工件之间的间隙接近到某一距离时，间隙中的空气被击穿而产生火花放电，这时产生高温，使电极和工件材料局部产生熔化甚至气化；如图 3-34（c）所示，当电极继续向下运动并与工件接触时，在接触处流过短路电流，使该处继续加热；当电极继续下降时，以适当压力压向工件，使熔化了的材料相互粘结、扩散形成合金或产生新的化合物熔渗层；随后电极在振动器的作用下离开工件，如图 3-34（d）所示。由于工件的热容量比电极大，故工件放电部位急剧冷却凝固，多次放电并相应地移动电极的位置，从而使电极的材料粘结、覆盖在工件表面上，形成一层高硬度、高耐磨性和抗腐蚀性的强化层，显著提高被强化工件的使用寿命。

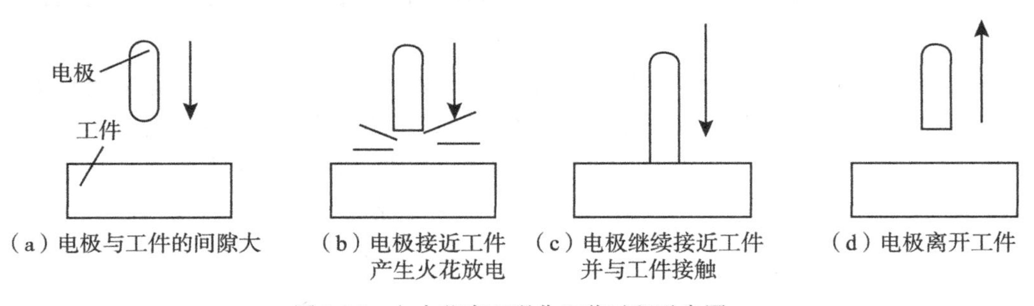

图 3-34 电火花表面强化工艺过程示意图

（二）电火花表面强化工艺过程

电火花表面强化工艺过程包括强化前准备、实施强化和强化后处理三个方面。

（1）强化前准备　首先应了解工件材料硬度、表面状况、工件条件及需要达到的技术要求，以便确定是否采用该工艺；其次确定强化部位并清洗干净；最后选择设备和强化规范。

（2）实施强化　该工序是强化工艺的重要环节，包括调整电极与工件强化表面的夹角，选择电极移动方式和掌握电极移动速度等。

（3）强化后处理　主要包括表面清理和表面质量检查。

（三）电火花表面强化工艺的应用

在机电设备修理中，电火花加工主要应用于硬质合金堆焊后粗加工、强化和修复零件的磨损表面，还可以去除折断的钻头、板牙、螺栓及钻出任何形状孔中的沟槽等。

电火花加工修复层的厚度可以达到 0.5mm。修复铸铁壳体上的轴承座孔时，阳极用铜质材料；强化零件的磨损轴颈时，阳极为切削工具，用铬铁合金、石墨和 T15K6 硬质合金等材料制作。

二、机械强化工艺

机械强化工艺包括动力强化和静力强化。动力强化如表面喷砂、喷丸强化等，静力强化如碾压、滚压强化等。

常用的静力强化是借助于碾压工件的表面，其原理是利用碾压器（工作部分是用金刚石或硬质合金材料制成，具有一定尺寸且表面粗糙度较低的球形或圆柱形）使工件表面产生塑性变形，使表面粗糙度降低，表面硬度和耐磨性提高，从而改善工件的表面性能。目前，比较先进的机械强化工艺还有超声波碾压强化工艺、最优化振动滚压强化工艺等。

三、在线带压堵漏技术

在线带压堵漏技术是 20 世纪 70 年代发展起来的密封技术。它是在生产装置工作的情况下，对机械设备系统的各种泄漏部位进行有效的堵漏，保证生产装置安全运转。

（一）基本原理

在线带压堵漏技术是以流体介质在动态下建立密封结构理论为基本依据的。生产装置中的设备、管道、阀门等，因某种原因造成泄漏时，可利用泄漏部位的部分外表面与专用夹具构成新的密封空间，采用大于介质系统内压力的外部推力，将具有热固化性的密封剂注入并充满密封空间，使密封剂迅速固化，在泄漏处建立一个固定的新的密封结构，从而消除介质的泄漏。

通常是在泄漏部位装上夹具，以便在泄漏处周围建立一个密封腔，然后用高压注射枪注入密封腔内，直到充满整个空间，并使密封腔与密封剂的挤压力与泄漏介质的压力相平衡，以堵塞泄漏孔隙和通道，挡住介质外泄。同时，密封剂在介质温度的作用下，迅速固化，消除泄漏。其工艺过程如图 3-35 所示。

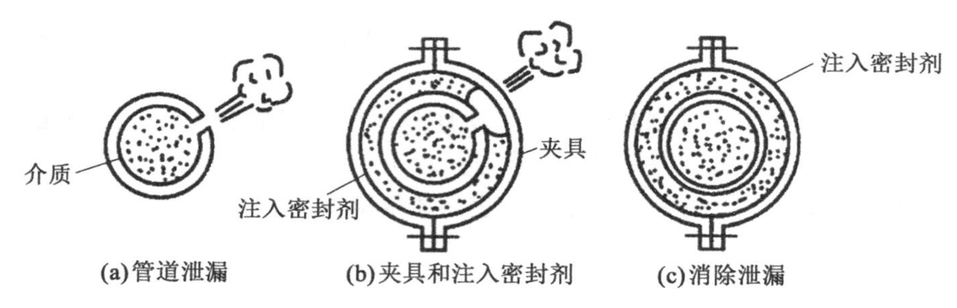

图 3-35　带压密封工艺过程示意图

如果泄漏部位有一个密封空间（例如设备阀门上的填料函），则可以不用夹具，只在原来的空间外部开一注入孔，把密封剂直接注入空间内，即可消除泄漏。

当泄漏介质的压力、温度较低，泄漏孔很小，泄漏部位的表面形状比较简单时，可以把密封剂放置在泄漏孔周围，利用夹具的夹紧力，使密封剂紧紧堵塞住泄漏缝隙，消除泄漏。

（二）工艺特点

在线带压堵漏技术主要具有以下一些特点：

（1）不用停车，消除泄漏的过程自始至终不影响生产的正常运行。

（2）泄漏部件不需作任何处理，不破坏原来的密封结构，便可进行堵漏操作，且可保护原来密封面避免被介质冲刷，为以后修复使用创造条件。

（3）在线带压堵漏建立一个新的密封结构，密封剂不粘在金属上，可以很容易从泄漏部位拆下来，给以后检修工作带来方便。

（4）不用动火，安全迅速。

在线带压堵漏技术的实施必须设计制造适合于不同泄漏部位的专用夹具，必须研制出适用于不同介质、温度、压力并满足注射、固化要求的各种密封剂，必须设计制造一套能把密封剂注入各种泄漏部位中去的专用设备与工具（注射枪和高压泵），以及需要研究和制定出正确的堵漏方案，熟练地掌握与此相适应的一整套操作技术和施工方法。

（三）适用范围

实践表明，该技术对于生产中的突发性泄漏，如管道、法兰垫片破损泄漏、焊缝砂眼泄漏、接头螺栓结合泄漏及管道腐蚀穿孔泄漏等十分有效；对于流淌和喷射的高中压蒸气、油、水、稀酸、碱及大多数有机溶剂能够进行治理。

（1）泄漏部位　主要包括：法兰；裂纹、针孔、腐蚀孔洞；焊缝缺陷；螺纹接头、丝堵；填料函等。

（2）泄漏介质　主要包括：水蒸气；空气；煤气；水；油、热载体；酸、碱；碳氢化合物；各种化学气体、液体等。

（3）泄漏介质温度　泄漏介质的温度范围为：−150～600℃。

（4）泄漏介质压力　泄漏介质的压力范围为：真空～35MPa。

思考题与习题

一、名词解释

1. 修理尺寸　2. 扩孔镶套法　3. 镶加零件修复法　4. 金属扣合法　5. 冷焊修复法　6. 补焊　7. 堆焊　8. 钎焊　9. 电刷镀　10. 热喷涂修复法　11. 电镀修复法

二、简答题

1. 旧件修理加工与加工制造相比，有哪些特点？
2. 什么是修理尺寸法？修理尺寸应如何确定？
3. 简述电刷镀技术的工艺特点、工艺过程及应用范围。
4. 焊接技术在机械设备修理中有何用途？它们的特点如何？
5. 如何合理选择粘合剂？
6. 说明粘接工艺过程，以及粘接工艺的关键步骤。
7. 简述刮研修复方法的特点和步骤。
8. 刮研工作中常用的工具和器具有哪些？

第四章　机械设备修理精度的检验

【学习目标】

1. 认识机电设备修理中的常用检具、量具和研具的特点及应用范围。
2. 掌握机电设备修理中常用检、研具的选用方法。
3. 掌握机电设备几何精度的检验方法。
4. 掌握机电设备装配质量的检验内容与检验方法、运转试验步骤及注意事项。
5. 树立安全文明生产意识，保证工作场地整洁。
6. 树立节约环保意识。爱护工具、检具、量具和设施。

第一节　设备修理中常用检具、研具

根据设备的实际情况，正确选择和使用工具，是设备维修工作顺利进行的重要前提。设备的修理和检验，需要相应的工具、量具及量仪。

一、常用检具

（一）平板

平板用于涂色法研磨工件及检验导轨的直线度、平行度，就可作为测量基准，检查零件的尺寸精度、平行度或形位偏差，它的结构和形状如图 4-1 所示。

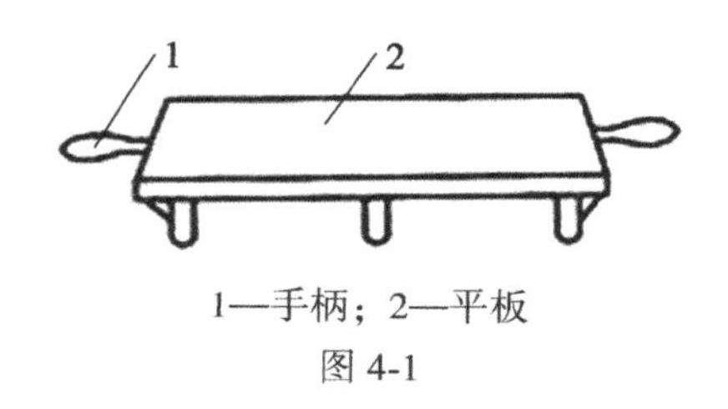

1—手柄；2—平板

图 4-1

平板的机构好坏，对刚性和精度有很大的影响。平板由优质铸铁，经时效处理，按较严格的技术要求制成，工作面需经过刮研达 25 点/25mm×25mm 以上。平面精度一般分为 00、0、1、2、3 五个等级。00 级（公差为 0 级的一半）、0 级及 1 级为检验平板，2、3 级为划线平板。机床精度检验应用 0 级或 00 级平板。

用大理石、花岗岩制造的平板应用广泛。其优点是不易生锈，易于维护，不变形，不起毛刺。缺点是受温度的影响，不能用涂色法检验工件，不易修理。

（二）平尺

平尺主要用于检验工件的直线度、平面度误差，也可作为刮研的基准，有时还用来检验零部件的相互位置精度。有桥型平尺、平行平尺和角形平尺三种，如图4-2所示。

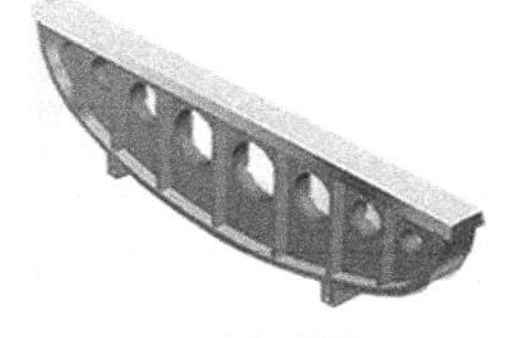
（a）桥型平尺

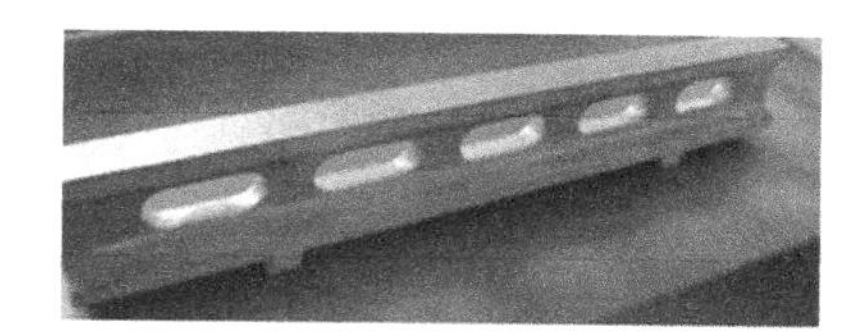
（b）平行平尺

（c）角形平尺

图4-2

桥形平尺只有一个工作面，用来刮研和测量机床导轨的直线度。桥形平尺用优质铸铁经稳定处理后制成，刚性好，使用时可任意支承，但受温度变化的影响较大。

平行平尺的两个工作面都经过精刮且平行，常用来检验狭长平面相对位置的准确性及测量平面度。角形平尺用来检验工件的两个加工面的角度组合平面，如燕尾导轨的刮研或检验其加工精度。

（三）方尺和角尺

方尺和角尺是用来测量机床部件间垂直度的工具。常用的有方尺、平角尺、宽座角尺和直角平尺，如图4-3～图4-6所示。

图4-3　方尺

图4-4　直角平尺

图4-5　平角尺

图4-6　宽底座角尺

90°角尺用于检验零部件的垂直度，也可以用来对工件画垂直线。角尺用铸铁、钢或其他材料制成，经淬硬和稳定性处理。

机床精度检验通过规则对角尺的精度要求做了如下规定：

（1）工作面的平面度和圆柱角尺工作面的直线度公差为：$(2+10L)$ μm（L 的单位为 m）。

（2）垂直度的公差：每 300mm 为 5μm，可大于或小于 90°。

（3）工作面的表面粗糙度：工作面应精磨或刮研。

（4）普通角尺的刚度公差：在角尺边的末端处平行于短边的方向，施加 2.5N 的负载。

在机床上，通常遇到的垂直度公差为 0.03～0.05mm/m 不等，角尺适用于 0.04～0.06mm/m 的垂直度公差的检验。对于精度要求较高的地方，要考虑所用角尺本身的误差或用其他方法检验。如采用 0 级角尺，即可满足检验垂直度公差为 0.03mm/m 的要求。

（四）检验棒

检验棒是机械制造和维修工作中的必备工具，主要用来检查主轴及套筒零件的径向跳动、轴向窜动，也用来检验直线度、平行度、同轴度、垂直度等。按结构形式及测量项目不同，可做成如图 4-7 所示的几种常用检验棒。

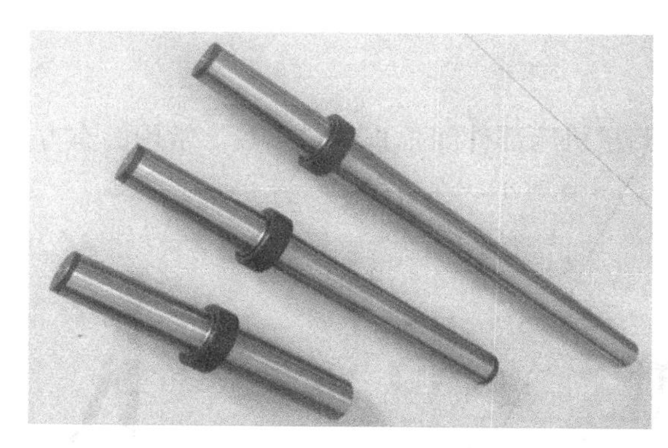

图 4-7　检验棒

锥柄检验棒由插入被检验孔的锥柄和作测量基准用的圆柱体组成，用工具钢经精密加工制成，可以镀铬或不镀铬。

对锥柄检验棒的技术要求如下：

（1）两端具有供制造和检验用的经过研磨的带保护的中心孔。

（2）具有机床检验时需要用的相隔 90°的四条基准线 r（1、2、3、4），圆柱部分两端标记间的距离 L 表示测量长度（L 为 75mm、150mm、200mm、300mm 或 500mm）。

（3）自锁的莫氏锥度和公制锥度检验棒应带有一段供旋上螺母后拆卸检验棒的螺纹部分，螺纹应采用细牙。

（4）当检验棒的锥度较大时（图 4-8（b）），应提供坚固检验棒的螺纹拉杆的螺孔。

（5）检验棒的自由端可带有一长 14～32mm、直径略小于检验圆柱的工艺用加长部分 *P*（图 4-8（c））。

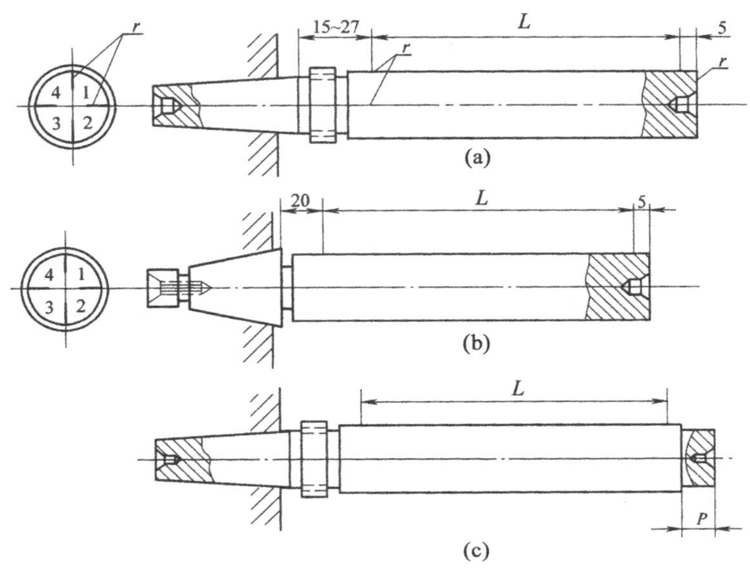

图 4-8　锥柄检验棒的结构

二、常用测量仪

（一）水平仪

水平仪主要用于测量机床导轨在垂直平面内的直线度、工作台面的平面度、零部件间的垂直度和平行度等，是机床装配和修理中最基本的测量仪器。常用的水平仪有条形水平仪、框式水平仪和合像水平仪等，如图 4-9 所示。

（a）条形水平仪

（b）框式水平仪

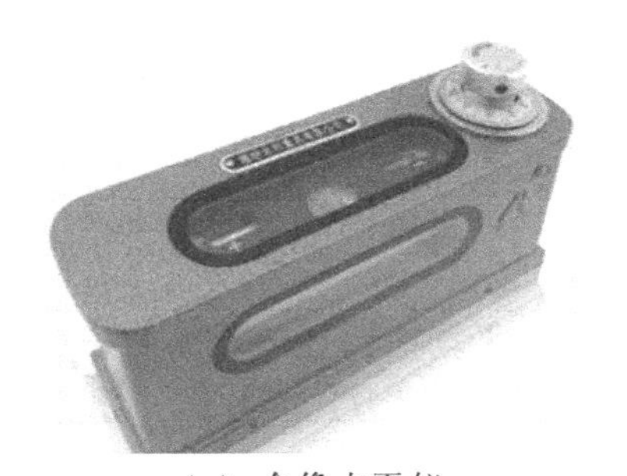

（c）合像水平仪

图 4-9　水平仪

1. 条形水平仪

条形水平仪用来检验平面对水平位置的偏差，使用方便，但因受测量范围的局限性，不如框式水平仪使用广泛。

2. 框式水平仪

框式水平仪用来测量水平位置或垂直位置微小角度偏差的角值测量仪。

水平仪的工作原理：水平仪是一种以重力方向为基准的精密测角仪器。当气泡在水准管中停稳时，其位置必然垂直于重力方向。可以理解为当水平仪倾斜时，气泡本身并不倾斜，反映了一个不变的方向，它就是角度测量的基准。

水平仪的读数原理：水平仪的主要组成部分是水准管。水准管是一个密封的玻璃管，内装精馏乙醚，并留有一定量的空气，以形成气泡。检查机床精度的分度值一般为 4″，这角度相当于在 1m 长度上对边高 0. 02mm，这时在水准管的刻线上气泡偏移一格，如图 4-10 所示。因而 4″水平仪又称 0. 02/1000 或 0. 02mm/m 水平仪。

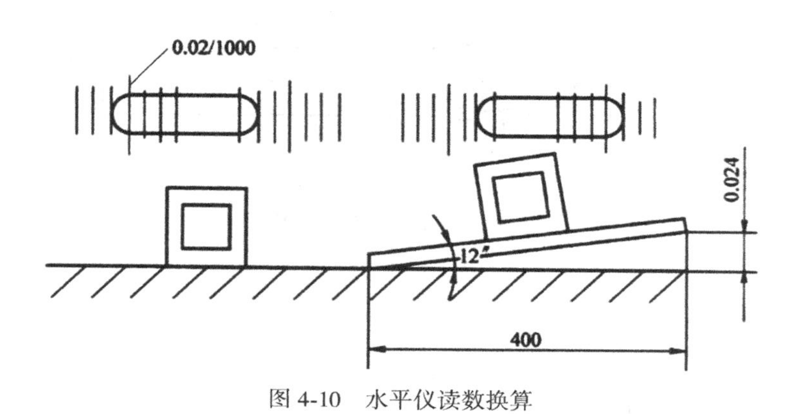

图 4-10　水平仪读数换算

因为将水平仪读数换算为一定长度的高度差使用方便，如气泡偏移 3 格，分度值为 4″，所以两个表面之间夹角为 12″；而在 400mm 长度上的高度差为：

$$\Delta = 0.02/1000 \times 400 \times 3 = 0.024 \ (\text{mm})$$

水平仪的常用读数方法有以下两种：

①绝对读数法 气泡在中间位置时，读作“0”，以零线为基准，气泡向任意一端偏离零线的格数，即为实际偏差的格数，偏离起端为“+”，偏向起端为“-”，一般习惯由左向右测量，也可以把气泡向右移作为“+”，向左移作为“-”，如图 4-11（a）所示为+2格。

②平均值读数法　从两长刻线为准，向同一方向分别读出气泡停止的格数，再把两数相加除 2，即为其读数值，如图 4-11（b）所示，气泡偏离右端“零线”3 个格，偏离左端“零线”2 个格，实际读数为+2. 5 格，即右端比左端高 2. 5 格。平均值读数法不受环境温度影响，读数精度高。

水平仪检定与调整：水平仪的下工作面称“基面”，当基面处于水平状态时，气泡应在居中位置，此时气泡的实际位置对居中位置的偏移量称为“零位误差”。

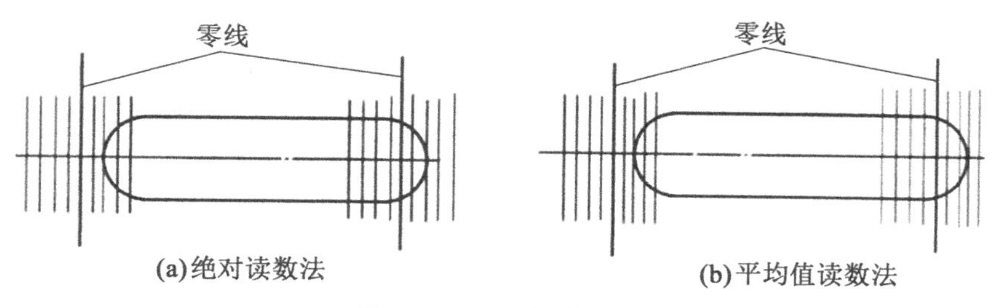

图 4-11　水平仪读数法

3. 合像水平仪

合像水平仪是一种高精度的测角仪器，分度值一般为 2″（0. 01/1000 或 0. 01mm/m）。

（1）光学合像水平仪的结构原理　它外观形状组成部分有：观察窗、旋钮、刻度盘、窗口、底板、壳体、主水准器构成。如图 4-12 所示。

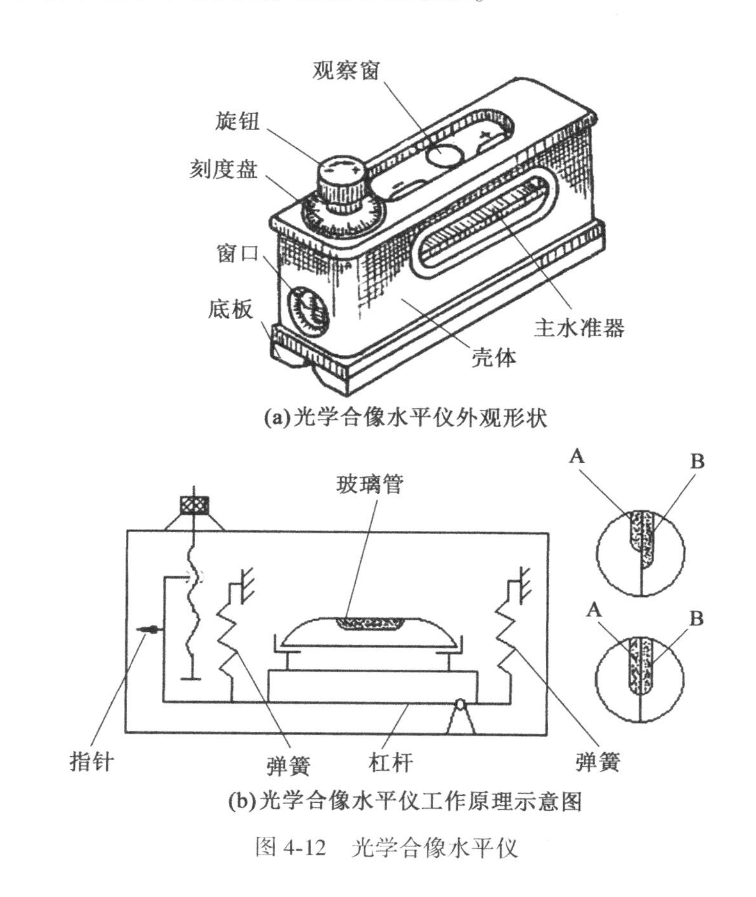

图 4-12　光学合像水平仪

（2）合像水平仪的工作原理　合像水平仪的读数不是从水准管口直接读得，而是气泡的两端由棱镜折射后会聚，并由目镜放大。通过测微螺杆和杠杆以调节水准管使气泡两端的影像在目镜视场中合像后，从横刻度窗读出大数（1/1000），从刻度盘读出小数（0.01/1000）。

光学合像水平仪的水准管只起定位作用，所以可采用较小曲率半径，一般为 $R=20\text{m}$，相当于分度值 20″（0.1/1000）的水准管。水平仪的分度值则完全由杠杆和测微螺杆来决定。

（二）自准直仪

自准直原理：光线通过位于物镜焦平面的分划板后，经物镜形成平行光。平行光被垂直于光轴的反射镜反射回来，再通过物镜后在焦平面上形成分划板标线像与标线重合。当反射镜倾斜一个微小角度 α 角时，反射回来的光束就倾斜 2α 角。

自准直仪的光学系统：由光源发出的光经分划板、半透反射镜和物镜后射到反射镜上。如反射镜倾斜，则反射回来的十字标线像偏离分划板上的零位。

光电自准直仪是依据光学自准直成像原理，通过 LED 发光元件和线阵 CCD 成像技术设计而成。由内置的高速数据处理系统对 CCD 信号进行实时采集处理，同时完成两个维度的角度测量。光电自准直仪采用模块化设计技术，由光学系统、光电转换系统、数据处理系统组成。通过光学成像系统测量被测平面角度的变化，由光电转换系统敏感光学信号并将其转换为电信号供后续数据处理系统进行分析与评估。

光电自准直仪是高精度测量仪器，所以，每台产品出厂时，均采用高灵敏度参考系对其进行精确校正，并将校正参数固化在仪器内部应用程序中，保证每一台产品具有同等的测试精度。用户通过选配相应的测试附件可以方便地完成多种测量任务。

自准直仪又称为自准直平行光管，如图 4-13 所示。

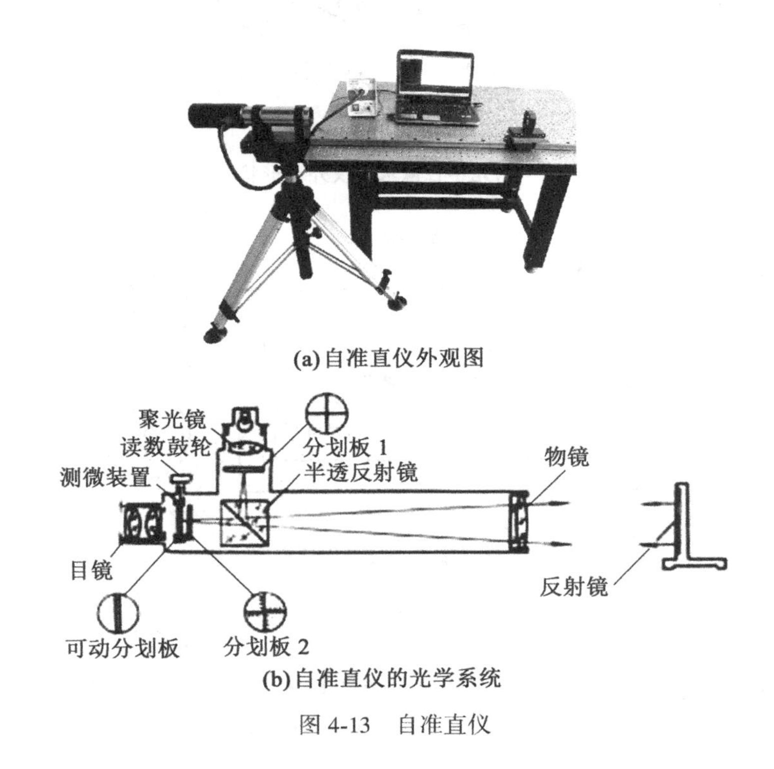

(a) 自准直仪外观图

(b) 自准直仪的光学系统

图 4-13　自准直仪

三、研具

研磨工具简称研具。根据工件的形状、材料和用途不同有各种不同的研具。

(一) 研具的作用和种类

在研具的表面嵌砂或敷砂，并把本身表面几何形状、精度传递给被研工件。通用研具有研磨平板、研磨块等。专用研具用来研磨圆柱表面、圆柱孔及圆锥孔，有研磨环和研磨棒及螺纹研具等，如图 4-14 所示。

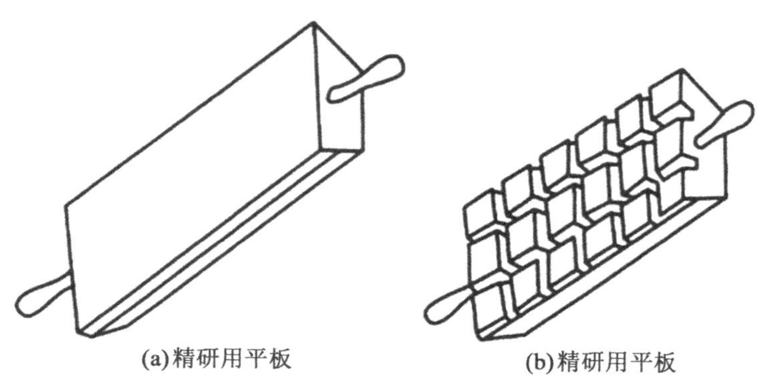

图 4-14 研磨平板

(二) 专用研具的结构与使用方法

1. 研磨环

工件的外圆柱表面是用研磨环进行研磨的。如图 4-15 所示的是更换式研磨环。

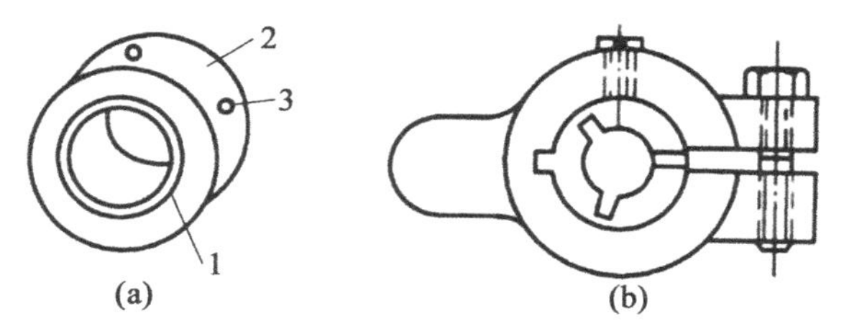

1—开口调节圈；2—外圈；3—调节螺钉

图 4-15 研磨环

(1) 研磨环的结构 研磨环的开口调节圈 1 内径应比工件的外径大 0.025～0.05mm。外圆上有调节螺钉，如图 4-15 (a) 所示。

当研磨一段时间后，若研磨环调节圈内孔磨大，则拧紧调节螺钉，使其调节圈的孔径缩小来达到所需要的间隙。如图 4-15 (b) 所示的研磨环其调节圈也是开口的，但在它的内孔上开有两条槽，使研磨环具有弹性，孔径由螺钉调节。研磨环的长度一般为孔径的1~2倍。

（2）研磨环的使用方法　外圆柱面在进行研磨时，工件可由车床带动，在工件上均匀涂上研磨剂，套上研磨环（其松紧程度应以手用力能转动为宜）。

通过工件的旋转运动和研磨环在工件上沿轴线方向作往复运动进行研磨，如图4-16所示。一般工件的转速在直径小于80mm时为100r/min，直径大于100mm时为50r/min。

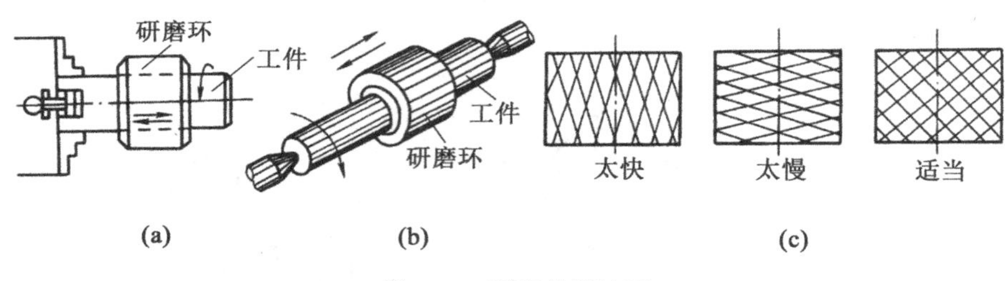

图4-16　研磨外圆柱面

2. 研磨棒

这是用来研磨圆柱孔和圆锥孔的研磨工具，常用的有圆柱形和圆锥形两种。

（1）圆柱研磨棒　如图4-17所示为固定式和可调式研磨棒。工件圆柱孔的研磨，是在研磨棒上进行的，研磨棒的形式有固定式和可调式两种。带槽的固定式研磨棒适用于粗研磨，槽的作用是存放研磨剂，防止在研磨时把研磨剂全部从工件两端挤出。光滑的研磨棒，一般用于精研磨。固定式研磨棒制造简单，但磨损后无法补偿，一般多在单件研磨或机修中使用。大多事先预制2~3个，带槽的用于粗研磨，光滑的用于精研磨。

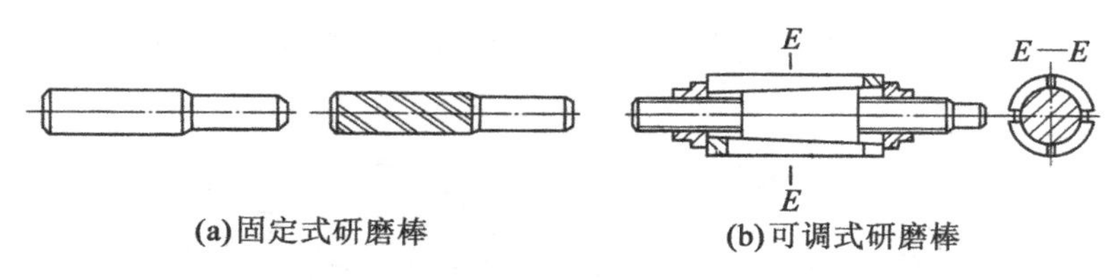

图4-17　研磨棒

（2）圆锥研磨棒　工件的圆锥孔研磨。研磨时必须要用与工件锥度相同的研磨棒，其结构有固定式和调节式两种，如图4-18所示。

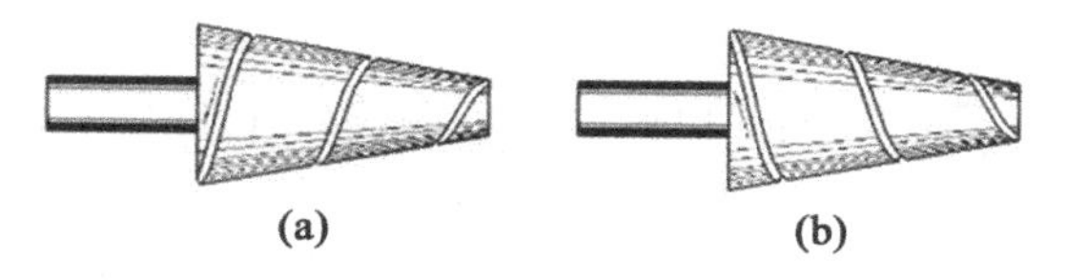

图4-18　圆锥研磨棒

固定式研磨棒开有左向的螺旋槽和右向的螺旋槽两种。可调式研磨棒，其结构原理和圆柱可调式研磨棒基本相同。

（三）研具材料

（1）铸铁适应于不同性质的研磨工作，应用广泛。硬度在HB110～190范围内，化学成分要求严格，无铸造缺陷。球墨铸铁目前也广泛应用。

（2）低碳钢韧性大，易变形，不宜制作精密研具。

（3）铜材质软，易嵌入较大磨粒，主要用于余量较大的粗研磨。

（4）巴氏合金主要用于抛光铜合金的精密轴瓦或研磨软质材料工件。

（5）铅性能与用途和巴氏合金相近。

（6）玻璃材质较硬，适用于敷砂研磨和抛光，特别是淬火钢的精研磨。

（7）皮革及毛毡主要用于抛光工作。

第二节 机械设备几何精度的检验方法

机床的装配质量主要从零部件安放的正确性、紧固的可靠性，滑动配合的平稳性、它们之间相对位置的准确性、外部质量以及几何精度等方面进行检查。对于重要的零部件应单独进行检查，以确保修理质量。

机械设备的主要几何精度包括：主轴回转精度、导轨直线度、平行度、工作台面的平面度及两部件间的同轴度、垂直度等。本节重点介绍上述几何精度的检验方法。

一、主轴回转精度的检验方法

下面介绍对卧式车床几项主要的几何精度检验。

（一）主轴锥孔中心线径向跳动的检验

在主轴中心孔中紧密的插入一根锥柄检验棒，用百分表固定在机床上，百分表测头顶在检验棒表面上，压表数为0.2～0.4mm。如图4-19所示，a靠近主轴端部；b与a相距为300mm或150mm，转动主轴检验。

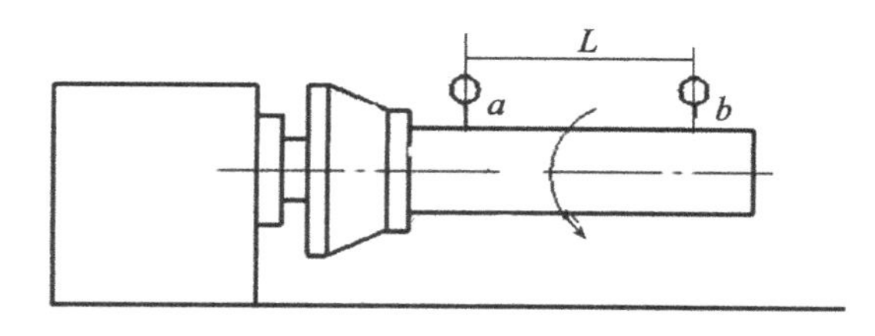

图4-19 主轴锥孔中心线径向跳动的检验方法

（二）主轴轴肩支承面跳动的检验

主轴轴肩支承面跳动的检验，实际上这就是检查验主轴轴肩对主轴中心线的垂直度，它反映主轴端面的跳动，此外，它的误差大小也反映出主轴轴承的装配精度是否在公差范围之内。由于端面跳动量包含着主轴轴向窜动量，因此该项精度的检查应放在主轴轴向窜动检验之后进行。

检验时，如图 4-20 所示，将固定在机床上的百分表测头触及主轴轴肩支承面靠近边缘的地方，沿主轴轴线加力，然后旋转主轴检验。百分表读数的最大差值就是轴肩支承面的跳动误差（$\Delta \leqslant 0.02$mm）。

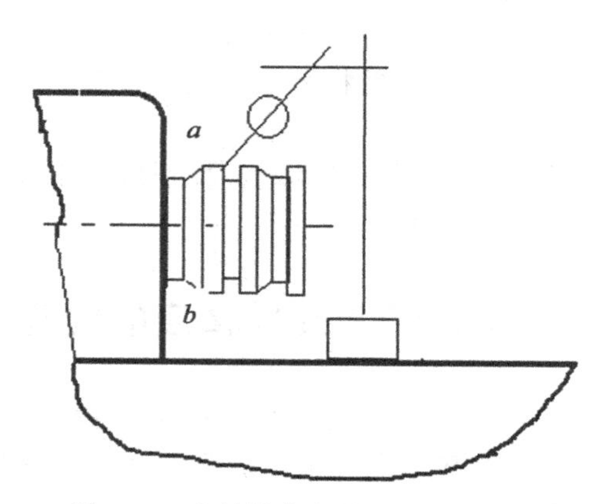

图 4-20　主轴轴肩支承面跳动的检验

（三）主轴轴向窜动的检验

将平头百分表固定在机床上，使百分表测头顶在主轴中心孔上的钢球上，带锥孔的主轴应在主轴锥孔中插入一根锥柄短检验棒，中心孔中装有钢球，旋转主轴检验，百分表读数的最大差值，就是轴向窜动数值，如图 4-21 所示。主轴的径向窜动量允许 0.01mm，如果主轴轴向窜动量过大，则加工平面时将直接影响加工表面的平面度，加工螺纹时将影响螺纹的螺距精度。

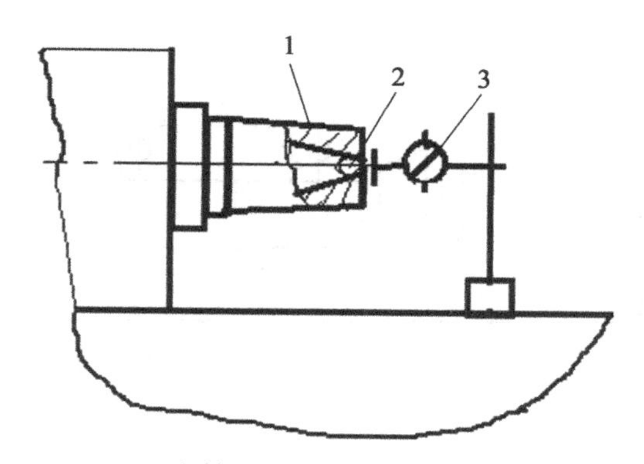

1—主轴；2—钢球；3—百分表

图 4-21　主轴端面跳动的检验方法

（四）主轴定心轴颈径向跳动检验

主轴定心轴与主轴锥孔一样，都是主轴的定位表面，即都是用来定位安装各种夹具的表面。因此，主轴定心轴颈的径向圆跳动也包含了几何偏心和回转轴线本身两方面的径向圆跳动。

检验时，如图 4-22 所示，将百分表固定在机床上，使百分表侧头触及主轴定心轴颈表面，然后旋转主轴，被分别读数的最大值，就是主轴定心轴颈的径向跳动量（$\Delta\leqslant$ 0.01mm）。

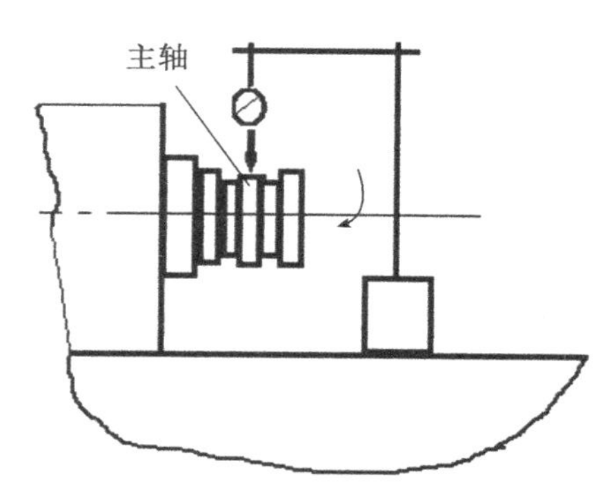

图 4-22　主轴定心轴颈径向跳动检验

二、导轨直线度的检验方法

（一）纵向导轨在垂直平面内直线的检验

如图 4-23（a）所示，在溜板上靠近刀架的地方，放一个与纵向导轨平行的水平仪 1。移动溜板，在全部行程上分段检验，每隔 250mm 记录一次水平仪的读数。然后将水平仪读数依次排列，画出导轨误差曲线如图 4-24 所示。曲线上任意局部测量长度的两端点相对曲线两端点连线的坐标值，就是导轨局部误差（在任意 500mm 测量长度上应 $\leqslant$0.015mm）。曲线相对其两端点连线的最大坐标值就是导轨全长的直线度误差（$\Delta\leqslant$ 0.04mm，而且只许向上凸）。

（二）横向导轨平行的检验

横向导轨的平行度检验，实质上就是检验前后导轨在垂直平面内的平行度。检验时在溜板上横向放一个水平仪 3，相等距离移动溜板 4 检验，移动的距离等于局部误差的测量长度（250mm 或 500mm），每隔 250mm（或 500mm）记录一次水平仪读数。水平仪在全部测量长度上读数的最大代数差值就是导轨的平行度误差（$\Delta_{平}\leqslant$0.04mm/1000）。也可以将水平仪放在专用桥板上，再用桥板放在前后导轨上进行检验，如图 4-23（b）所示。

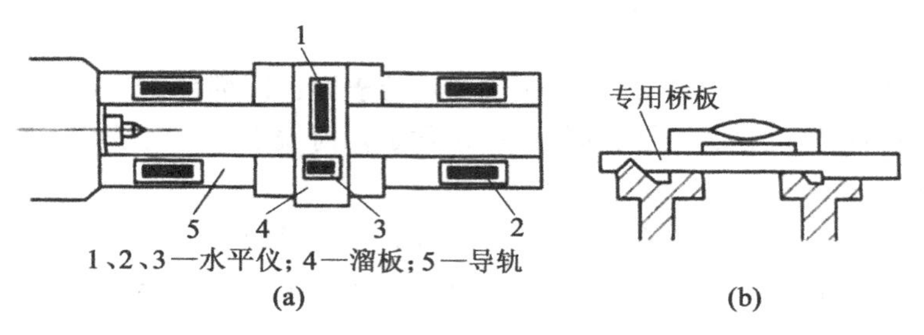

图 4-23　纵向导轨在垂直平面内直线的检验

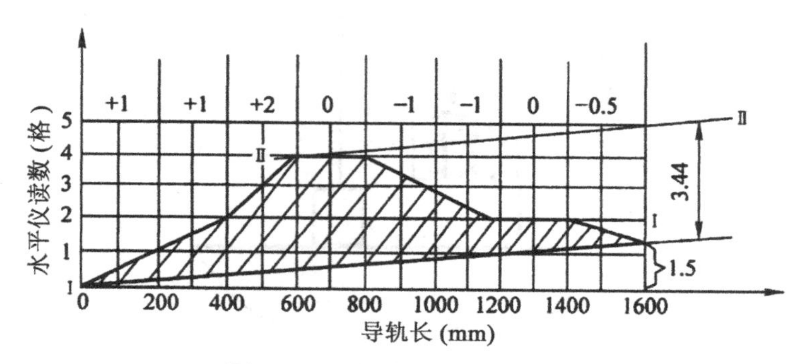

图 4-24　导轨直线度误差曲线图

（三）导轨在水平面内直线度的检验

导轨在水平面内直线度的检验方法有：水平仪检验法、自准直仪测量法、钢丝测量法等。

1. 水平仪检验法

水平仪检验如图 4-25 所示，如水平仪置于平尺上并为水平状态，则读数为零，此时气泡对准水准管的长刻度线，若将平尺右端抬高 0. 02mm，相当于平尺形成 4″倾角，0. 02/1000 水平仪的气泡应向右（向高处）移动一格，读数线值为 0. 02/1000，按三角形相似关系，距平尺左端起则有：

1000mm 处：
$$\Delta H=\frac{0.02}{1000}\times 1000\text{mm}=0.02\text{mm}$$

500mm 处：
$$\Delta H_3=\frac{0.02}{500}\times 500\text{mm}=0.01\text{mm}$$

250mm 处：
$$\Delta H_2=\frac{0.02}{250}\times 250\text{mm}=0.005\text{mm}$$

200mm 处：
$$\Delta H_1=\frac{0.02}{200}\times 200\text{mm}=0.004\text{mm}$$

2. 自准直仪测量法

利用节距测量法的原理同样可以测量导轨在水平面内的直线度，不过这时需要测量的

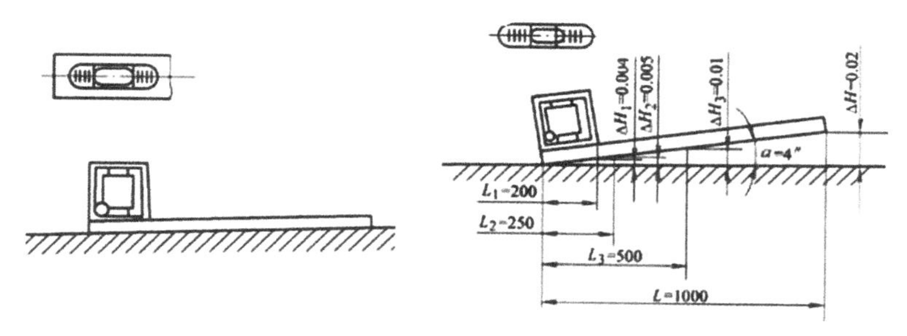

图 4-25　水平仪检验

是仪表座在水平面内相对于某一理想直线（测量基准）偏斜角的变化，所以水平仪已不能胜任，但仍可以用自准直仪测量。若所用仪器为光学平直仪，则只需将读数鼓筒转到仪器的侧面位置即可（仪器上有顶紧螺钉定位），如图 4-26 所示。此时测出的将是十字线影像垂直与光轴方向的偏移量，反映的是反射镜仪表座在水平面内的偏斜角 β。而测量方法、读数方法、数据处理方法，则和测量导轨在垂直平面内直线度误差时并无区别。

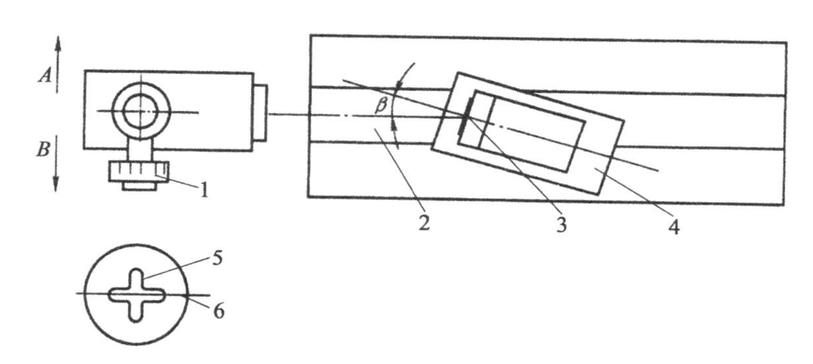

1—读数鼓筒；2—被测导轨；3—反射镜；4—桥板；5—十字线像；6—活动分划板刻线

图 4-26　用自准直仪测量水平面内直线度误差

3. 钢丝测量法

钢丝经过充分拉紧后，侧面认为是理想“直”的，就可以作为测量基准，即从水平方向测量实际导轨相对于钢丝的误差，如图 4-27 所示。拉紧一根直径为 0. 1～0. 3mm 的钢丝，并使它平行于被检验导轨，在仪表座上垂直安放一个带有微量移动装置的显微镜，将仪表座全长移动进行检验。导轨在水平面内直线度误差，以显微镜读数最大代数差计算。

钢丝测量法的主要优点是：测距可达 20m 以上，而目前一般工厂用的光学平直仪的设计测距只有 5m；该所需要的物质条件简单，任何中小工厂都可以制备，容易实现。特别是机床工作台移动的直线度，如果公差为线性值，只能用钢丝法测量。

三、平行度的检验

形位公差规定在给定方向上平行于基准面（或轴线、直线）相距为公差值两平行面

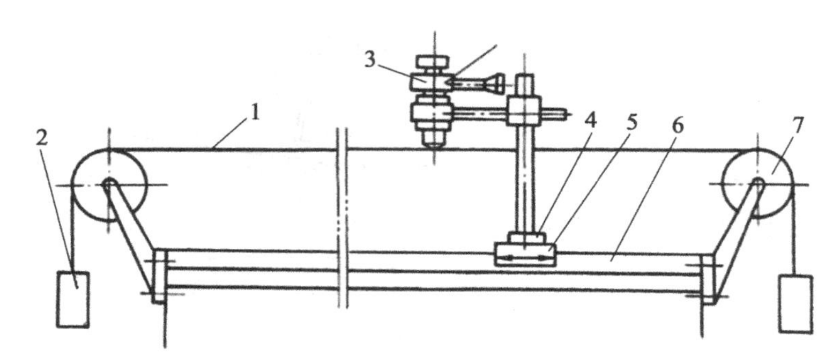

1—钢丝；2—重锤；3—读数显微镜；4—显微镜支架；5—垫铁；6—导轨；7—滑轮

图 4-27　用钢丝和显微镜测量导轨直线度

之间的区域，即为平行度公差带。平行度的允差与测量长度有关，如在 300mm 长度上为 0.02mm 等；对于测量较长导轨时，还要规定局部允差。

（一）用水平仪检验“V”形导轨与平导轨在垂直平面内的平行度

如图 4-28 所示，检验时，将水平仪横向放在专用桥板（或溜板）上，移动桥板逐点进行检验，其误差计算的方法用角度偏差值表示，如 0.02/1000 等。水平仪在导轨全长上测量读数的最大代数差，即为导轨的平行度误差。

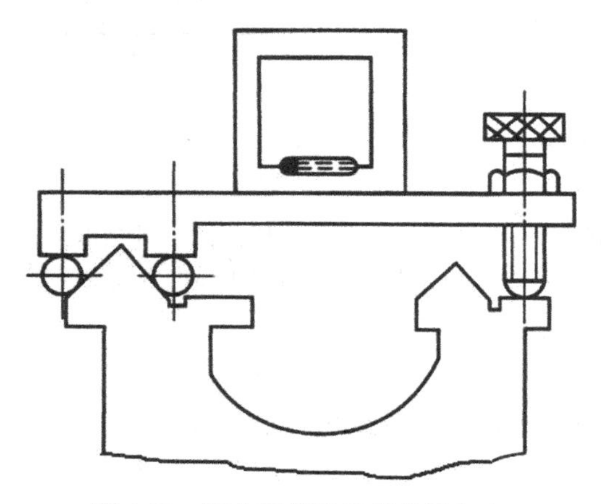

图 4-28　用水平仪检验导轨平行度

（二）部件间平行度的检验

如图 4-29 所示为车床主轴锥孔中心线对床身导轨平行度的检验方法。在主轴锥孔中插一根检验棒，百分表固定在溜板上，在指定长度内移动溜板，用百分表分别在检验棒的上母线 a 和侧母线 b 进行检验。a、b 的测量结果分别以百分表读数的最大差值表示。为消除检验棒圆柱部分与锥体部分的同轴度误差，第一次测量后，将检验棒拔去，转 180°

后再插入，重新检验。误差以两次测量结果的代数和之半计算。

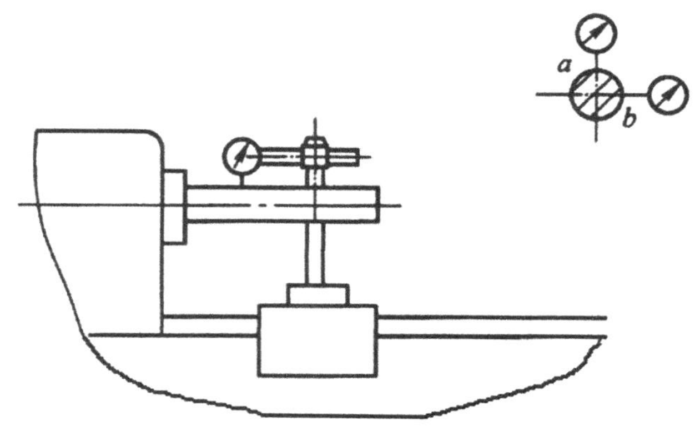

图 4-29 主轴锥孔中心线对导轨平行度的检验

（三）用百分表检验坐标镗床主轴箱水平移动对工作台平行度误差

如图 4-30 所示为双柱坐标镗床主轴箱水平移动对工作台平行度误差的检测方法。在工作台面上放两块等高垫块，将平尺放在等高垫块上且平行于横梁。将指示表固定在主轴箱上，按图示方向移动主轴箱进行测量，指示表读数的最大差值就是平行度误差。

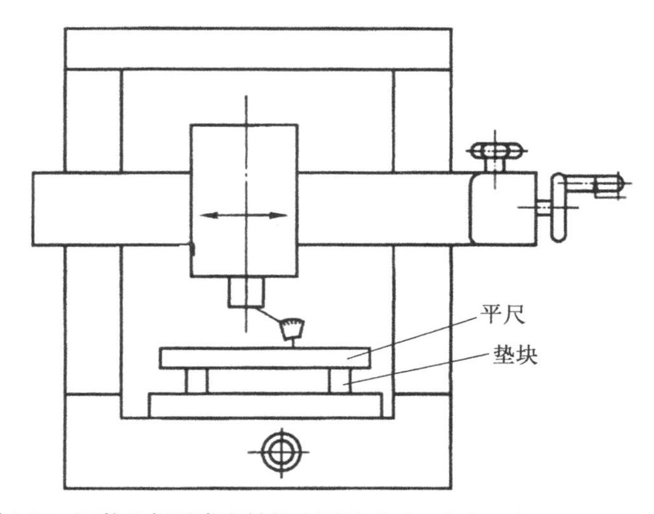

图 4-30 双柱坐标镗床主轴箱水平移动对工作台平行度误差的检验

四、平面度的检验方法

在我国机床精度标准中，规定为测量工作台面在各个方向（纵、横、对角、辐射）上的直线度误差后，取其中最大一个直线度误差作为工作台面的平面度误差。对小型件，可采用标准平板研点法、塞尺检查法等检验；对较大型或精密工件，可采用间接测量法、光线基准法测量。

（一）平板研点法

这种方法是在中小台面利用标准平板，涂色后对台面进行研点，检查接触斑点的分布情况，以证明台面的平面度情况。使用工具最简单，但不能得出平面度误差数据。平板最好采用0—1级精度的标准平板。

（二）平尺检验平面度

用移动平尺所得的一组直线来检验，在被检验平面上选择a、b、c三点作为基准点，如图4-31所示。将三块等厚的量块放在这三个点上，这些量块上表面就是用作与被检验平面相比较的基准平面。将平尺放在a和c点上，在被检验平面上的e点放一块可调量块，使其与平尺的下表面接触，这时a、b、c和e量块的上表面都在基准面内。再将平尺分别放在b和e点上，在d点处放一块可调量块并做同样调整，将平尺分别放在a和d、b和c、a和b、d和c上，即可测得被检验面上各点的偏差。

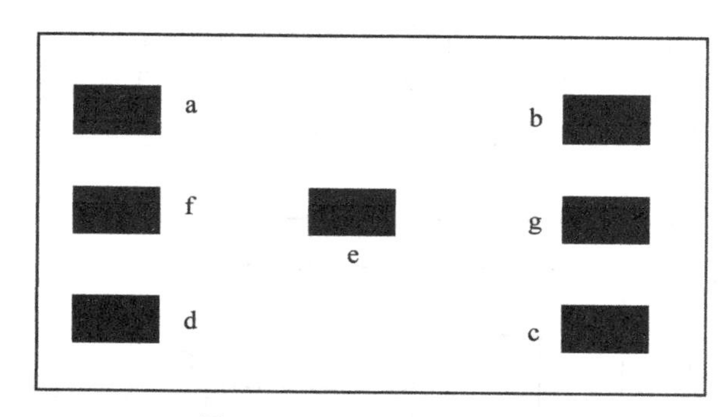

图4-31　用平尺检验平面度

（三）间接测量法

所用的量仪有合像水平仪、自准直光学量仪等。根据定义，平面度误差要按最小条件来评定，即平面度误差是包容实际表面且距离为最小的两平面间的距离。由于该平行平面，对不同的实际被测平面具有不同的位置，且又不能事先得出，因而，测量时需要先用过渡基准平面来进行评定。评定的结果称为原始数据。然后由获得的原始数据再按最小条件进行数据变换，得出实际的平面度误差。

但是这种数据交换比较复杂，在实际生产中常采用对角线法的过渡基准平面，作为评定基准。虽然它不是最小条件，但较接近最小条件。

对角线法测量平面度的方法：对角线的过渡基准平面，对矩形被测表面测量时的布线方式如图4-32所示。其纵向和横向布线应不少于两个位置。用对角线法，由于布线的原因，在各方向测量时，应采用不同长度的支撑底座。测量时，首先按布线方式测量出各截面上相对于端点连线的偏差，然后再算出相对过渡基准平面的偏差。平面度误差就是最高点与最低点之差。当被测平面为圆形时，应在间隔为45°的4条直径方向上检验。

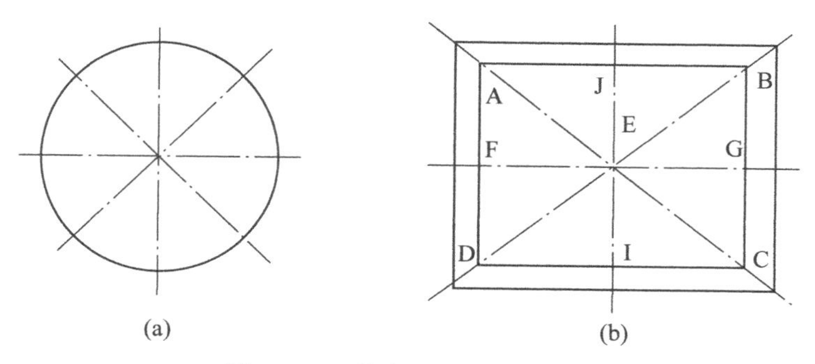

图 4-32　工作台面平面度的检验

五、同轴度的检验方法

同轴度是指两个或两个以上轴中心线不相重合的变动量。如卧式铣床刀杆支架孔对主轴中心的同轴度，六角车床主轴对工具孔的同轴度，滚齿机刀具主轴中心线对刀具轴活动托架轴承孔中心线等都有同轴度精度的检验要求。

（一）转表测量法

这种测量方法比较简单，但须注意表杆挠度的影响，如图4-33所示。测量六角车床主轴与回转头工具孔同轴度的误差：在主轴上固定百分表，在回转头工具孔中紧密地插入一根检验棒，百分表测头顶在检验棒表面上。主轴回转，分别在垂直平面内和水平面内进行测量。百分表读数在相对180°位置上差值的一半，就是主轴中心线与回转头工具孔中心线之间的同轴度误差。

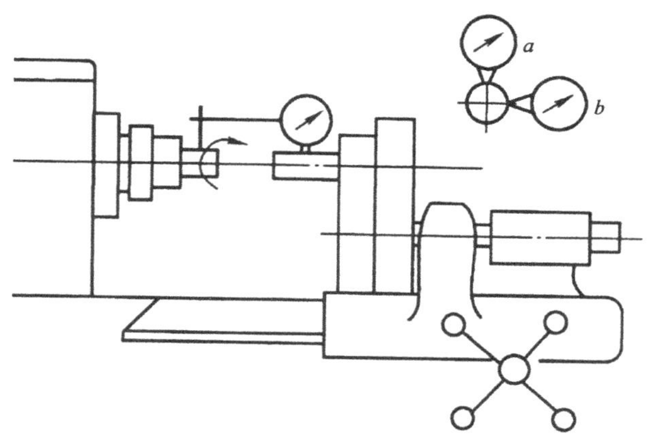

图 4-33　同轴度误差测量

如图 4-34 所示，测量立式车床工作台回转中心线对五方刀台工具孔中心线之间同轴度误差的情况。

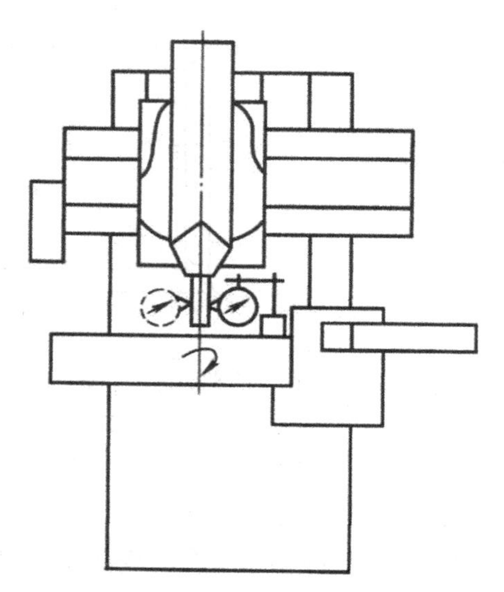

图 4-34　同轴度误差测量

（二）锥套塞插法

对于某些不能用转表法进行测量的场合，可以采用锥套塞插法进行测量。如图 4-35 所示，测量滚齿机刀具主轴中心线与刀具轴活动托架轴承中心线之间的同轴度误差。在刀具主轴锥孔中，紧密地插入一根检验棒，在检验棒上套一只锥形检验套，套的内径与检验棒滑动配合，套的锥面与活动托架锥孔配合。固定托架，并使检验棒的自由端伸出托架外侧。

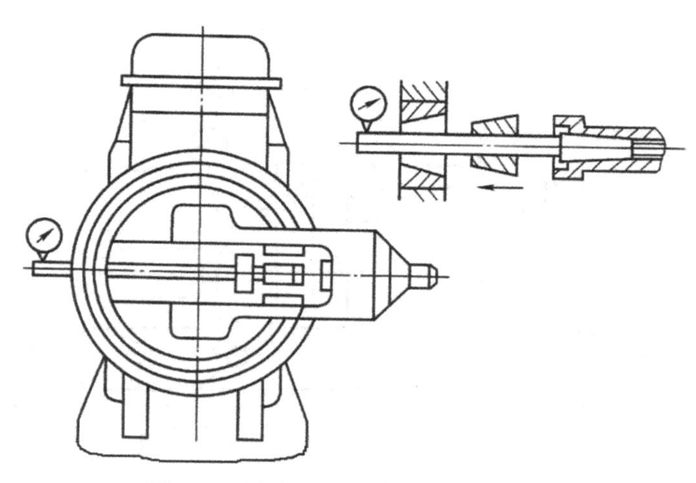

图 4-35　同轴度误差的锥套塞插法测量

将百分表固定在床身上，使其测头顶在检验棒伸出的自由端上，推动检验套进入托架的锥孔中靠紧锥面，此时，百分表指针的摆动量就是刀具主轴中心线与刀具轴活动托架轴承中心线之间的同轴度误差，在检验棒相隔 90°的位置上分别测量。

六、垂直度的检验方法

机床部件基本是在相互垂直的三个方向上移动，即垂直方向、纵向和横向。测量这三个方向移动相互之间的垂直度误差，检验工具一般采用方尺、直角尺、百分表、框式水平仪及光学仪器等。

（一）用直角平尺与百分表检验垂直度

如图 4-36 所示，车床床鞍上、下导轨的垂直度的检验。

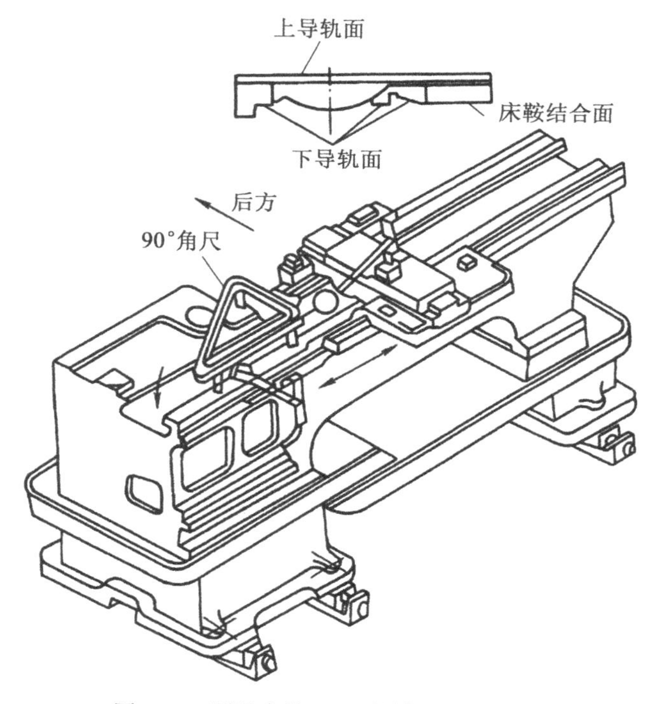

图 4-36　测量床鞍上、下导轨面的垂直度

（二）用框式水平仪检验垂直度

如图 4-37 所示为摇臂钻工作台侧工作面对工作台面的垂直度检验。工作台放在检验平面上。用框式水平仪将工作台面按 90°两个方向找正，记下水平仪读数；然后将水平仪的侧面紧靠工作台侧工作面上，再记下水平仪读数，水平仪读数的最大代数差值就是测工作台对工作台的垂直度误差（两次测量水平仪的方向不能改变）。

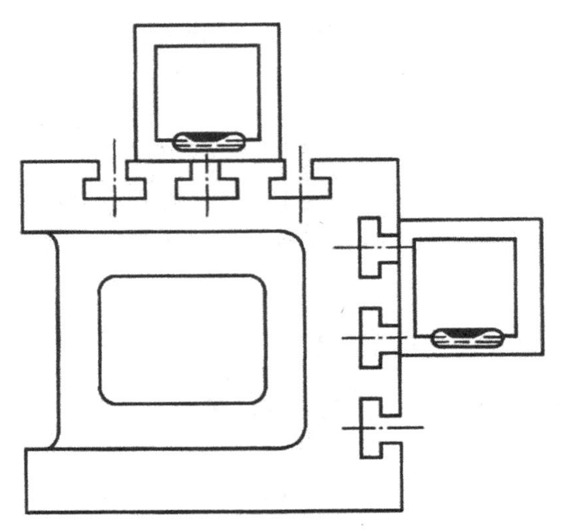

图 4-37　用水平仪检验工作台侧基准面对工作台台面的垂直度

第三节　装配质量的检验和机床试验

机械设备一般由许多零件和部件装配而成。装配质量的检验主要从零部件安装位置的正确性、连接的可靠性、滑动配合的平稳性、外观质量以及几何精度等方面进行检查。对于重要的零部件，应单独进行检查，以确保修理质量与要求。

一、装配质量的检验

对机床装配质量，可按机床精度标准或按机床大修所规定的精度恢复标准进行检验。如对卧式车床，几项主要几何精度的检验如下：

(1) 纵向导轨在垂直平面内直线度的检验；

(2) 横向导轨平行度的检验；

(3) 溜板移动在水平面内直线度的检验；

(4) 主轴锥孔轴线的径向圆跳动的检验；

(5) 主轴定心轴颈径向跳动的检验；

(6) 主轴轴向窜动的检验；

(7) 主轴轴肩支承面跳动的检验；

(8) 主轴轴线对溜板移动平行度的检验；

(9) 床头和尾座两顶尖等高度的检验。

二、机床的空运转试验

空运转是在无负荷状态下运转机床，检验各机构的运转状态，温度变化、功率消耗、操纵机构的灵活性、平稳性、可靠性及安全性。试验前，应使机床处于水平位置，一般不应用地脚螺栓固定。按润滑图表将机床所有润滑的地方注入规定的润滑剂。

(一) 主运动试验

试验时，机床的主运动机构应从最低速依次运转，每级转速的运转时间不得少于2min。用交换齿轮、皮带传动变速和无级变速的机床，可作低、中、高速运转。最高速时运转时间不得少于1h。使主轴轴承（或滑枕）达到稳定温度。

(二) 进给运动试验

进给机构应依次变换进给量（或进给速度）进行空运转试验。检查自动机构（包括自动循环机构）的调整和动作是否灵活、可靠。有快速移动的机构，应作快速移动试验。

(三) 其他运动试验

检查转位、定位、分度机构是否灵活可靠；夹紧机构、读数装置和其他附属装置是否灵活可靠；与机床连接的随机附件应在机床上试运转，检查其相互关系是否符合设计要求；检查其他操纵机构是否灵活可靠。

(四) 电气系统试验

检查电气设备的各项工作情况，包括电动机的起动、停止、反向、制动和调速的平稳性，磁力启动器、热继电器和终点开关工作的可靠性。

(五) 整机连续空运转试验

对于自动和数控机床，应进行连续空运转试验，整个运动过程中不应发生故障。试验时自动循环应包括机床所有功能和全部工作范围，各次自动循环之间休止时间不得超过1min。

三、机床的负荷试验

负荷试验是检验机床在负荷状态下运转时的工作性能及可靠性，即加工能力、承载能力及其运转状态，包括速度的变化、机床振动、噪声、润滑、密封等。

(一) 机床主传动系统的扭矩试验

试验时，在小于或等于机床计算转速的范围内选一个适当转速，逐级改变进给量或切削深度，使机床达到规定扭矩，检验机床传动系统各元件和变速机构是否可靠，以及机床是否平稳、运动是否准确。

(二) 机床切削抗力试验

试验时，选用适当的几何参数的刀具，在小于或等于机床计算转速范围内选一个适当转速，逐渐改变进给量或切削深度，使机床达到规定的切削抗力。检验各运动机构、传动机构是否灵活、可靠，过载保护装置是否可靠。

（三）机床传动系统达到最大功率的试验

选择适当的加工方式、试件（材料和尺寸）、刀具（材料和几何参数）、切削速度、进给量，逐步改变切削深度，使机床达到最大功率（一般为电动机的额定功率）。检验机床结构的稳定性、金属切除率以及电气等系统是否可靠。

（四）抗振性试验

一些机床除进行最大功率试验外，还可进行有限功率试验（由于工艺条件限制而不能使用机床全部功率）和极限切削宽度试验。根据机床的类型，选择适当的加工方式、试件、刀具、切削速度、进给量进行试验，检验机床的稳定性。

四、机床工作精度的检验

机床的工作精度，是在动态条件下对工件进行加工时所反映出来的。工作精度检验应在标准试件或由用户提供的试件上进行。与实际在机床上加工零件不同，实行工作精度检验不需要多种工序。工作精度检验应采用该机床具有的精加工工序。

（一）试件要求

工件或试件的数目或在一个规定试件上的切削次数，需视情况而定，应使其得出加工的平均精度。

（二）工作精度检验中试件的检查

工作精度检验中试件的检查，应按测量类别选择所需精度等级的测量工具。在某些情况下，工作精度检验可以用相应标准中所规定的特殊检查来代替或补充。例如在负载下的挠度检验、动态检验等。

（三）卧式车床的工作精度检验

机床的工作精度检验是在全负荷强度试验后进行的。目的是通过机床加工试件的精度，检验机床在动态情况下的几何精度及传动精度。卧式车床的工作精度检验要进行如下内容试验：

（1）精车外圆试验　目的是检验车床在正常工作温度下，主轴轴线与床鞍移动轨迹是否平行，主轴的旋转精度是否合格。试验方法是在车床卡盘上夹持尺寸为 $\phi80\times250$mm 的中碳钢试件，不用尾座顶尖，采用高速钢车刀。切削用量取：主轴转速为 397r/min，切削深度为 0.15mm，进给量为 0.1mm/r，精车外圆表面。

（2）精车端面　应在精车外圆合格后进行，目的是检查车床在正常工作温度下，刀架横向移动轨迹对主轴轴线的垂直度和横向导轨的直线度。试件为 $\phi250$mm 的铸铁圆盘，用卡盘夹持。用 45°硬质合金右偏刀精车端面，切削用量取：主轴转速 230r/min，切削深度为 0.2mm，进给量为 0.15mm/r。

（3）切槽试验　目的是考核车床主轴系统及刀架系统的抗震性能，检查主轴部件的装配精度和旋转精度、床鞍刀架系统刮研配合面的接触质量及配合间隙的调整是否合格。

（4）精车螺纹试验　目的是检查车床螺纹加工传动系统的准确性。试验规范：$\phi40\times$500mm 中碳钢工件；高速钢 60°标准螺纹车刀；切削用量为：主轴转速 19r/min，切削深度 0.02mm，进给量 6mm/r；两端用顶尖精车螺纹实验精度要求螺距累积误差应小于 0.025/100，表面粗糙度不大于 Ra3.2，无震动波纹。

思考题与习题

1. 平尺的作用是什么？它有哪几种？
2. 检验机床导轨时用哪种平尺？
3. 机床精度检验时，对角尺的精度要求做了哪些规定？
4. 检验棒的作用是什么？对锥柄检验棒的技术要求要求有哪些？
5. 车床的主轴定心轴颈径向跳动如何检验？
6. 导轨在水平面内直线度的检验有哪几种？

第五章　常见电气故障维修

【学习目标】

1. 掌握常见电气故障的诊断与维修方法。

2. 熟悉电器元件维修中常用工具和仪器、设备的使用方法。

3. 树立安全文明生产意识，修复过程中应注意自身和他人安全、设备安全，掌握安全用电知识。

4. 树立节约环保意识。注意节约材料及能源，爱护工具、量具和设施。

第一节　常见电器元件的维修

按照低压电器在控制电路中的作用，可以将其分为低压配电电器和低压控制电器。低压配电电器用于低压配电系统或动力设备中，用来对电能进行输送、分配和保护，主要元件有闸刀开关、低压断路器、熔断器、转换开关等。

低压控制电器用于电力拖动及其他控制电路中，对命令、现场信号进行分析判断并驱动电器设备进行工作，主要元件有接触器、继电器、起动器、控制器、主令电器、电磁铁等。

一、低压断路器的维修

低压断路器又称自动空气开关，可用来接通和分断负载电路，也可用来控制不频繁起动的电动机。从功能上讲，它相当于闸刀开关、过电流继电器、失压继电器、热继电器及漏电保护器等电器部分或全部的功能总和，对电路有短路、过载、欠压和漏电保护等作用。

（一）低压断路器的分类及用途

低压断路器的分类及主要用途见表 5-1。

表 5-1

分类方法	种　类	主要用途
按用途分	保护配电线路断路器	做电源总开关和各支路开关
	保护电动机断路器	可装在近电源端，保护电动机
	保护照明线路断路器	用于生活建筑内、电气设备和信号二次线路
	漏电保护断路器	防止因漏电造成的火灾和人身伤害

续表

分类方法	种　类	主要用途
按结构型式分	框架式断路器	开断电流大，保护种类齐全
	塑料外壳断路器	开断电流相对较小，结构简单
按极数分	单极断路器	用于照明回路
	两极断路器	用于照明回路或直流回路
	三极断路器	用于电动机控制保护
	四极断路器	用于三相四线制电路控制
按限流性能分	一般型不限流断路器	用于一般场合
	快速型限流断路器	用于需要限流的场合
按操作方式分	直接手柄操作断路器	用于一般场合
	杠杆操作断路器	用于大电流分断
	电磁铁操作断路器	用于自动化程度较高的电路控制
	电动机操作断路器	用于自动化程度较高的电路控制

（二）低压断路器的常见故障与处理

低压断路器正常工作时，应定期清洁，必要时需上润滑油。由于低压断路器比较复杂，所以故障种类较多。见表5-2。

表5-2　**低压断路器常见故障分析与处理**

序号	故障现象	原因分析	处理方法
1	电动操作断路器不能闭合	（1）操作电源电压不符 （2）电源容量不够 （3）电磁铁拉杆行程不够 （4）电动机操作定位开关变位 （5）控制器中整流管或电容器损坏	（1）调换电源 （2）增大操作电源容量 （3）重新调整或更换拉杆 （4）重新调整 （5）更换损坏元器件
2	手动操作断路器不能闭合	（1）欠电压脱扣器无电压或线圈损坏 （2）储能弹簧变形导致闭合力减小 （3）反作用弹簧力过大 （4）机构不能复位再扣	（1）检查线路，施加电压或更换线圈 （2）更换储能弹簧 （3）重新调整弹簧反力 （4）重新再扣接触面至规定值
3	分励脱扣器不能使断路器分断	（1）线圈短路 （2）电源电压太低 （3）再扣接触面太大 （4）螺钉松动	（1）更换线圈 （2）调换电源电压 （3）重新调整 （4）拧紧

续表

序号	故障现象	原因分析	处理方法
4	起动电动机时断路器立即分断	(1) 过电流脱扣器瞬动整定值太小 (2) 脱扣器某些零件损坏，如半导体器件、橡皮膜等损坏 (3) 脱扣器反力弹簧断裂或脱落	(1) 调整瞬动整定值 (2) 更换脱扣器或更换损坏零部件 (3) 更换弹簧或重新装上
5	欠电压脱扣器不能使断路器分断	(1) 反力弹簧作用力变小 (2) 如为储能释放，则储能弹簧作用力变小或断裂 (3) 机构卡死	(1) 调整弹簧 (2) 调整或更换储能弹簧 (3) 消除卡死原因（如生锈）
6	断路器温升过高	(1) 触头压力过低 (2) 触头表面过分磨损或接触不良 (3) 两导电零件连接螺钉松动 (4) 触头表面油污氧化	(1) 调整触头压力或更换弹簧 (2) 更换触头或清理接触面，更换断路器 (3) 拧紧螺钉 (4) 清除油污或氧化层
7	带半导体脱扣器的断路器误动作	(1) 半导体脱扣器元器件损坏 (2) 外界电磁干扰	(1) 更换损坏的元器件 (2) 消除外界干扰，借以隔离或更换线路
8	漏电断路器经常自行分断	(1) 漏电动作电流变化 (2) 线路漏电	(1) 送回厂家重新校正 (2) 找出原因，如是导线绝缘损坏，则更换
9	漏电断路器不能闭合	(1) 操作机构损坏 (2) 线路某处漏电或接触	(1) 送回厂家修理 (2) 消除漏电处或接地处故障
10	断路器闭合后经一定时间自行分断	(1) 过电流脱扣器长延时整定值不对 (2) 热元件或半导体延时电路元器件损坏	(1) 重新调整 (2) 更换
11	有一对触头不能闭合	(1) 一般型断路器的一个连杆断裂 (2) 限流断路器拆开机构可拆连杆之间的角度变大	(1) 更换连杆 (2) 调整至原技术条件定值
12	欠电压脱扣器噪声大	(1) 反作用弹簧反力太大 (2) 铁心工作面有油污 (3) 短路环断裂	(1) 重新调整 (2) 清除油污 (3) 更换衔铁或铁心
13	辅助开关不能通	(1) 辅助开关的动触桥卡死或脱落 (2) 辅助开关传动杆断裂或滚轮脱落 (3) 触头不接触或氧化	(1) 拨正或重新装好触桥 (2) 更换传动杆或辅助开关 (3) 调整触头，清理氧化膜

二、熔断器的常见故障与维修

熔断器，俗称保险丝，是用来进行短路保护的器件。当通过的电流大于一定值时，熔断器能依靠自身产生的热量使特制的低熔点金属（熔件）熔化而自动切断电路。

(一) 常用熔断器的分类

熔断器大致可以分为：插入式熔断器、螺旋式熔断器、封闭式熔断器、快速熔断器、管式熔断器、高分断力熔断器和限流线。

(二) 熔断器的常见故障及处理

1. 熔断器熔体熔断频繁

熔断器熔体熔断尤其在电动机刚起动瞬间为多。产生这一故障的原因可能是熔断器容量过小，也可能是负荷过大。要判断是熔断器的问题还是负载的问题，可测量负载电流，根据负载电流的大小，即可很容易地判断出来。随后进行相应的处理。

2. 熔体未熔断，但电路不通

产生这一故障的原因除了熔体两端未接好外，也有熔断器本身的原因。如螺帽未拧紧、端线引出不良等。可逐项检查排除。

三、接触器的常见故障与维修

接触器是用来频繁接通和分断电动机或其他负载主电路的一种自动切换电器。它主要由触点系统、电磁机构及灭弧装置组成。

(一) 接触器的分类

接触器分交流接触器和直流接触器两大类。常用的交流接触器有 CJ20、CJX1、CJ12、和 CJ10 等系列，直流接触器有 CZ18、CZ21、CZ10 和 CZ2 等系列。

如图 5-1 所示是 CJ20 系列交流接触器，其主要适用于交流 50Hz、电压 660V 以下(其中部分等级可用于 1140V)、电流 630A 以下设备的电气控制系统及电力线路中。

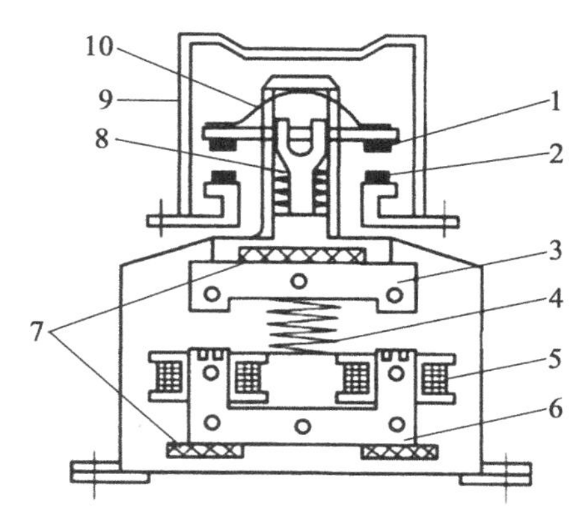

1—动触点；2—静触点；3—衔接；4—缓冲弹；5—电磁线圈；
6—铁心簧；7—垫毡；8—触点弹簧；9—灭弧室；10—触点压力弹簧

图 5-1　CJ20-63 型交流接触器的结构示意图

（二）触点常见的故障及维修

接触器的常见故障主要表现在触点装置和电磁机构两个方面。

（1）触点的故障及维修 触点的故障主要有触点过热、磨损和熔焊。针对上述故障需进行以下修理：

①触点的表面修理；

②触点的整形；

③触点的更换；

④触点开距、超程、压力的检查与调整。

如图 5-2、图 5-3 所示分别为桥形触点和指形触点开距与超程的检查方法。

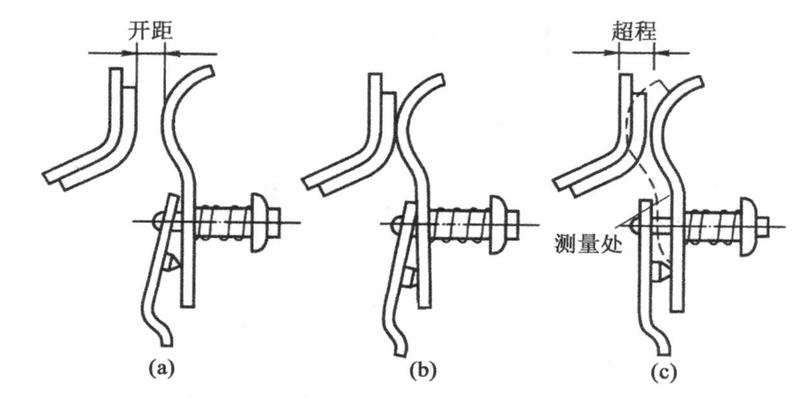

图 5-2 桥形触点的开距与超程

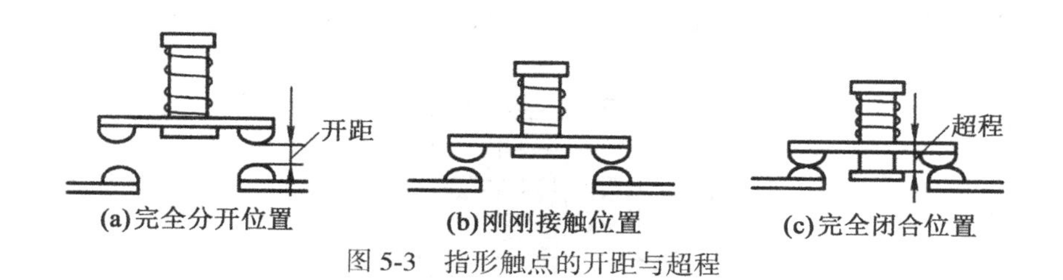

图 5-3 指形触点的开距与超程

（2）电磁机构的主要故障及修理 电磁机构的故障主要有吸合噪声大、线圈过热、烧毁等。

四、继电器的常见故障与维修

在电路中，继电器主要用来反映各种控制信号，从而改变电路的工作状态，实现既定的控制程序，达到预定的控制目的，同时也提供一定的保护。

（一）继电器的分类

继电器按反映的信号不同，可分为电压继电器、电流继电器、时间继电器、热继电器、速度继电器和压力继电器等。

（二）热继电器的常见故障及维修

热继电器的常见故障主要有热元件损坏、热继电器误动作和热继电器不动作三种情况。

（1）热元件损坏　这时应先切断电源，检查电路，排除短路故障，重新选择合适的继电器。更换热继电器后应重新调整整定电流值。

（2）热继电器误动作　该故障原因一般有以下几种：

①整定值偏小，以致未过载就动作；

②电动机起动时间过长，使热继电器在起动过程中可能动作；

③操作频率太高，使热继电器经常受起动电流冲击；

④使用场合有强烈的冲击及振动，使热继电器动作机构松动而脱扣。

为此，应调换适合于上述工作性质的继电器，并合理调整整定值。调整时，只能调整调节旋钮，绝不能弯折双金属片。热继电器动作脱扣后，不要立即手动复位，应待双金属片冷却复位后再使常闭触点复位。按手动复位按钮时，不要用力过猛，以免损坏操作机构。

（3）热继电器不动作　由于热元件烧断或脱焊，或电流整定值偏大，以致过载时间很长，热继电器仍不动。发生上述故障时，可进行针对性处理。对于使用时间较长的热继电器，应定期检查其动作是否可靠。

五、主令电器常见故障与维修

主令电器主要依靠电路的通断来控制其他电器的动作，以发出电气控制的命令。主令电器主要有按钮、行程开关、组合开关、主令控制器、接近开关等。

（一）按钮

1. 按钮的分类

按钮常用的分类方法及用途见表5-3。

表5-3　**按钮分类及用途**

代号	类别	用　途	代号	类别	用　途
B	防爆式	用于含有爆炸气体场所	L	联锁式	用于多对触头需要联锁的场所
D	指示灯式	按钮内装有指示灯，用于需要指示的场所	S	防水式	有密封外壳，用于有雨水的场所
F	防腐式	用于含有腐蚀性气体的场所	X	旋钮式	通过旋转把手操作
H	保护式	有保护外壳，用于安全性要求较高的场所	Y	钥匙式	用钥匙插入操作，可专人操作

续表

代号	类别	用　途	代号	类别	用　途
J	紧急式	有红色按钮，用于紧急时切除电源	Z	组合式	多个按钮组合在一起
K	开启式	用于嵌装在固定的面板上	Z	自锁式	内有电磁机构，可自保持，用于特殊试验场所

按钮常见故障及其处理见表5-4。

表5-4　**按钮常见故障及其处理**

序号	故障现象	故障原因	处理方法
1	按下按钮时，常开触点不通	(1) 触点氧化 (2) 按钮受热变形，动触桥不能接触静触点 (3) 机械机构卡死	(1) 擦拭触点，必要时更换按钮 (2) 更换按钮 (3) 清除按钮内杂物
2	松开按钮时，常闭触点不通	(1) 触点氧化或有污物 (2) 弹簧弹力不足	(1) 擦拭按钮各触点 (2) 更换或处理弹簧
3	按下按钮时，常闭触点不断开	(1) 污物过多造成短路 (2) 胶木烧焦形成短路	(1) 擦拭清除按钮内杂物 (2) 更换按钮
4	松开按钮时，常开触点不断开	(1) 污物过多造成短路 (2) 复位弹簧弹力不足 (3) 胶木烧焦形成短路	(1) 擦洗按钮，清除污物 (2) 更换或处理弹簧 (3) 更换按钮
5	按下按钮时，有触电感觉	(1) 接线松动，搭接在按钮的外壳上 (2) 按钮内污物较多	(1) 重新接线，排除搭线现象 (2) 擦洗按钮，清除污物
6	按钮过热	(1) 通过按钮的电流太大 (2) 环境温度过高 (3) 指示灯电压过高	(1) 重新设计电路 (2) 加强散热措施 (3) 降低指示灯电压

（二）行程开关

行程开关，又称位置开关或限位开关，只是其触头的操作不是靠手去操作，而是利用机械设备的某些运动部件的碰撞来完成。

1. 行程开关的分类

按结构分类，行程开关大致可分为按钮式、滚轮式、微动式和组合式等。

2. 行程开关常见故障及处理方法

行程开关常见故障及其处理见表5-5。

表 5-5　　行程开关常见故障及其处理

序号	现象	故障原因	处理方法
1	行程开关动作后不能复位	（1）弹簧弹力减弱 （2）机构卡阻 （3）长期不用油泥干涸 （4）外长长期压迫行程开关	（1）更换弹簧 （2）拆卸清除 （3）清洁 （4）改变设计方法
2	杠杆偏转但触点不动作	（1）工作行程不到 （2）触点脱落或偏斜 （3）异物卡住 （4）连线松脱	（1）调整行程开关位置 （2）修理触点系统 （3）清理杂物 （4）紧固连接线
3	行程开关可以复位，但动断触点不闭合	（1）触点被杂物 （2）触点损坏 （3）弹簧失去弹力 （4）弹簧卡住	（1）清理杂物 （2）更换触点 （3）更换弹簧 （4）重新装配

（三）万能转换开关

万能转换开关由手柄、带号码牌的触头盒等构成。

万能转换开关的常见故障及处理方法见表 5-6。

表 5-6　　万能转换开关的常见故障及其处理

序号	故障现象	可能原因	处理方法
1	接触不良	（1）弹簧失去弹性 （2）触点部分有污物 （3）触点损坏	（1）更换弹簧 （2）清除污物 （3）更换触点
2	发热严重	（1）触点接触不良 （2）控制回路有短路现象 （3）触点容量偏小	（1）擦拭清扫触点污物 （2）排除控制回路故障 （3）更换其他型号的万能转换开关

第二节　常见电气故障分析与维修

一、机床电气故障的诊断方法和步骤

（1）学习机床电气系统维修图；

（2）详细了解电气故障产生的经过；

（3）分析故障情况，确定故障的可能范围；

（4）进行故障部位的外观检查；

（5）试验机床的动作顺序和完成情况；

（6）用仪表测量查找故障元件。用仪表测量电气元件是否为通路，线路是否有开路情况，电压、电流是否正常、平衡，这也是检查故障的有效措施之一。常用的电工仪表有：万用表、兆欧表、钳形电流表、电桥等。

二、普通机床常见电气故障

CA6140型车床的主要结构由床身、主轴变速箱、进给箱、溜板箱、溜板与刀架、尾架、主轴、丝杆与光杆等组成。如图5-4所示。

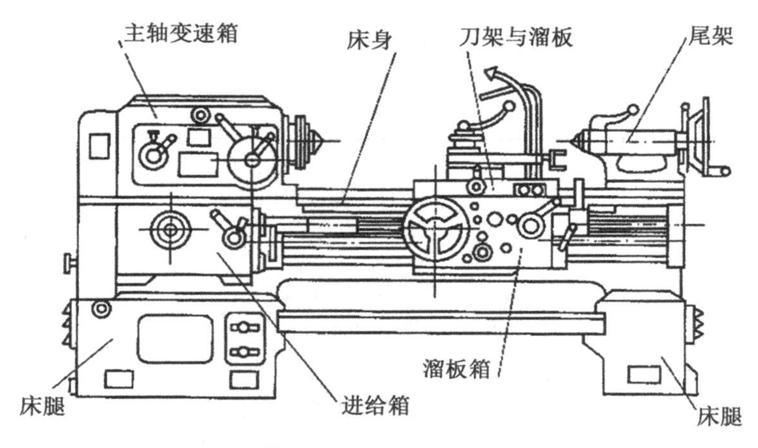

图5-4　CA6140型车床

（一）CA6140型车床的运动形式

主运动：工件的旋转运动是车床的主运动，由主轴电动机拖动，是由主轴电动机通过带轮传动到主轴箱再旋转的。

进给运动：刀架的直线运动是车床的进给运动，仍由主轴电动机拖动。主轴电动机经主轴变速箱，再由光杠或丝杠带动溜板箱，使溜板箱带动刀架沿床身作纵横向的直线进给运动。

快速进给运动：刀架快速直线运动。

（二）CA6140型车床对电气线路的主要要求

1．主轴电动机M1

主轴电动机带动车床主运动和进给运动，CA6140车床主轴电动机采用直接起动方法。车削加工时一般不要求反转，但加工螺纹时，为避免乱扣，加工完毕要求反转退刀，该车床正反转不是通过改变电源相序的电气方法来实现的，而是用操作手柄通过摩擦离合器来改变主轴旋转方向的。

2. 冷却液泵电动机 M2

冷却泵电动机为车削工件时输送冷却液，以降低工件和刀具在切削中产生的高温。冷却泵电动机应在主轴电动机起动后才可能接通，主轴电动机停止时，冷却泵电动机应立即停止。

3. 刀架快速移动电动机 M3

刀架快速移动电动机采用点动控制。

（三）车床电气控制线路分析

如图 5-5～图 5-7 所示。

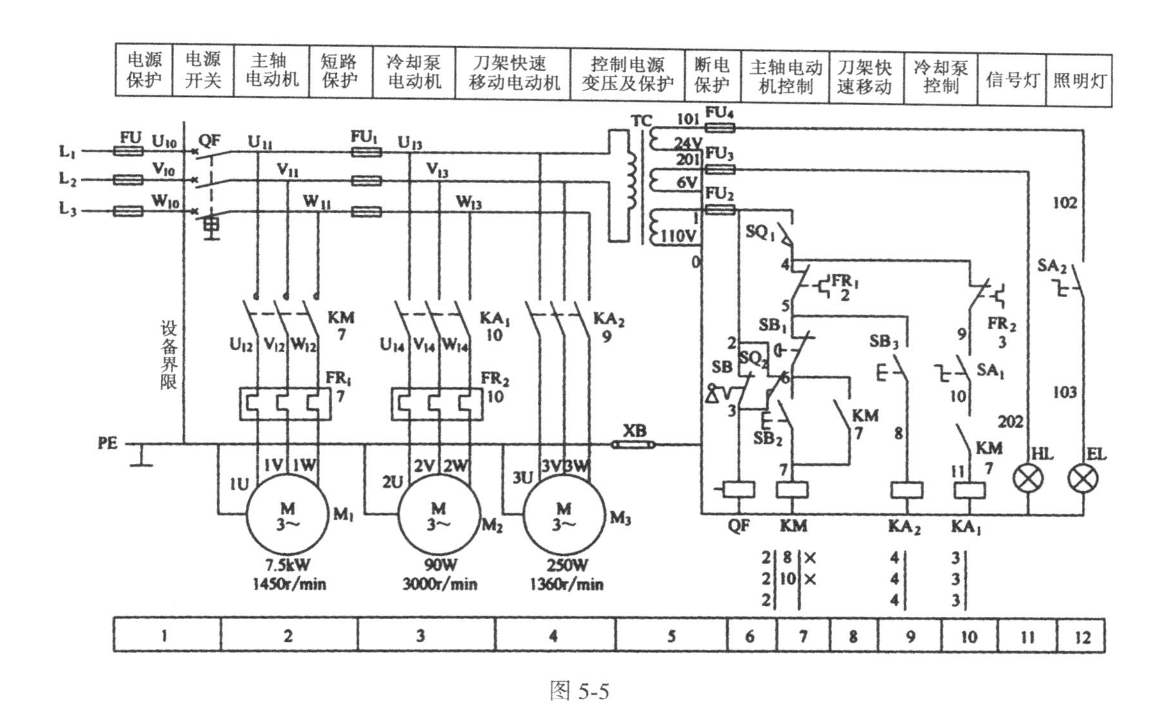

图 5-5

（四）CA6140 普通车床电气控制线路的检修

1. 工具、仪表及器材

（1）劳保用品　电工绝缘鞋、低压验电笔、电工尖嘴钳、电工钢丝钳、平口及十字电工用螺丝、钉旋具、剥线钳、电工刀。

（2）仪表　万用表、兆欧表、钳形电流表。

2. 检修前的准备工作

（1）根据电气原理图，对机床电气控制原理加以分析研究，将控制原理读通读懂。

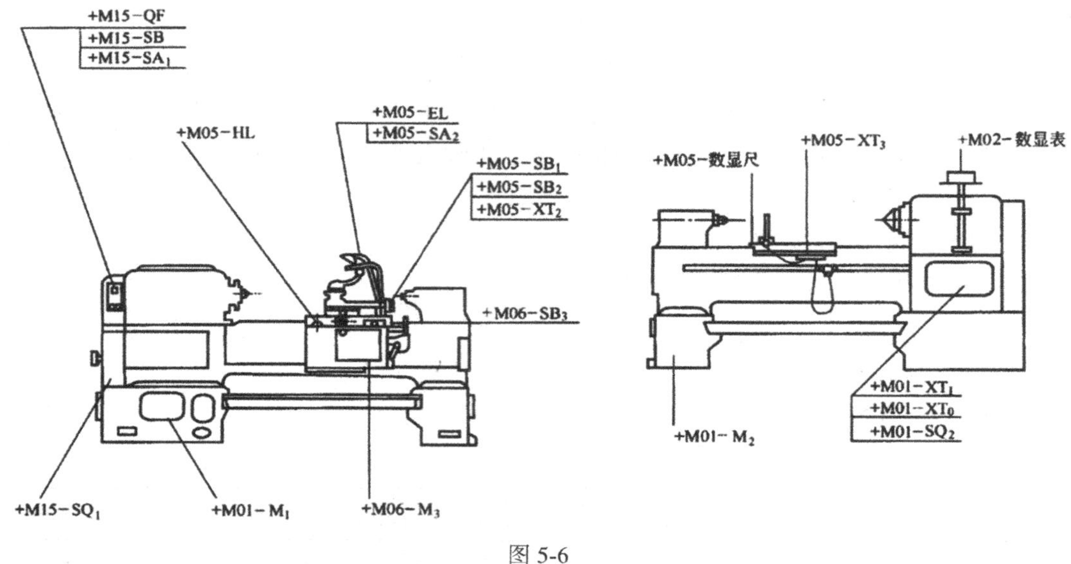

图 5-6

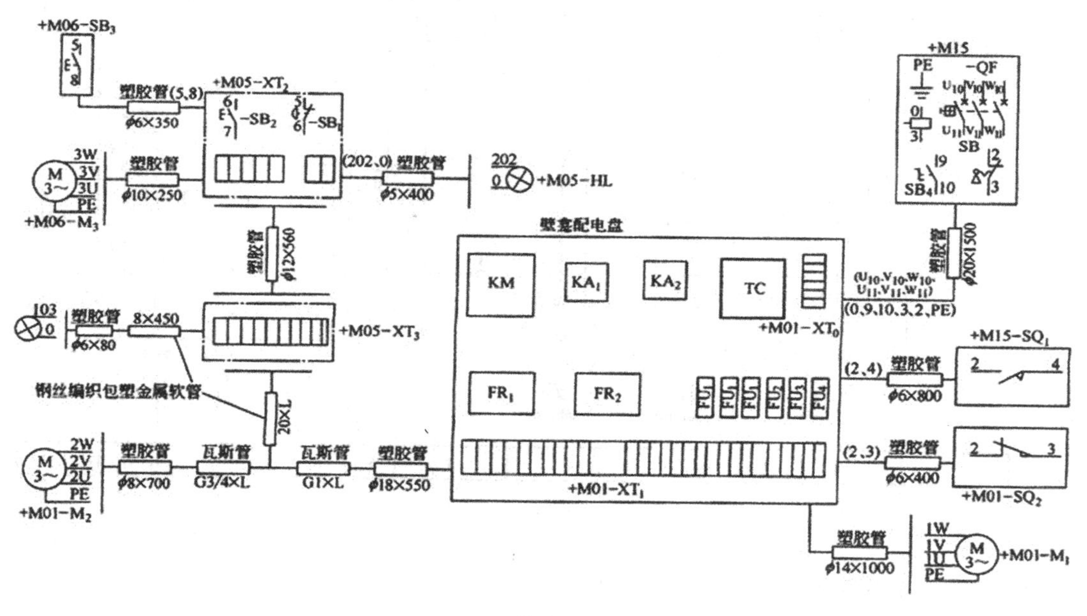

图 5-7

应当注意，电气原理图表示的是各个电气元件的连接关系，用于电路分析，并不代表元件的实际安装位置关系。

（2）对于电气安装接线图的掌握也是电气检修的重要组成部分。

（3）在检修中，检修人员应具备由实物→图和由图→实物的分析能力。

3. 常见电气故障分析与检修

当需要打开配电盘壁龛门进行带电检修时，将 SQ2 开关的传动杆拉出，断路器 QF 仍可合上。关上壁龛门后，SQ2 复原恢复保护作用。常见故障为：主轴电动机 M1 不能启动，主轴电动机 M1 启动后不能自锁，主轴电动机 M1 不能停车，主轴电动机在运行中突然停车，刀架快速移动电动机不能启动。

故障分析和检修步骤：

（1）主轴电动机 M1 不能启动。

①检查动力控制主电源线 U11、V11、W11 电压是否正常，主轴电机内部线圈是否有故障。

②检查过载/短路保护的热继电器 FR1 是否产生了过载保护。

③检查控制变压器的输出端 0、1 端子是否有 110V 交流电输出，检查熔断器 FU2 是否熔断。

④检查机床主轴皮带及挂轮防护罩是否松动，门保护开关起作用断开。

⑤检查主轴启动和停止按钮的开关盒内的控制电路是否有接线脱落。

⑥检查控制主轴电机动力电源的 KM 交流接触器是否正常动作。

（2）主轴电动机 M1 启动后不能自锁。

①检查控制变压器的输出端 0、1 端子是否有 110V 交流电输出。

②检查控制主轴电机动力电源的 KM 交流接触器辅助触头是否损坏。

③检查控制主轴电机动力电源的 KM 交流接触器线圈是否出现漏磁。

（3）主轴电动机 M1 不能停车。

①检查控制主轴电机动力电源的 KM 交流接触器辅助触头是否损坏。

②检查主轴启动和停止按钮的开关盒内的控制电路是否有短路现象。

（4）主轴电动机在运行中突然停车。

①检查过载/短路保护的热继电器 FR1 是否产生了过载保护。

②检查熔断器 FU2 是否熔断。

③检查机床主轴皮带及挂轮防护罩是否松动，门保护开关起作用断开。

④检查主轴启动和停止按钮的开关盒内的控制电路是否有接线脱落。

⑤检查控制主轴电机动力电源的 KM 交流接触器是否正常动作。

⑥主轴电机内部线圈是否有故障。

（5）刀架快速移动电动机不能启动。

①检查动力控制主电源线 U11、V11、W11 电压是否正常，刀架快速移动电动机 M3 是否有故障。

②检查熔断器 FU1、FU2 是否熔断。

③检查过载/短路保护的热继电器 FR1 是否产生了过载保护。

④检查机床主轴皮带及挂轮防护罩是否松动，门保护开关起作用断开。

⑤检查刀架快速移动按钮 SB3 及操作手柄是否有故障。

4. 注意事项

（1）熟悉 CA6140 车床电气控制线路的基本环节及控制要求。

（2）检修所用工具、仪表应符合使用要求。

（3）排除故障时，必须修复故障点，但不得采用元件代换法。

（4）检修时，严禁扩大故障范围或产生新的故障。

（5）带电检修时，必须有人员监护，以确保安全。

三、铣床常见电气故障

铣床的主要结构如图 5-8 所示。

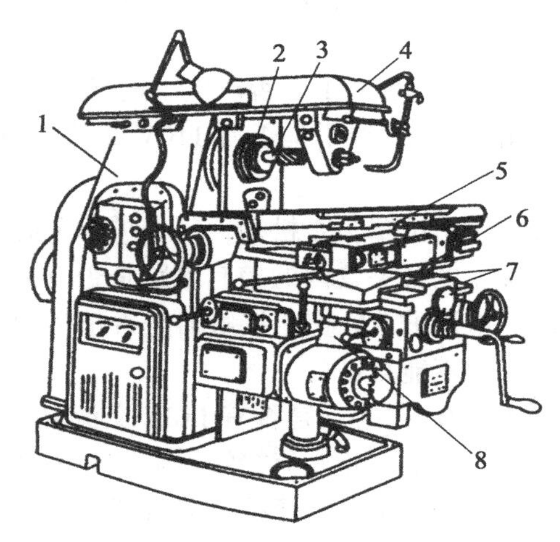

1—床身；2—主轴；3—刀杆；4—横梁；5—工作台；6—回转盘；7—横溜板；8—升降台

图 5-8　铣床

（一）铣床的主要运动形式

主运动：主轴电动机带动铣刀的旋转运动。

进给运动：工作台有三种形式六个方向的移动，即工作台借助升降台垂直（上、下）移动；借助横溜板沿主轴轴线平行方向的横向（前、后）移动；工作台在溜板上部可转动的导轨上作垂直于主轴轴线方向的纵向（左、右）移动。

（二）铣床对电气线路的主要要求

1. 主轴电动机

主轴电动机能正反转以实现顺铣、逆铣，变速时，要求主电动机能瞬时冲动控制，以便齿轮的啮合，能制动停车，要实现两地控制。

2. 进给电动机

进给电动机要求能正反转，纵向、横向、垂直三种运动形式间应有机械及电气连锁，工作台进给变速时也能瞬间冲动控制，需要各方向的快速进给时接通牵引电磁铁 YA，使摩擦离合器合上，减少中间传动装置，快速进给也要实现两地控制。

X62W 万能铣床主轴工作后才能进行进给控制。圆工作台工作时，三种进给运动形式必须停止。

3. 冷却泵电动机

冷却泵电动机只要求正转。

（三）铣床电气控制线路分析

如图 5-9~图 5-11 所示。

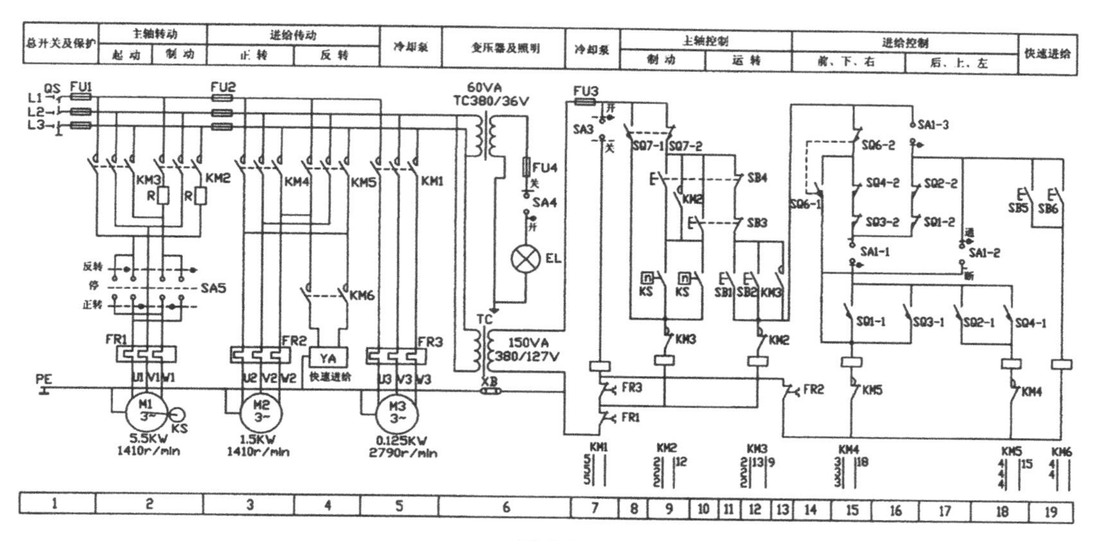

图 5-9

（四）铣床常见故障的检查与排除

铣床常见故障如下：

（1）主轴停车时没有制动作用；

（2）主轴停车后产生短时反向旋转；

（3）按停止按钮后主轴不停；

（4）工作台控制电路故障：工作台不能作向上进给运动，工作台向左、向右不能进给；

（5）工作台各个方向都不能进给；

（6）工作台不能快速进给。

故障分析和检修步骤：

（1）主轴停车时没有制动作用。

①检查速度继电器 KS 的触点是否闭合。

②检查制动能耗电阻 R 是否正常阻值。

（2）主轴停车后产生短时反向旋转。

①检查转换旋钮开关 SA5 是否正常。

②检查动力控制电路是否存在电弧。

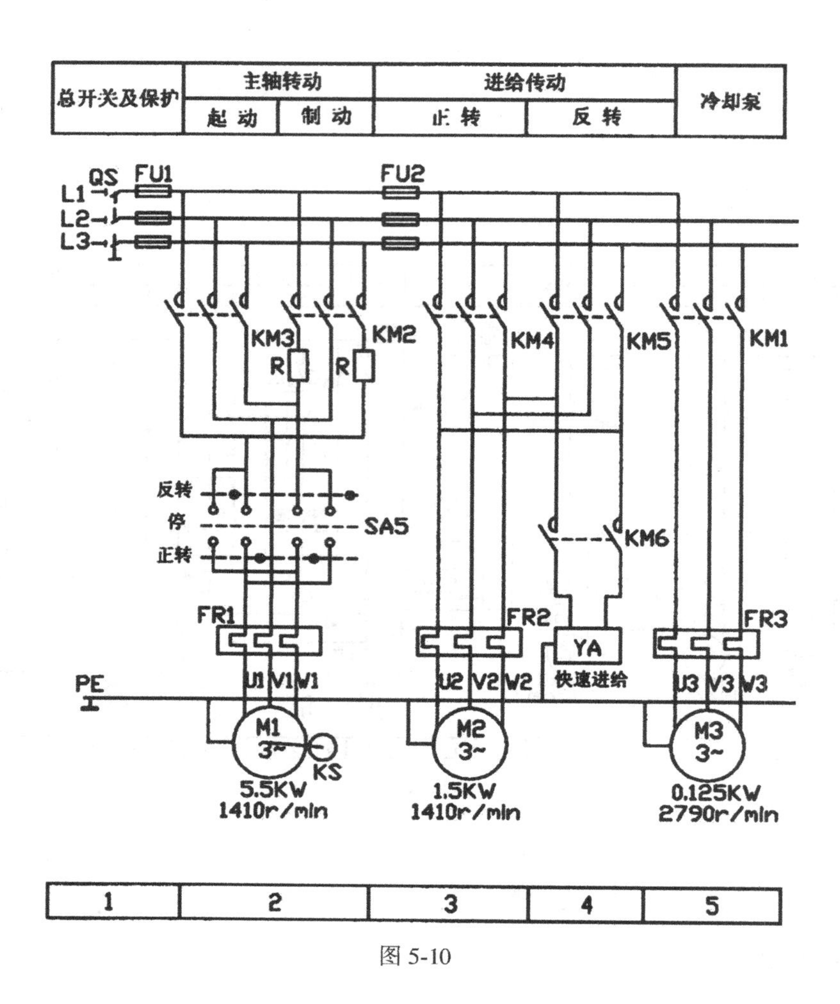

图 5-10

（3）按停止按钮后主轴不停。

①检查转换旋钮开关 SA5 是否正常。

②检查交流接触器 KM2、KM3 的触头是否有粘接。

③检查停止按钮 SB3、SB4 是否存在故障。

（4）工作台控制电路故障。

①检查工作台作向上进给运动的行程开关是否正常。

②检查工作台向左、向右进给的开关 SA1 是否正常。

③工作台各个方向都不能进给，检查热继电器 FR1、FR2、FR3 是否断开。

④工作台不能快速进给：检查热继电器 FR1、FR2、FR3 是否断开；检查开关 SA1、SB5、SB6 是否正常动作；检查交流接触器 KM6 是否损坏。

注意事项：

（1）熟悉铣床床电气控制线路的基本环节及控制要求。

（2）检修所用工具、仪表应符合使用要求。

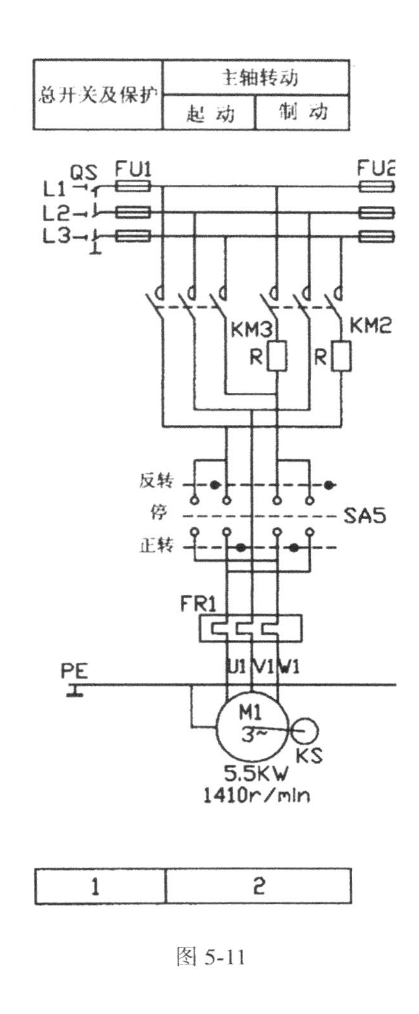

图 5-11

（3）排除故障时，必须修复故障点，但不得采用元件代换法。

（4）检修时，严禁扩大故障范围或产生新的故障。

四、M7120 平面磨床常见电气故障

M7120 型平面磨床主要结构如图 5-12、图 5-13 所示。

（一）运动形式

（1）主运动　磨头主轴上砂轮的旋转运动是主运动，是由砂轮电动机直接拖动的。

（2）进给运动　砂轮升降电动机使拖板在立柱导轨上做垂直进给运动。工作台在床身的水平导轨上纵向进给往复运动，是依靠液压传动实现的，并通过工作台前端的两个可调位置的行程挡块操纵床身上液压换向开关，改变压力油的流向，实现工作台的换向和往复运动。砂轮在床身的横向导轨上做进给运动也靠液压传动实现（还可用手轮操作）。液压传动的动力源为液压泵电动机。

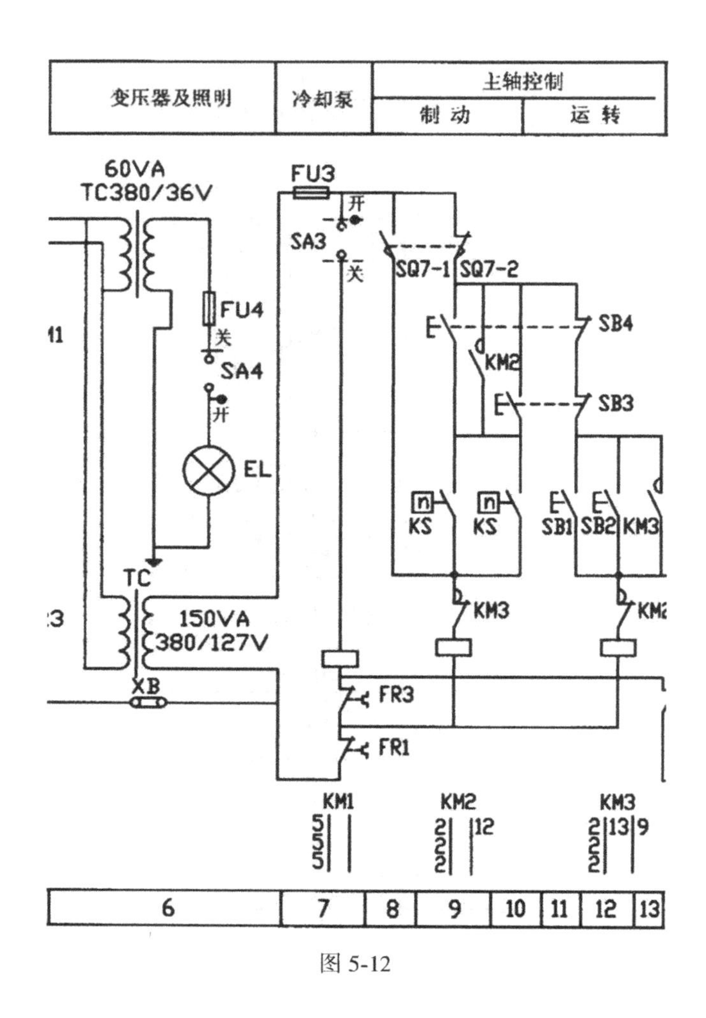

图 5-12

工作台每完成一次纵向进给，砂轮自动作一次横向进给。当加工完整个平面后，砂轮由手动作垂直进给。

（二）磨床对电气线路的主要要求

（1）只有当电磁吸盘的吸力足够大时，才能启动液压泵电动机 M1 和砂轮电动机 M，以防止吸力过小吸持不住工件，砂轮使工件高速飞出的事故。对电磁吸盘需有欠压保护。

（2）砂轮电动机 M2、液压泵电动机 M1、冷却泵电动机 M3 只需单向旋转，因容量不大，采用全压启动。

（3）砂轮箱电动机 M4 要求能正反转，也采用全压启动。

（4）M3 和 M2 应同时起动，保证砂轮磨削时能及时供给冷却液。

（5）电磁吸盘有去磁控制环节。

（6）砂轮旋转、砂轮箱升降和冷却泵都不需要调速。

（7）工作台纵向进给时，砂轮对工件进行磨削，工作台反向返回时，砂轮箱由液压装

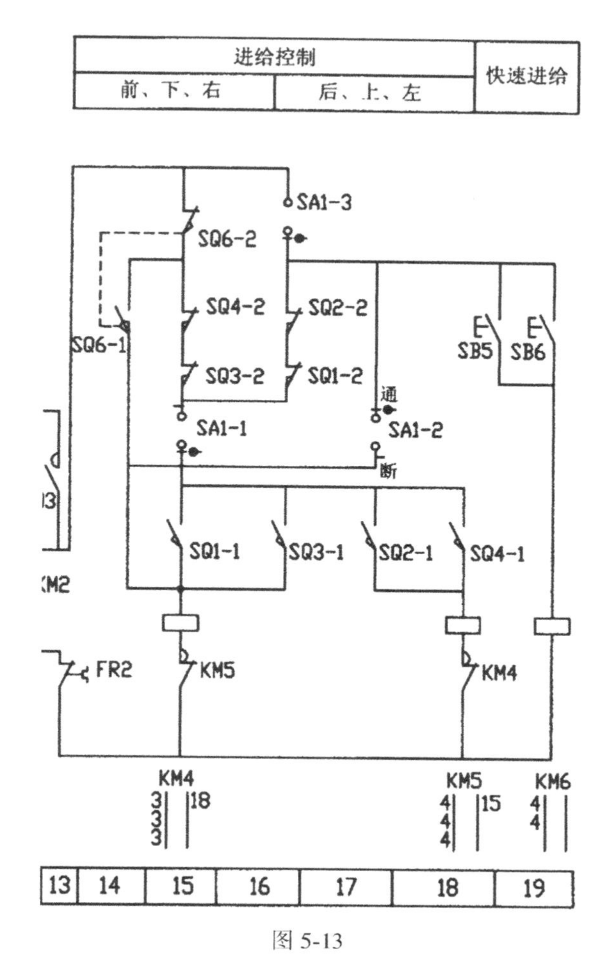

图 5-13

置自动实现周期性的横向进给一次，使工件整个加工面连续地得到加工。横向进给也可用横向进给手轮操纵。当整个加工面加工完毕后，操纵砂轮垂直进给手轮，使砂轮垂直进给，再次进行加工，以完成磨削量。

（三）M7120 型平面磨床电气控制线路分析

如图 5-14、图 5-15 所示。

（四）M7120 型平面磨床常见故障的检查与排除

如图 5-16 所示，常见故障包括：三台电动机均不能起动，砂轮升降电动机正反转不能起动，电磁吸盘没有吸力。

故障分析和检修步骤：

（1）三台电动机均不能起动。

①检查熔断器 FU1、FU2、FU3 是否熔断。

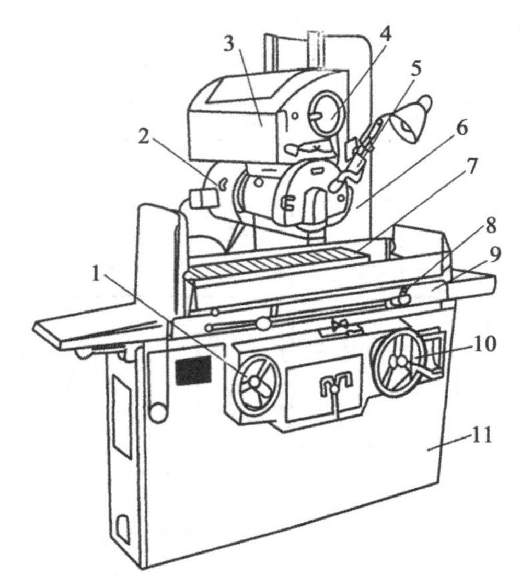

1—工作台手轮；2—磨头；3—拖板；4—横向进给手轮；5—砂轮修正器；
6—立柱；7—电磁吸盘；8—行程挡块；9—工作台；10—垂直进给手轮；11—床身

图 5-14 M7120 平面磨床

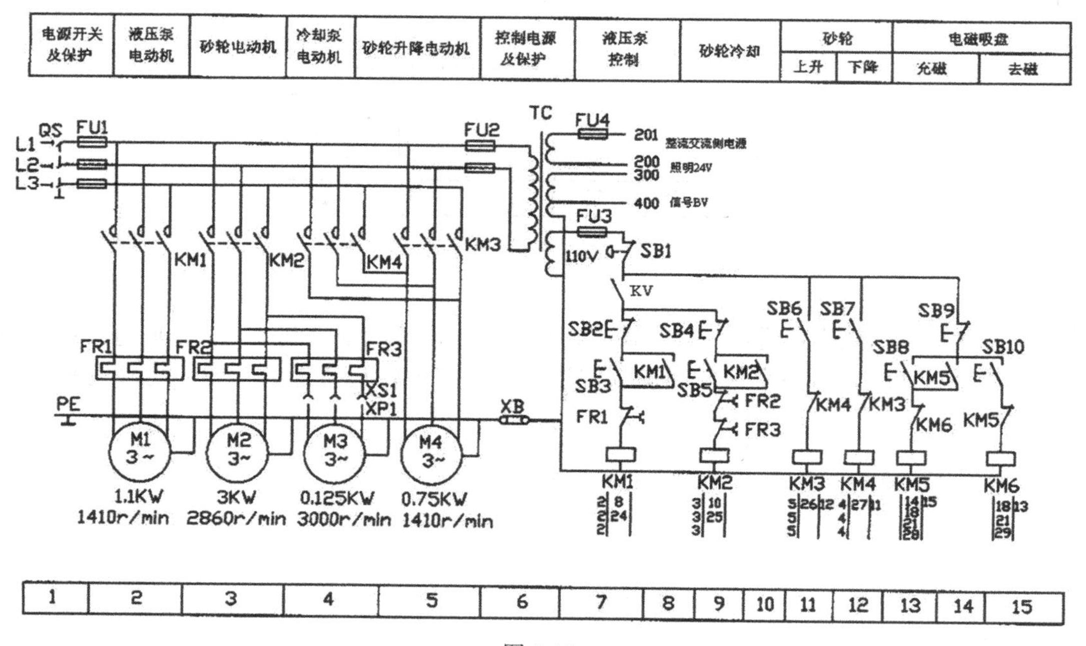

图 5-15

②检查急停按钮 SB1 是否接线脱落。

（2）砂轮升降电动机正反转不能起动。

①检查熔断器 FU1、FU2、FU3 是否熔断。

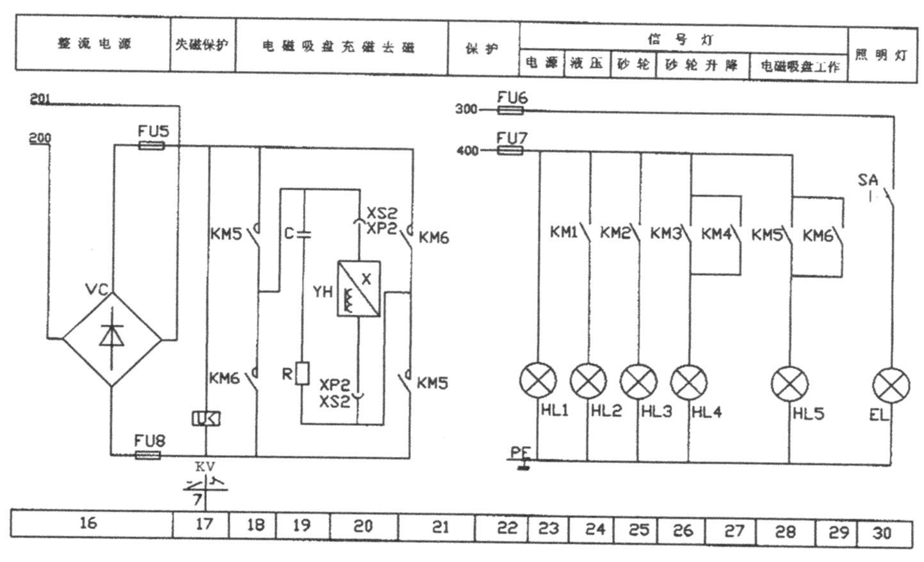

图 5-16

②检查急停按钮 SB1 是否接线脱落。

③检查交流接触器 KM3、KM4。

（3）电磁吸盘没有吸力。

①检查熔断器 FU1、FU2、FU4、FU5、FU8 是否熔断。

②检查急停按钮 SB1 是否接线脱落。

③检查交流接触器 KM5、KM6。

思考题与习题

1. 常见电气故障的诊断与维修方法有哪些？

2. 电器元件维修中常用工具和仪器、设备的使用方法有哪些？

3. 如何树立安全文明生产意识？修复过程中应如何注意自身和他人安全、设备安全、用电安全？

第六章　典型机电设备的维修

第一节　内燃机油底壳油平面升高、润滑油泵、润滑油过滤器、冷却器常见故障的诊断与检修

一、油底壳油平面升高

油底壳油平面升高的主要原因是：水或燃油泄漏到油底壳中。

诊断方法和步骤：可从油底部取出滑油少许放入玻璃杯内，静置1h，观察杯底部是否有沉淀水（含水的滑油将变成灰色乳化状），如无水珠，就可能是燃油混入。

（一）故障征候和产生原因

（1）冷却水进入油底壳。

①气缸套封水圈损坏，使水漏入油底壳。

②气缸盖燃烧室面裂纹，水漏入气缸内。

③小型机滑油冷却器芯子损坏，使水进入滑油内。

④气缸套穴蚀穿孔，以致水漏入气缸内。

（2）燃油进入油底壳。

①膜片式输油泵的膜片破损，燃油漏入油底壳。

②集油排泄孔堵塞，使柴油沿着柱塞式喷油泵的柱塞套筒与喷油泵泵体的定位台肩之间缝隙渗漏入油底壳。

③个别缸喷入的燃油不完全燃烧，从而漏进油底壳。

（二）排除及检修

（1）换缸套封水圈。

（2）此时排气中水分增多，要对气缸盖进行水压试验，如裂纹无法修复，必须更换。

（3）检查冷却水箱内水是否有油迹。有油迹应对冷却器进行水压试验，找出泄漏部位，并进行修复。

（4）换气缸套、更换膜片、更换磨损过度的柱塞偶件和密封圈，研磨柱塞套筒与泵体的定位肩。

二、润滑油泵常见故障

润滑油泵（以齿轮泵为例说明）常见故障：齿轮、壳体损坏，调压阀不密封等。

（一）故障征候和产生原因

（1）驱动齿轮磨损，齿轮与轴孔磨损或键销脱落，使润滑油泵无法正常工作。

（2）润滑油泵齿轮磨损，齿顶端隙太大或齿轮侧隙太大。

（3）齿轮的齿顶与滑油泵壳内壁摩擦而使间隙增大（因齿轮轴承磨损超差或外杂物卡于齿顶所引起）。

（4）限压阀调节装置失效。

（5）滑油泵轴弯曲或轴向间隙过大。

（6）输油管接头松动，或油管、滑油过滤器堵塞，影响泵油效果。

（二）排除及检修

（1）齿轮过度磨损，啮合时响声大，拆下时，可用塞尺测量齿隙。间隙过大，可换新齿轮。键销与轴配合过松，可重配新键销。

（2）检查齿隙，如过大，则给予换新。泵端面磨损大时，应予车平，研磨修正，并更换垫片。

（3）用塞尺检查齿顶与泵壳体间的间隙，磨损超过规定时，则应更换。

（4）这时油压调不上，主要是调压弹簧断掉，调压阀不密封等，可更换弹簧，研磨调压阀座面。

（5）塞尺测量齿隙时，发现齿隙不匀，说明可能泵轴弯曲，这时应该校正。轴向间隙过大，可通过垫片来调整。

（6）检查管路接头，清洗滤网、管路，或更换过滤元件。

三、润滑油过滤器、冷却器常见故障

润滑油过滤器主要故障：油泥堵住过滤网，使过滤器失效，导致运动件加剧磨损。

冷却器主要故障：冷却器芯子破裂，造成滑油内混入水，或冷却器水侧水垢过厚等，使冷却效果差。

（一）故障征候和产生原因

（1）滑油过滤器堵塞，机油通过过滤器压降过大，滤网破损，杂质混入润滑系统磨损机件。

（2）冷却器子管道堵塞，芯子水垢过多，使柴油机油温过高。

（3）冷却器芯子管破裂，使油和水混合。

（4）冷却器芯子端盖垫片破损，使油、水混合。

（二）排除及检修

（1）清洗过滤器，或更换滤网，更换润滑油。平常应按说明书所规定，定期清洁保养，修换滤网。

（2）用碱溶液加热清洗，用铁条通堵塞管道。

（3）若滑油中有水，可试压冷却器，发现芯子管破裂，可焊补修复或堵塞该管通道。

（4）更换垫片，并试水压。

第二节　柴油机增压系统故障的诊断与检修

一、废气涡轮增压器常见故障

涡轮增压器常见故障：增压器有不正常响声与震动、喘振；喷嘴环叶、叶轮损坏，增压压力低；废气进排气壳蚀穿，轴承损坏等。

增压器出故障，将使柴油机燃烧不良，功率下降等。

二、故障征候和产生原因

（一）轴承早期磨损和损坏

（1）小型柴油机系统瞬时断油或失压，润滑油不清洁或变质。

（2）转子动平衡失调，轴承单边磨损。

（3）轴承装配质量不佳，支承面、止推面接触不佳，同心度、垂直度不佳，油隙太小等。

（二）喷嘴环叶、叶轮动叶损坏

（1）柴油机活塞环断裂碎片或杂质打击喷嘴环与涡轮动叶片。

（2）由于涡轮长期处在超温下工作，引起喷嘴环叶片变形损坏。

（三）压气机叶轮损坏

（1）转子或蜗壳异常膨胀，各部间隙减小，叶轮接触蜗壳而损坏。

（2）由于推力轴承磨损，压气机叶片接触蜗壳，使叶轮损坏。

（3）吸气侧混入异物，使叶轮损坏。

（四）废气进排气壳蚀穿

废气涡轮增压器进排气壳内壁受燃气腐蚀，由于燃油中硫的氧化而生成硫酐，造成酸性腐蚀。往往 3 年左右就造成废气进排气壳蚀穿。

（五）增压器有不正常响声与动

（1）转子动平衡失调，转子与轴承配合间隙过大，使转子与固定件碰擦

（2）转子轴间定位不当，推力轴承间隙过大，引起转子与固定件碰擦或叶轮动叶片断裂。

（3）增压器机组地脚螺栓松动

（4）轴承损坏，引起不正常噪音

（六）增压压力不正常

1. 增压压力下降

（1）空气滤清器、压气机内部空气流道，因灰尘和油雾的油污将通道阻塞，造成吸气损失增大，使增压压力下降。

（2）外支承的涡轮增压器，当它的压气机背面气封损坏，造成大量空气从背面漏向中间壳，同涡轮中排出的燃气一起排向大气，造成增压压力下降。涡轮进气管或压气输气管漏气，涡轮背压太高，排气管道堵塞。转子转速升高，因而增压压力偏小。

①由于燃气漏入气封，并在气（油）封处引起严重积炭，或轴损坏等原因使旋转阻力增加。

②中冷器内部气道沾污，气流道阻力增加或雨天气，机舱天窗关闭，使从机舱进气的柴油机进气压力低，出气压力也同样低。

2. 增压压力上升

（1）涡轮增压器长期使用，如果不进行清除积炭，将使喷嘴及涡轮通道一定程度阻塞，因此转速也随之升高

（2）柴油机燃烧不完全，或排气阀泄漏，都会引起涡轮增压器超转速。

（3）在大风浪顶风行船时，虽然加油手柄位置不变，全制式调速器将使油门实际增大，或一般柴油机超负荷也会使涡轮增压器超速。

（七）润滑油严重泄漏

（1）油封间隙过大和损坏，油封用活塞环弹力不足或活塞环断裂损坏，油封失效。

（2）压气机侧通大气的平衡气孔堵塞，或回油管内有空气存在，回油不畅等

（八）润滑油回油温度过高。

（1）润滑油压过低，油量过小。

（2）涡轮端气封和油封损坏，高温燃气进入油。

（3）冷却水量过少或水温过高。冷却水系统堵塞，轴承部分得不到冷却。

（4）润滑油系统堵塞，使润滑油量减少，油温升高。油路系统中有漏油现象，使轴承润滑油油量减少，轴承发热，油温升高。

（九）涡轮进气壳或排气壳发烫

主要是冷却水管被水垢或空气阻塞，冷却水压力过低，水量太少或进水温度过高。

（十）增压系统喘振

（1）柴油机急速停车、加速。

（2）采用脉冲增压系统，两台以上增压器共用扫气箱供气，因喷油系统故障使各缸供油严重不均时，供油少者气缸所在缸的增压器会喘振。

（3）由于中间冷却器气道积污阻塞，也易产生喘振。

（4）增压器的消音滤清器阻力太大，叶轮、扩压器积污过多，扫气口积碳。或背压阀开得过小或阻塞，背压过高。

（5）喷嘴环喉口严重阻塞，或涡轮动叶片、喷嘴环由于异物而损坏。增压器流量小，使其产生喘振。

三、故障排除及检修

（1）检查油路系统，调换润滑油。修复或更换轴承。

（2）复校转子动平衡，修复轴承。

（3）更换轴承，复查有关间隙，并调整在要求范围内。

（4）检查喷嘴环与涡轮动叶片，损坏要修复，或更换。

（5）排除柴油机排气温度过高原因，更换叶片。

（6）查找转子、蜗壳温度过高的原因并排除。检修或更换叶轮。

（7）更换推力轴承及叶轮。

（8）更换叶轮。

（9）检修时，要特别注意检查废气进排气壳腐蚀情况，严重者给予换新。

（10）检查转子轴承合配间与隙，间隙过大给予调整或更换零件。清理叶轮和叶片的积污。

（11）检查推力轴承侧隙，过大给予更换推力轴承，并检查叶轮动叶片，有损坏更换新件。

（12）检查增压器地脚螺栓是否松动，松动的要重新上紧。

（13）检查轴承，有损坏或配合间隙过大给予更换。

（14）拆下空气滤清器和压气机壳清洗干净。

（15）发现气封装置损坏，应进行修理或更换。

（16）检查漏气处，给堵漏。清除排气管道。等等。

注意，由于废气涡轮增压器工作转速很高（一般为每分钟数万转），对转子系统的动平衡要求非常高，一般工厂、船舶若无专用设备，难以进行动平衡测量，此时应尽可能交由厂家或专业维修站进行检修。

第三节　电机故障的诊断与检修

电动机在运行过程中，由于各种原因，会发生多种多样的故障，可分为电气故障和机械故障两大类。电气故障主要有定子绕组、转子绕组、定转子铁心、开关及起动控制设备故障等。机械故障主要有轴承、转轴、风扇、机座、端盖损坏等。能否及时判断分析故障原因并进行相应处理，是防止故障扩大、保证设备的正常运行可靠保障。

一、三相异步电动机常见故障的诊断与维修

（一）定子绕组绝缘电阻偏低

1. 故障诊断

正常情况下，对于1000V以下电动机，常温下用500V兆欧表测量电动机绕组绝缘电阻（对地及相间），应不小于0.5MΩ；对于1000V以上电动机，在接近工作温度下测量，应不小于1MΩ/kV。造成电动机绝缘电阻下降的主要原因有以下几个方面：

（1）电动机长期停用或存放，因受周围粉尘、油污、潮湿空气、雨水、烟雾、腐蚀性气体的影响，使绕组表面吸附一层导电物质，造成绝缘电阻下降。

（2）电动机在长期使用过程中，因环境温度较高或经常过载、超温使用，同时在电气、机械振动等内外因素作用下，绝缘层材料出现龟裂、分层甚至有脱落，导致绝缘性能下降。

（3）电动机原来的绝缘材料或绝缘层存在薄弱环节，在使用或嵌线时因失误造成电磁线等局部绝缘层损伤，随着电动机使用时间的延长，绝缘电阻下降。

2. 故障维修

对于绝缘电阻下降的电动机应分析原因，区别对待。若是因受潮、淋雨等原因，应在做好清洁工作后进行干燥处理；若是因老化等原因，则通过浸漆法来处理；对于局部损伤，可以局部包覆绝缘材料层。

干燥处理法：包括烘房（烘箱）干燥法、热风干燥法、灯泡干燥法、电流干燥法。

浸漆处理法：对于受潮烘干的电动机，若绝缘不能满足要求，或绝缘老化的电动机及经过绕组重绕的电动机，都应进行浸漆处理。浸漆前应将电动机清理干净并经预烘，一般预烘温度约为110℃，时间4~8h，每小时测一次绝缘电阻，待电阻稳定才可浸漆。预烘后绕组的温度应降至60~70℃才能浸漆。温度过高，绕组表面易形成漆膜，内部不易浸透；温度过低，绕组又可能吸入潮气。浸漆时间15min左右，直到不冒气泡为止，然后取出滴干，若受条件限制，可用浇漆的方法，先浇一端，然后再浇另一端，反复几次，滴干余漆后，可进行烘干。浸漆后烘干与受潮干燥不同，浸漆烘干过程应分为低温、高温两个阶段。低温阶段保持2~4h，温度控制在70℃左右，让漆中溶剂水分挥发；高温阶段烘干8~16h，温度为110~120℃。高温阶段烘干中，应每隔1h测一次绝缘电阻，直到电动机绝缘电阻稳定，才能停止烘干。一般烘干的电动机绝缘电阻应在5MΩ以上。

（二）定子绕组接地

1. 故障诊断

可采用以下方法诊断定子绕组接地故障：

直接观察法：绕组接地故障大多发生在铁芯槽口附近，常有绝缘材料破裂、烧焦等痕迹，细心观察较容易发现。

试灯法：当接地点损伤不严重，直接观察不容易发现时，可用试灯法来检查。用一只较大功率的灯泡将两根校验棒通过导线分别接到绕组和外壳上，向校验灯供以低压直流24V交流电，如果灯泡暗红或不亮，说明该相绕组绝缘良好；若灯泡发亮或发光，则说明该相绝缘已接地。

绝电阻表法：将绝缘电阻表的L接线柱用导线与某相绕组的一端相连，E接线柱与机壳相连，用120r/min的转速摇动手柄，逐相检查对地绝缘电阻。若某相绕组绝缘电阻为零或在0.5MΩ以下，则表明该相绕组有接地故障。

2. 故障维修

定子绕组出现接地故障时，应认真观察绕组的损坏情况，除了由于绝缘老化、机械强度降低造成的绕组接地故障需要更换绕组外，若线圈绝缘层尚好，仅个别绕组接地，则只需局部修复。

短路发生在定子槽口处：如果查明接地点在槽口或槽底线圈出口处，且只有一根导线绝缘层损坏，可把线圈加热到约130℃，待绝缘层软化后，用划线板或竹板撬开接地点处的槽绝缘，把接地点处烧焦的绝缘层清理干净，插入适当大小的新绝缘纸板，再用绝缘电阻表测量绝缘电阻。绕组绝缘性能恢复后，趁热在修补处涂上自干绝缘清漆即可。若接地点有两根以上导线绝缘层损伤，则可将槽绝缘和导线绝缘同时修补好，避免引起匝间短路。

双层绕组上层边槽内部接地：先把绕组加热到约130℃使绝缘层软化，打下接地线圈上的槽楔，再把接地线圈的上层边起出槽口，清理损伤的槽绝缘，并用新绝缘纸板把损坏的槽绝缘处垫好。同时，检查接地点有无匝间绝缘层损伤，然后把上层边再嵌入槽内，打入槽楔并做好绝缘处理。在打入槽楔前后，应用绝缘电阻表测量故障线圈的绝缘电阻，使绝缘电阻恢复正常。

接地点在槽口附近或里面：若接地点在端部槽口附近，而损伤不严重，应在导线与铁芯之间垫好绝缘纸后，涂刷绝缘清漆即可。若接地点在槽的里边，可轻轻抽出槽楔，用划线板将匝线一根一根地取出（可用溶剂软化僵硬的绕组，以便拆卸），直到取出故障导线为止。用绝缘带将绝缘损坏处包好，再把导线仔细嵌回线槽。若绕组受潮，应将整个绕组进行预烘干，再浇上绝缘清漆并烘干即可。若由于铁芯凸出划破绝缘层，应将凸出的硅钢片敲下，在破损处重新包好绝缘。

（三）定子绕组短路

1. 故障诊断

绕组短路有相间短路和匝间短路两种。诊断电动机短路故障时，用万用表或兆欧表测量绕组相间绝缘电阻，测量前，应拆除三相绕组之间的连接片（线），如果相间绝缘电阻为零或接近零，说明是相间短路，否则有可能是匝间短路，绕组短路可用以下几种方法诊断：

电桥法：对于组间短路，由于电动机绕组线圈电阻一般很小，所以只能用电桥测量三相绕组的直流电阻，一般电阻较小者为有短路匝的绕组。

电流平衡法：如果是星形接法的绕组，把三相串入电流表后并连接到低压交流电源的一端，把中性点接到低压交流电源的另一端；如果是三角形接法的绕组，则需拆开一个端口，再分别将各绕组两端接到低压交流电源上。如果两相电流基本样，另一相电流明显偏大，此相就是短路相。

电阻法：利用电桥分别测量三相绕组的直流电阻（也可用电压表或电流表），电阻值小的相就是短路相。但短路匝数较少时，电阻值相差不太明显。

手摸法：对于小型电动机，可先将电动机空转 1~2min，然后停机。迅速打开端盖，用手摸绕组端部，若某个线圈比其他线圈热，则说明这个线圈有匝间短路现象。

2. 故障维修

对于线圈端部的相间短路，可将线圈加热，软化绝缘层，用划线板撬开线圈组之间的线圈，清理已损坏的相间三角形绝缘垫，重新插入新的绝缘垫并进行涂漆处理，最后烘干。当短路线圈的绝缘层尚未焦脆时，可在短路处垫上绝缘纸，然后涂绝缘漆烘干即可。对于绕组连接线或过桥绝缘损坏引起绕组短路，可解开绑线，用划线板轻轻撬开连接线处，在清除旧绝缘套管后套入新绝缘套管，或用绝缘带包扎好，再重新用绑线绑扎。对于双层绕组层间短路，可先将线圈加热到约 130℃，使绝缘层老化。打开短路故障所在槽的槽楔，把上层边起出槽口，检查短路点情况，并清理层间绝缘物，再检查上、下层线短路点处的电磁线绝缘层有无损坏。把绝缘层损坏的部位用薄的绝缘带包好，垫好层间绝缘，再将上层边重新嵌入槽内并进行绝缘处理。若电磁线绝缘损坏较多或多根电磁线绝缘层损坏，包上绝缘层后无法嵌入槽内，要根据情况来采取局部修理方法。

（四）定子绕组断路

1. 故障诊断

可采用以下方法诊断定子绕组断路故障：

万用表法：把万用表调到电阻（低）挡，用两表笔分别测量各相是否是通路，如果电阻无穷大，则说明该相是断路。对于绕组是星形接法的情况，可将万用表表笔的一端接到中性点，另一端依次与三根相线相接，此时万用表指针不偏摆的一相就是断线相；对于绕组是三角形接法的情况，应先把各相绕组拆开，然后分别测试。如果绕组是多路并联，也应把并联线拆开，再进行分别测试。

电阻法：利用电桥分别测量三相绕组的电阻值，若两相电阻值相同，而一相绕组电阻值偏大，并相差 5%以上，则说明电阻大的一相有部分断线。

2. 故障维修

对于引线和过桥线开焊，若断线点是引出线或线圈过桥线的焊接部分脱焊，可把脱焊处清理干净，在待焊处附近的线圈上铺垫一层绝缘纸，以防止焊锡流入使线圈绝缘层损伤。此时即可进行补焊，并做好包扎绝缘处理。

对于线圈端部烧断，在线圈端部烧断一根或多根导线时，需把线圈加热到约 130℃，待绝缘层软化后，把烧坏的线圈撬起，找出每根导线的端头，用相同规格的导线连接在烧断的导线端点上，并进行焊接、包扎绝缘、涂漆烘干等处理。

对于槽内导线烧断，先把线圈加热到 130℃左右，使绝缘层软化后，打下槽楔。由槽内起出烧断的线圈，把烧断的线匝两端从端部剪断（将焊接点移到端部，以免槽内拥挤)。用相同规格和长度合适的导线在两端连接焊好，包好绝缘层后将匝线再嵌入槽内，垫好绝缘纸，打入槽楔，涂刷绝缘漆。

若线圈断线较多，应更换线圈或采取应急措施，把故障线圈从电路中隔离。其方法是确定断线的线圈，连接断线线图的起端和终端。这种临时方法只能在无法获得新线圈的情况下才可使用。

(五) 定子绕组接线错误

电动机定子绕组接错或嵌反后，将造成电动机启动困难、转速低、振动大、响声大、三相电流严重不平衡等，严重时将三相绕组烧毁，所以进行定子绕组嵌线时，应做好首尾标记，避免接错。

1. 定子绕组接错或嵌反的类型

绕组接线错误分为某极相组中有一组或几组线圈嵌反或首末端接错、极相组接错、绕组外部接线接错。

当发现绕组接线错误时，应首先检查三相绕组首尾端是否接反，其次再检查个别绕组或极相组是否接错或嵌反。

2. 定子绕组首末端的判别方法

用干电池和万用表判别首尾端方法：先用多用电表的欧姆挡将三相绕组分开；再判别出其中两相绕组的首尾端，将万用表调到毫安挡，再将任意一相绕组的两个线头接到表上，并指定接万用表的端钮“+”端的为该相绕组的首端 U1，接在万用表的端钮“-”端的为尾端 U2，然后将第二相绕组的两个线端头分别接干电池的“+”和“-”极。若干电池接通瞬间，表针正转（向大于零的一边摆动），则与电池“-”极接的一个线端头为第二相绕组的尾端 V2；若表针反转，则第二相绕组的首尾端与上述相反，用同样的方法可判断出第三相绕组的首尾端。

用干电池判别电动机定子绕组首尾端的方法是利用变压器的电磁感应原理。

(六) 笼型转子故障

笼型绕组分为铜条和铸铝条两种。笼型转子的主要故障是断条。铜条断条的主要原因是个别铜条有先天性缺陷或嵌装铜条在槽内松动，在运行中受电动力及离心力作用导致断裂或铜条与端环脱焊。铸铝条断条的主要原因是浇注不良、存在气孔夹渣等铸造缺陷，当电流通过时，局部高温烧断或受力过大造成断条。笼型转子断条后，电动机负载能力明显下降，通电时会产生强烈的电磁噪声和振动，转速和功率下降，启动困难等。少量断条可以局部补焊，断条过多一般需换笼或换转子。

(七) 绕线式转子故障

由于绕线转子与外部连接依靠滑环和电刷装置，这部分故障率较高，常见故障诊断与维修方法如下：

1. 转子单相运行

这种故障多数是由电动机电刷机构失灵、电刷太短、接触不良所致，应更换电刷及电刷拉簧。对于滑环过度磨损等，也应进行更换。

2. 绕线转子端部并头套脱焊

焊接质量不好，运行温度高造成脱焊。启动条件恶劣或启动频繁及经常过载造成转子电流大，若热量散发不畅，则容易脱焊，并引起导电体与铜套间接触不良放电烧坏。对于脱焊的并头套，应重新焊接，对于烧坏的铜套，应更换，对于在较多粉尘环境中工作的电动机，可在并头套表面涂刷绝缘漆或用绝缘带包扎，以防止并头套之间的短路事故发生。

3. 滑环故障

绕线式转子常用滑环有整体式、组装式及固定式三种，其材料有青铜、黄铜、低碳钢、合金钢等。滑环损坏，电动机即不能正常使用。引起滑环损坏的主要原因有以下几种：

电刷冒火：电刷冒火主要是因为电刷材质不良，电刷与滑块接触不良，滑环不圆，表面不平，电刷选择不当，压力调整不当等。

滑环引线接触不良：滑环引线接触不良主要是引线与滑环的焊接不良、导电杆螺母松动等。

滑环对地短路：滑环对地短路主要是因为引出线绝缘受到机械破坏或热力破坏，而发生对地击穿。对于滑环发生松动、接地短路不良等故障，一般可采取局部修理，表面损伤不严重的可进行一般修理，损坏严重的应更换。

（八）机械故障

三相异步电动机结构简单耐用，机械故障发生率不高。若安装搬运及维护不当，则可能发生故障。最常见的有轴承故障，转子裂纹、弯曲、轴颈磨损，机座或端盖破损、裂纹，风扇断叶，铁芯片与片之间短路等。

1. 轴承的故障检查及修复

常见的轴承故障有轴承内圆或外圆出现裂纹、滚珠破碎、滚珠之间的支架断裂、轴承退火变色、滚道有划痕或锈蚀等。

2. 机座、端盖故障及修复

三相异步电动机的机座和前后端盖等大部分为铸铁件，若使用、搬运、拆装不慎，就可能产生裂缝、破损等。对于定子外壳产生的纵向或横向裂缝，只要长度不超过相应长度或宽度的50%，可以焊接进行补焊。对于铸铁外壳，可用铸铁焊条并将外壳预热到700℃左右，最好用直流电焊机。

3. 转轴故障及修复

电动机的转轴用来支撑转子铁芯旋转，并保持定子与转子之间有适当的均匀气隙。电动机转轴的常见故障有弯曲、轴裂纹、轴颈磨损等。

转轴弯曲：使转子失去动平衡，运转时产生较大的振动，严重时引起转子扫膛。轴的弯曲可以在电动机旋转时通过观察它的轴伸端的跳动状况来分辨，不弯曲的轴不跳动，弯曲较严重的轴跳动严重。轴有很小的弯曲是允许的，但弯曲度超过 0.2mm 时，应进行矫正。

转轴断裂：转轴断裂一般都应更换新轴。如只是出现裂纹，其深度又未超过轴颈的10%～15%，长度不超过轴长的10%，可用堆焊修复。

轴颈磨损：轴颈磨损将使转子偏移，增加电动机的异常振动，严重时造成转子扫膛，若磨损不太严重，可在轴颈上镀一层铬；若磨损严重，可用热套法修复。

4. 铁芯故障及修复

铁芯常见故障是齿端沿轴向外胀、铁芯过热、局部烧损及整体松动等。铁芯构成电动机的磁路，其故障直接影响电动机的运行性能，要针对具体故障情况，采取相应的措施。

二、电机故障实例分析

（一）定子绕组断路的故障诊断与维修

1. 故障现象

某厂电工对电动机进行检修保养，检修后通电试运转时发现一台17kW、4极交流电动机的空载电流三相相差1/5以上，振动剧烈，但无“嗡嗡”声，也无过热冒烟，电源电压三相之间相差不足。

2. 故障诊断

此电动机空载电流不平衡，三相相差1/5以上，而影响电动机空载电流不平衡的原因有电源电压不平衡，定子、转子磁路不平均，定子绕组短路，定子绕组接线错误，定子绕组断路。

经现场观察，电源三相电压之间相差尚不足1%，因此，不会因电压不平衡引起三相空载电流相差1/5以上。另外，仅定子与转子磁路不平均，也不会使三相空载电流相差1/5以上。定子绕组短路会同时发生电动机过热或冒烟等现象，可是该电动机既不过热，又未发生冒烟，可以断定定子绕组无短路故障。关于绕组接线错误，对于以前使用正常，只进行一般维护保养而未进行定子绕组重绕，不存在定子绕组连线错误的问题，经过以上分析，完全排除了前四种原因。

经过分析，判定故障原因为定子绕组断路，当定子绕组为三角形连接时，若某处断路，定子绕组将成为星形连接。若定子绕组接线正确，定子绕组每相所有磁极位置是对称的，一相整个断电，转子所受其他两相的转矩仍然是平衡的，电动机不会产生剧烈振动，但该电动机振动比平常剧烈，而电动机振动剧烈是由转子所受转矩不平衡所致。

从以上分析可以确定，这台电动机的故障是定子双路并联绕组中有一路断路，引起三相空载电流不平衡，并使电动机发生剧烈振动。

3. 故障原因及防止措施

电动机定子绕组断路大致有以下几种原因：制造时焊接不良，电动机使用中发生绕组线圈接头松脱；机械损坏，如绕组受到碰撞或受其他外力拉断；电动机绕组短路没有及时发现，在长期运行中导线局部过热而熔断；并绕导线中有一根或几根导线断线，另几根导线由于电流密度增加，引起过度发热而最后烧断整个绕组。

要避免类似故障的发生，应注意以下事项：要提高电动机的制造和绕组重绕大修的质量，焊接要杜绝虚焊，制作线圈时要防止线圈断股，嵌放线圈时要十分注意绝缘的处理，防止绕组短路或断路；电动机检修解体或组装时，要防止机械损伤绕组；发现三相电流严重不平衡（超过10%）时，应立即停机检查找出原因，防止事故扩大。

（二）电动机过热故障的诊断

电动机正常运行时温度稳定，并在规定的允许范围内。如果温度过高，或与在同样工作条件下的同类电动机相比，温度明显偏高，就应视为故障。电动机过热往往是电动机故障的综合表现，也是造成电动机损坏的主要原因。电动机过热，首先要寻找热源，即是由哪一部件的发热造成的，进而找出引起这些部件过热的原因。

1. 定子绕组过热

定子绕组存在电阻，通入电流后就会发热。对某一确定的电动机来说，绕组的电阻是基本不变的，所以绕组发热量的多少主要取决于电流的大小，定子绕组过热的原因有以下几种：

负载过高：由于各种原因使电动机负载增加，电动机转速降低，转子、定子绕组中的电流增加，使电动机较长时间超载运行，绕组将过热。

电源电压低：电源电压降低，电动机的转矩将下降。在负载不变的情况下，转速降低，电流增加，导致绕组过热。

缺相启动和运行：三相电动机缺一相电源，无论是启动前缺相，还是运行中缺相，都将使电动机定子、转子的绕组电流大大增加，时间稍长，电动机就会因过热而烧毁。

匝间短路或绕组绝缘受潮：绕组内存在匝间短路，在短路线匝内流过很大的短路电流，使绕组过热。同时，由于短路线匝不做功，势必加重其他绕组的负担，使整个绕组过热。绝缘受潮后，定子绕组表面、绕组之间的泄漏电流增加，也会使电动机过热。

接线错误：如果将三角形连接的电动机接成了星形连接，将使电动机转矩下降1/3，电流大大增加，如果将星形连接改成三角形连接，每相绕组电压升高了$\sqrt{3}$倍，铁芯磁通严重饱和，还可能击穿匝间绝缘；如果三相绕组有一相首尾接反，电流也大大增加，这些都会使电动机绕组过热。

启动频繁：电动机频繁启动，很大的启动电流使电动机绕组过热；或者启动时负载过大；或电动机启动力矩偏小，使电动机启动时间延长。

2. 铁芯过热

当绕组接上交流电源后，在铁芯内产生交变的磁通。这个交变的磁通使铁芯交替磁化，需要消耗一部分能量，称为磁滞损耗，使铁芯发热。同时，铁芯也是导体，在交变磁通作用下产生的感应电流在铁芯内流通，也造成能量损耗，称为涡流损耗，同样使铁芯发热。但是，硅钢片磁导率很高，各片互相绝缘，因而使损耗限制在一定的范围内。如果铁芯损耗增加，铁芯将会过热，从这一点出发，可以找到铁芯过热的原因。主要原因有电压过高、三相电压不平衡、铁芯短路。

3. 轴承过热

中小型电动机的轴承多采用滚动轴承。滚动轴承的发热是由滚珠与内外圈的摩擦产生的。引起轴承过热的原因有：缺油；加油过多或油质过稠；油脏污，混入了小颗粒杂质；轴弯曲，按规定轴的弯曲度不应超过 2mm；转动装置校正不正确，如偏心、传动带过紧等，使轴承受到的压力增大，摩擦力增加；端盖或轴承安装不好，配合得太紧或太松；由于电动机制造的原因，磁路不对称，在轴上感应了轴电流而引起涡流发热。

4. 散热不良

造成电动机散热不良的主要原因有：环境温度偏高；电动机内部与外壳灰尘过多，影响了散热；风扇损坏或风扇装反了，冷却风量减少；电动机排出的热风不能很快地放开、冷却，又立即被电动机风扇吸入内部，造成热循环使电动机过热。

第四节　PLC 设备故障的诊断与检修

可编程控制器（programmable controller，简称 PLC）是以微处理器为核心的工业自动控制通用装置，随着计算机技术的发展以及微处理器芯片和有关元件价格下降，PLC 的功能大大增强，使 PLC 在工业上的应用越来越广泛。虽然 PLC 抗干扰能力强，但在使用中由于电磁干扰、电源波动、机械振动、温度和湿度的变化，都可能使 PLC 控制系统发生故障，使整个自动化系统处于瘫痪状态。

PLC 控制系统是由硬件和软件组成完整系统，控制系统故障分为外部设备故障、系统故障、硬件故障和软件故障。

系统故障系统故障是影响 PLC 系统运行的全局性故障，可分为固定性故障、偶然性故障。故障发生后，可以重新启动使系统恢复正常，则判断为偶然性故障。如果重新启动不能恢复，而是需要更换硬件或软件，系统才能够恢复正常，则认为是固定性故障。

硬件故障主要指 PLC 系统中的模板、电路损坏而造成的故障。

软件故障包含软件错误、操作错误等。PLC 软件故障一般可以通过 PLC 本身的自诊断测试功能或者软件来查看、检查。

PLC 控制系统故障率大约为：CPU 与存储器故障率占 5%；I/O 模块故障率占 15%；传感器及开关故障率占 45%；执行器故障率占 30%；接线等其他方面故障率占 5%。

一、PLC 故障诊断的基本方法

PLC 故障诊断的首要任务是在发生故障时抓住故障现象和有关机械部件的运动状态，然后再分析产生故障的原因，找出相应的处理方法。可用类似中医诊病的“望、闻、问、切”来对故障进行诊断、分析，找到故障原因。

（1）看（望）　看 PLC 外观上是不是存在异常的裂痕、模板指示灯是否正常等现象；通过这些现象，检查信号点，确定故障点。

（2）问　向 PLC 使用者询问发生故障的情况和操作情况，从而为判断 PLC 故障提供支持与帮助。

（3）闻　用鼻子闻PLC是否存在异味，从而判断故障点。

（4）听　断电情况下，轻轻摇动PLC，听听有没有螺钉松动，如果松动，则需要上紧；通电情况下，听听PLC是否发出异常声音，然后根据声音判断故障点与原因。

（5）摸　CPU正常的情况下温度是低于60℃的，因此，可以用手摸感觉温度是否正常，从而判断CPU是否正常。其他小型元件，用手摸正常应没有烫手的感觉。

（6）切　切的意思就是用各种工具、方法去检查故障点；PLC的程序一般情况下不会坏，也不容易丢失。PLC常见的故障在输入、输出信号，以及输出所控制的负载。因此，这些单元是重点检查的对象

（7）换　怀疑损坏的元件、配件，可以通过更换方法来判断。

二、PLC故障诊断的先后顺序

（一）先动口再动手

（1）维修PLC时，不要立即直接动手，而是先询问故障发生前后的情况、故障现象。

（2）如果对不熟悉的PLC进行维修，应先了解其工作原理。

（二）先清洁再维修

维修PLC时，可以打开机子，首先对PLC进行清洁。

（三）先外后内

维修PLC时，先检查外部现象与原因，如果外部正常，然后检查PLC内部。

（四）先无电判断后再通电判断

首先在没有通电的情况下，先判断熔丝是否损坏、是否不通电就可以判断出故障点。如果不能够判断出来，则再通电检查PLC。

三、PLC系统维护与故障排除的流程

（一）总体诊断

可以根据总体检查流程图找出故障点的大方向，然后逐渐细化找出具体故障，如图6-1所示为总体诊断流程。

（二）电源故障诊断

如果电源灯不亮，则需要对供电系统以及电源灯本身进行检查，检修流程如图6-2所示。

（三）运行故障诊断

电源正常，运行指示灯不亮，则说明系统可能因某种异常原因而终止正常运行，检修

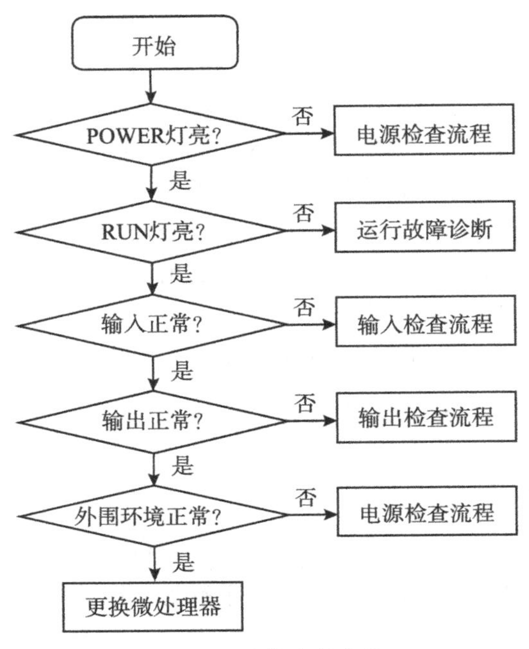

图 6-1　总体诊断流程

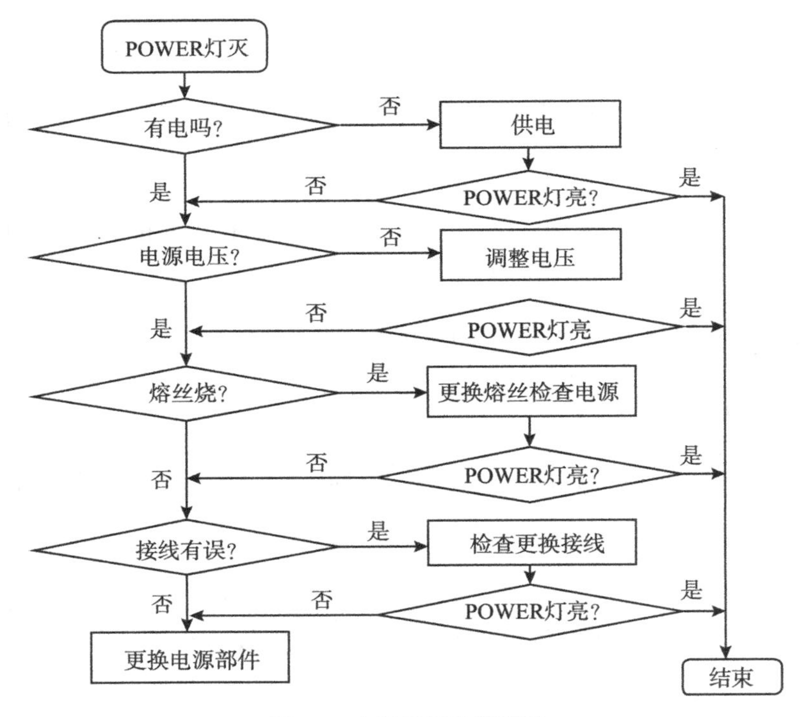

图 6-2　电源故障诊断流程

流程如图 6-3 所示。

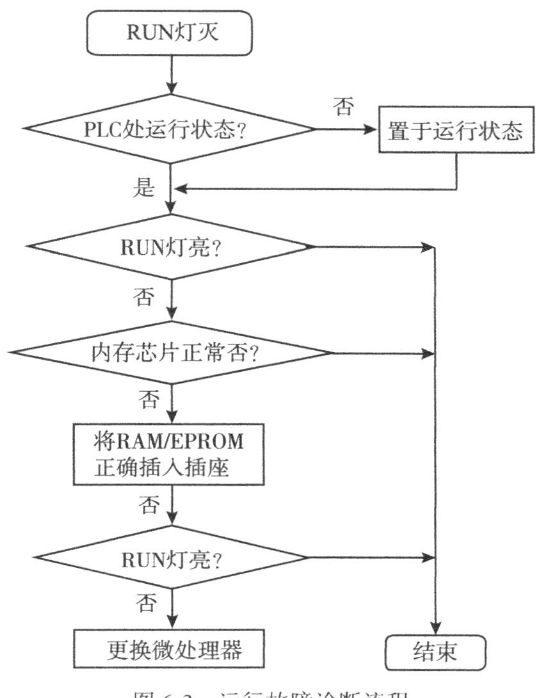

图 6-3　运行故障诊断流程

（四）输入故障诊断

输入输出是 PLC 与外部设备进行信息交流的通道，如果输入正常，输入端子对应指示灯亮；如果未输入信号而输入指示灯亮，则可以判断是该输入模块出了故障，检修如图 6-4 所示。当输出指示灯亮，其对应输出通道的输出继电器正常工作时，说明输出部分工作是正常的。而仅仅输出指示灯亮，但输出继电器并不动作，说明输出部分有故障，有可能是输出触点由于过载、短路而烧毁，也有可能出现了其他故障，检修如图 6-5 所示。

四、查找一般 PLC 故障的步骤

PLC 维修时，插好编程器，并将开关拨到 RUN 位置，再根据下列步骤查找：

（1）如果 PLC 停止在某些输出被激励的位置、状态，一般是处于中间状态，则查找引起下一步操作发生的信号，编程器会显示信号的 ON/OFF 状态。

（2）如果输入信号，将编程器显示的状态与输入模块的 LED 指示作比较，若结果不一致，则说明需要更换输入模块。更换模块前，需要先检查 I/O 扩展电缆和相关连接是否正常。

（3）如果输入状态与输入模块的 LED 指示一致，则比较发光二极管与输入装置的状态。如果两者不同，则需要测量一下输入模块。如果发现存在问题，则需要更换 I/O 装

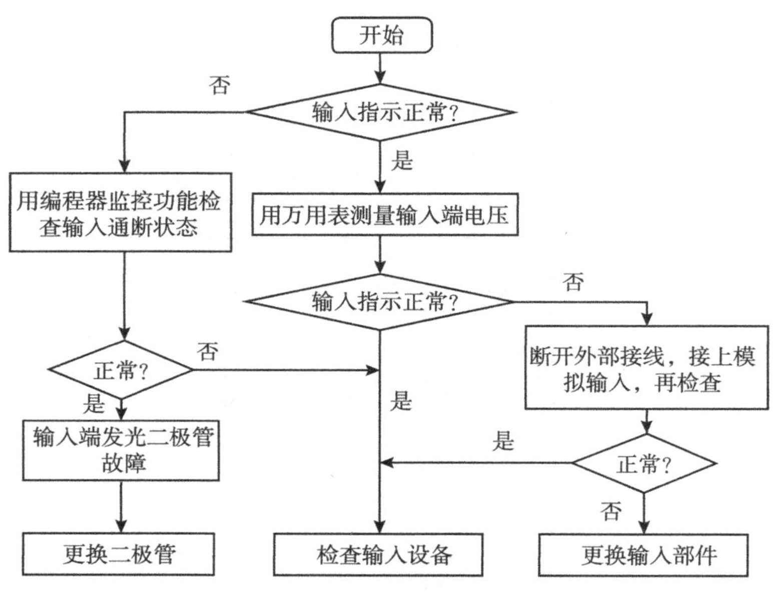

图 6-4　输入故障诊断流程

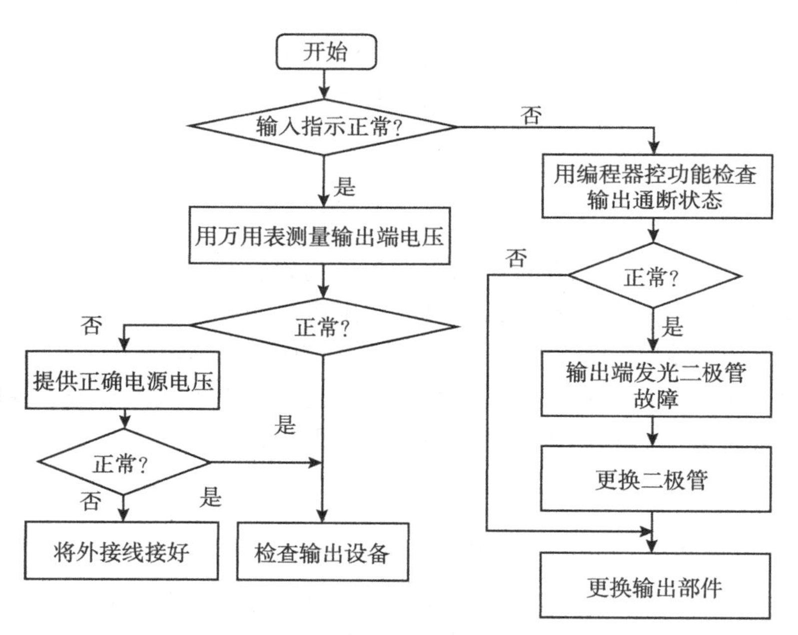

图 6-5　输出故障诊断流程

置、现场接线、电源等。否则，需要更换输入模块。

（4）如果信号是线圈，没有输出或输出与线圈的状态不同，则需要用编程器检查输出的驱动逻辑，并检查程序清单。

（5）如果信号是定时器，并停在小于999.9的非零值上，则要更换CPU模块。

（6）如果该信号控制一个计数器，则需要先检查控制复位的逻辑，再检查计数器信号。然后检查、判断相关组件是否异常，需要更换。

五、排除PLC故障

根据面板上的指示灯的变化来排除PLC故障，如表6-1所示为指示灯异常故障原因。

表6-1 **指示灯异常故障原因**

现象	故障原因
RUN（运行）灯不亮	（1）需要检查编程器是否处于PRG或LOAD位置，或者是否程序出错 （2）检查编程器是否没插好、编程器是否处于RUN方式、CPU模块是否损坏等
BATT V LED灯亮	该红色LED灯亮时，说明PLC内部的锂电池的寿命即到了，也就是说需要更换新电池。如果更换新的锂电池后，该LED灯依旧亮，则可能需要检查PLC内部的CPU板
CPU E LED灯亮	该灯亮时，可能的原因如下：PLC内部有导电性的粉尘侵入、PLC的扫描时超过100ms以上、通电中将RAM/EPROM/ EEPROM记忆卡匣拔下、PLC附近有杂讯干扰等
POWER灯不亮	（1）有的PLC主机、I/O扩充机座、I/O扩充模组、特殊模组的正面或者相关位置有一只POWER LED指示灯 （2）主机通上电源时，LED绿色灯亮。如果主机通上电源后，该指示灯不亮，可以把24+端子的配线拔出。如果指示灯正常亮起，说明FX2的DC负载过大，此时，不要使用FX2的24+端子的DC电源，需要另外准备DC24V电源供电。如果把24+端子的配线拔出后，该指示灯依旧不亮，则说明PLC内部熔丝可能烧断
POWER灯闪烁状态	如果POWER灯闪烁状态，则可能是24+端子与COM端子短路。维修时，可以把24+端子的配线拔出。如果指示灯恢复正常，则需要检查线路。如果指示灯依旧闪烁，则需要检查PLC内部的电源电路
PROG E LED灯闪烁	该红色LED灯闪时，一般是程式回路不合理造成的，也可能是参数设定出错，外在因素干扰导致程序内容产生变化等原因引起的

六、PLC常见故障

PLC常见故障检修对照表，如表6-2 PLC所示为常见故障对照表。

表6-2 **PLC常见故障对照表**

现象	维修方法与要点
CPU异常	CPU异常报警时，可能需要检查CPU单元链接情况、CPU内部总线上的所有器件

续表

现象	维修方法与要点
PLC 工作不稳定频繁死机故障	(1) 电源电压高于 PLC 的额定电压的上限值或低于 PLC 的额定电压的下限值，需要对供电电压检查、调整 (2) 主机系统模块接触不良，需要对主机系统模块进行清理、重插 (3) CPU、内存板内元器件松动，需要对可疑元器件采用戴手套按压的方法或补焊处理 (4) CPU、内存板故障，则需要更换 CPU、内存板 (5) 应用程序扫描周期过长，导致 PLC 频繁死机，则需要更改程序、重新设定扫描周期等
PLC 停止在某些输出被激励的地方	查找引起下一步操作发生的信号，并将编程器置于显示那个信号的 ON/OFF 状态
PLC 模拟量输入跳动	(1) 正在使用一个自供电的传感器、使用两个独立的电源引起的，因此，需要检查电源间的链接对模拟量输入值是否有影响 (2) 模拟模块输入的连接线太长或绝缘性很差引起的
PROM 不能运转	(1) PROM 插入不良好，需要重新插好 (2) PROM 损坏，需要更换
不执行程序	(1) 不执行程序分为全部程序不执行、部分程序不执行等 (2) 外部输入系统故障、输入单元故障、CPU 单元故障、扩展单元故障、运算部分出现故障、外部负载系统出现故障等均会引起不执行程序
部分程序不执行	输入单元故障、CPU 单元故障、扩展单元故障、运算部分出现故障、计数器异常等均会引起部分程序不执行
程序内容变化	程序内容变化的一些原因如下： (1) 长时间停电引起的变化 (2) 电源 ON/OFF 操作引起的变化 (3) 运行中发生了异常变化
存储器异常	(1) 程序存储器存在问题，则需要重新编程或者需要更换程序存储器 (2) 存在干扰引起程序异常，则需要更换存储器以及排除干扰源
电源短时掉电，程序内容也消失	(1) 需要检查电池，排除电池引起的故障 (2) 检查 PLC 电源电路 (3) 检查存储器、检查外部回路是否异常而引发的故障 (4) 检查是否存在噪声、干扰所引发的故障
电源重新投入或复位后，动作停止	该故障可能是由噪声干扰、PLC 接触不良等原因引起的
输入/输出单元不动作	输出/输入单元不动作的原因如下： (1) 输入信号没有读入 CPU (2) CPU 没有发出信号
输入/输出单元异常、扩展单元异常	需要检查输入/输出单元、扩展单元连接器的插入状态、电缆连接状态等是否异常

续表

现象	维修方法与要点
输入信号后编程器显示的状态与输入模块的 LED 指示结果不一致	该故障可能需要检查、更新输入模块以及其连接情况
输入状态与输入模块的 LED 指示一致，比较发光二极管与输入装置的状态二者不同	可能需要检查输入模块、现场接线、电源等
停机	PLC 停机的一些原因如下： （1）CPU 异常报警而停机 （2）存储器异常报警而停机 （3）输入/输出单元异常报警而停机 （4）扩展单元异常报警而停机
写入器不能操作	写入器不能操作的一些原因如下：没有按下特定键或操作不当，链接异常，写入器损坏等

第五节　液压系统故障的诊断与检修

一、液压系统的故障特征

液压系统的功能是由油液的压力、流量和液流方向实现的。根据这一特征，采用简单可行的诊断方法和利用监测仪器进行分析，可以找出液压系统的故障及原因。然后通过对液压元件的修复、更换、调整，排除这些故障，保证设备正常运行。

（一）不同运行阶段的故障特征

1. 新试制设备调试阶段的故障特征

液压设备调试阶段的故障率较高，存在问题较为复杂，其特征是设计、制造、安装调整以及质量管理等问题交织在一起。机械、电气问题除外，一般液压系统常见故障有：

（1）接头、端盖处外泄漏严重。

（2）速度不稳定。

（3）由于脏物使阀芯卡死或运动不灵活，造成执行油缸动作失灵。

（4）阻尼小孔被堵，造成系统压力不稳定或压力调不上去。

（5）有些阀类元件漏装了弹簧或密封件，甚至管道接错而使动作混乱。

（6）设计不妥，液压元件选择不当，使系统发热，或同步动作不协调，位置精度达不到要求等。

2. 定型设备调试阶段故障

定型设备调试时的故障率较低，其特征是由于搬运中损坏或安装时失误而造成的一般容易排除的小故障，其表现如下：

（1）外部有泄漏。

（2）压力不稳定或动作不灵活。

（3）液压件及管道内部进入脏物。

（4）元件内部漏装或错装弹簧或其他零件。

（5）液压件加工质量差或安装质量差，造成阀芯动作不灵活。

3. 设备运行到中期的故障

设备运行到中期以后时，故障率逐渐上升，由于零件磨损，液压系统内外泄漏量增加，效率降低。这时应对液压系统和元件进行全面检查，对有严重缺陷的元件和已失效的元件进行修理或更换，适时安排设备中修或大修。

（二）偶发事故性故障特征

这类故障特征是偶发突变，故障区域及产生原因较为明显。如碰撞事故使零部件明显损坏，异物落入液压系统产生堵塞，管路突然爆裂，内部弹簧偶然断裂，电磁线圈烧坏，密封圈断裂等。

二、液压系统故障诊断方法

（一）液压设备故障诊断方法

液压设备故障诊断方法可分为简易诊断和精密诊断两种。

1. 简易诊断技术

简易诊断技术是由维修人员利用简单的仪器和实践经验对液压系统出现的故障进行诊断，判别产生故障的原因和部位。这是普遍采用的方法，可概括为：看、听、摸、问、阅。具体内容如下：

（1）看　看液压系统工作的真实现象，看执行机构运动速度有无变化和异常现象。液压系统中各测量点的压力值有无波动，油液是否满足要求，是否有漏油现象。

（2）听　用听觉判别液压系统和泵的工作是否正常。听液压泵和液压系统工作时噪声是否过大，液压缸活塞是否有撞击缸底的声音，油路内部是否有连续不断的泄漏声音。

（3）摸　用手摸运动中的部件表面温度。摸油箱和阀体外表面的温升，感觉是否烫手，摸运动部件和管子，感觉是否有振动，摸工作台有无爬行。

（4）问　向操作者询问设备运行状况，了解设备维修、保养和液压元件调节的情况。

（5）阅　查阅设备技术档案中有关故障分析与维修的记录。

通过上述诊断过程，对设备故障情况有了详细了解，结合修理者实际维修经验和判断能力，可对故障进行简单的定性分析。必要时需要停机拆卸相应液压元件，放到实验台上做定量性能测试，才能弄清故障原因。

2. 精密诊断技术

精密诊断技术，即客观诊断法，是在简易诊断法的基础上对有疑问的异常现象，采用各种监（检）测仪器对其进行定量分析，从而找出故障原因。

状态监测用的仪器种类很多，通常有压力、流量、速度、位移和位置传感器，油温、油位、振动监测仪和压力增减仪等。把监测仪器测量到的数据输入微机系统，计算机根据输入的信号提供各种信息和各项技术参数，由此可判别出某个执行机构的工作状况，并可在屏幕上自动显示出来。在出现危险之前可自动报警、自动停机或不能启动另外一个执行机构等。

（二）查定故障部位的方法

应用逻辑流程图可以查定较复杂液压系统的故障部位。

由维修专家设计逻辑流程图，并把逻辑故障流程图经过程序设计输入到计算机中储存。当某个部位出现不正常的技术状态时，计算机可帮助人们及时找到产生故障的部位和原因，使故障得到及时处理。如图 6-6 所示的液压缸无动作，对这一故障可以从流程中一步一步地查找下去，最后找到发生故障的真实原因。

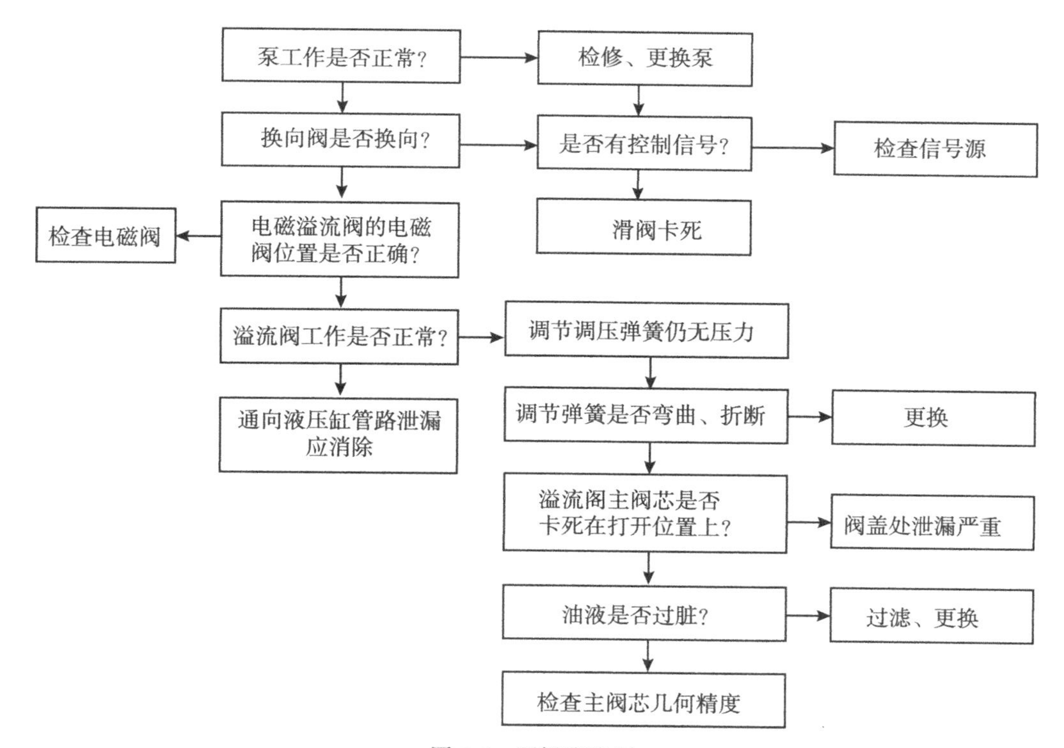

图 6-6　逻辑流程图

三、液压系统的修理与调试故障诊断

(1) 液压缸应清洗、检查、更换密封件。如果液压缸无法修复，应成套更换。

(2) 所有液压阀均应清洗，更换密封件、弹簧等易损件。

(3) 液压泵应检修，经过修理和试验，泵的主要技术性能指标已经达到要求，才能继续使用。若泵已经无法修复，应换新。

(4) 对旧的压力表要进行性能测定和校正，若不合格，应更换质量合格的新压力表。压力表开关要调节灵敏、安全可靠。

(5) 各管子要清洗干净。更换被压扁、有明显敲击斑点的管子。管道排列要整齐，并配齐管夹。高压胶管外皮已有破损等严重缺陷的应更换。

(6) 油箱内部、空气滤清器等均要清洗干净。对已经损坏的滤油器应更换。

(7) 液压系统在规定的工作速度和工作压力范围内运动时，不应发生振动、噪声以及显著冲击等现象。

(8) 系统工作时，油箱内不应当产生泡沫。油箱内油温不应超过 55℃，当环境温度高于 35℃时，系统连续工作 4 小时，油温不得超过 65℃。

四、液压泵的常见故障与维修

(一) 齿轮泵的故障与修理

1. 齿轮泵的结构原理

齿轮泵是应用最为广泛的液压泵。外啮合齿轮泵结构如图 6-7 所示。

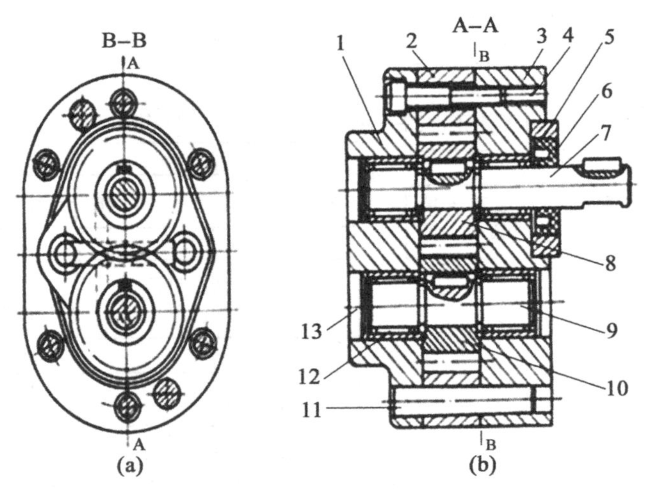

1—前泵盖；2—泵体；3—后泵盖；4—螺钉；5—压环；6—密封圈；7—主动轴；8—主动齿轮；9—从动轴；10—从动齿轮；11—定位销；12—滚针轴承；13—堵头

图 6-7 外啮合齿轮泵结构

2. 齿轮泵的常见故障及排除方法

齿轮泵的常见故障及排除方法见表 6-3。

表 6-3　**齿轮泵的常见故障及排除方法**

故障现象	故障原因分析	故障排除与检修
齿轮泵密封性能差，产生漏气	(1) CB-B 型齿轮泵的泵体与前、后端盖是硬性接触（不用纸垫），若其接触面平面度差，故在齿轮高速旋转时会进入空气； (2) 长轴左端和短轴两端密封压盖，过去采用铸铁制造，不能保证可靠密封。现采用塑料压盖，虽改善其密封性，但因热胀冷缩或损坏，也会进入空气； (3) 吸油口管道密封不严，密封件损坏等也会混入空气； (4) 油池的油面过低，吸油管吸入空气。	(1) 检查泵体与前、后端盖接触面。若平面度差，可在平板上用金刚砂研磨或在平面磨床上修磨； (2) 压盖密封处产生的泄漏，可用丙酮或无水酒精将其清洗干净，再用环氧树脂胶粘剂涂敷； (3) 紧固吸油口管道密封螺母； (4) 加油至标线。若进油管短则更换较长进油管，要求管浸入油池 2/3 高度处。
噪声大	(1) 齿轮的齿形精度不高或接触不良； (2) 齿轮泵进入空气； (3) 前后端盖端面经修磨后，两卸荷槽距离增大，产生困油现象； (4) 齿轮与端盖端面间的轴向间隙过小； (5) 泵内滚针轴承或其他零件损坏； (6) 装配质量低，用手转动轴时感到有轻重现象； (7) 齿轮泵与电动机连接的联轴器碰擦。	(1) 重新选择齿形精度较高的齿轮，或对研修整； (2) 按前述齿轮泵密封性差产生漏气的故障进行检修； (3) 修整卸荷槽间距尺寸，使之符合设计要求； (4) 将齿轮拆下放在平面磨床上磨去少许，应使齿轮厚度比泵体薄 0.02~0.04mm； (5) 更换损坏的滚针轴承或其他零件； (6) 拆检后重新装配调整，合适后重新铰削定位孔； (7) 泵与电动机应采用柔性连接，并调整其相互位置。
容积效率低、流量不足、压力提不高	(1) 由于磨损使齿轮啮合间隙增大，或轴向间距与径向间隙太大，内部泄漏严重； (2) 泵体有砂眼、缩孔等缺陷； (3) 各连接处有泄漏； (4) 油液黏度太大或太小； (5) 进油管进油位置太高； (6) 因溢流阀故障，使压力油大量泄入油箱。	(1) 更换啮合齿轮，或重新选择泵体，保证轴向间隙在 0.02 ~ 0.04mm，径向间隙 0.13~0.16 mm 之间； (2) 更换泵体； (3) 根据机床说明书选用规定黏度的油液，还要考虑气温变化； (5) 应控制进油管的进油高度不超过 500mm； (6) 检修溢流阀。

续表

故障现象	故障原因分析	故障排除与检修
机械效率低	(1) 轴向间隙和径向间隙小，啮合齿轮旋转时与泵体孔或前、后端盖碰擦； (2) 装配不良，如 CB-B 型泵前后盖板与轴的同轴度不好，滚针轴承质量差或损坏，轴上弹性挡圈圈脚太长； (3) 泵与电动机间联轴器同轴度没调整好。	(1) 重配轴向和径向间隙尺寸至要求的范围内； (2) 重新装配调整，要求用手转动主动轴时无旋转轻重和碰擦感觉。滚针轴承有问题应更换； (3) 重新调整联轴器，保证两轴同轴度误差不大于 0. 1mm。
密封圈被冲出	(1) 密封圈与泵的前盖配合过松； (2) 装配时将泵体方向装反，使出油口接通卸荷槽而产生压力，将密封圈冲出； (3) 泄漏通道被污物堵塞。	检查密封圈外圆与前盖孔的配合间隙，若间隙大，应更换密封圈。
压盖在运转时经常被冲出	(1) 压盖堵塞了前后盖板的回油通道，造成回油不畅而产生很大压力，将压盖冲出 (2) 泄漏通道被污物堵塞，时间长了产生压力，将压盖冲出。	将压盖取出重新压进，注意不要堵住回油通道，且不出现漏气现象。

（二）叶片泵的故障与修理

1. 叶片泵的结构原理

YB 型双作用叶片泵结构如图 6-8 所示。

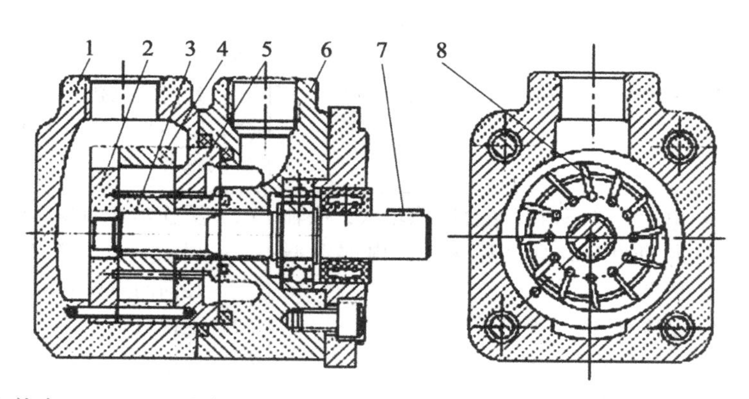

1—左体壳；2、5—配油盘；3—转子；4—定子；6—右体壳；7—键轴；8—叶片

图 6-8　YB 叶片泵结构

2. 叶片泵的常见故障及排除方法

叶片泵的常见故障及排除方法见表 6-4。

表 6-4 **叶片泵的常见故障及排除方法**

故障现象	故障原因分析	故障排除与检修
泵不出油，压力表显示没有压力	（1）泵旋转方向相反； （2）吸油管及滤油器被污物堵塞； （3）油箱内油面过低，吸不上油； （4）油液黏度过大，使叶片移动不灵活； （5）吸油管过长； （6）吸油腔部分（油封、泵体、管接头）漏气； （7）叶片在转子槽内被卡住； （8）配油盘和盘体接触不良，高低压油互通； （9）泵体有砂眼、气孔、疏松等铸造缺陷，造成高、低压油互通； （10）未装配连接键，或花键断裂。	（1）检查反转原因，并排除； （2）清理油管和滤油器； （3）增加测量； （4）换用合适的油； （5）应使油泵靠近油箱； （6）检查泵体吸油腔是否有砂眼气孔，若有应更换泵体； （7）修去毛刺或单配叶片，使每片叶片在槽内移动灵活； （8）配油盘在压力油作用下有变形、应修整配油盘接触面； （9）更换泵体； （10）检修键连接。
油量不足	（1）径向间隙太大； （2）轴向间隙太大； （3）叶片与转子槽配合间隙太大； （4）定子内腔曲面有凹凸或起线，使叶片与定子内腔曲面接触不良； （5）进油不通畅。	（1）配油盘内孔或花键轴磨损比较严重时，应更换； （2）修配定子、转子和叶片，轴向间隙控制在 0.04~0.07mm 范围之内； （3）根据转子叶片槽单配叶片，间隙控制在 0.013~0.018mm 的范围内； （4）在专用磨床上修磨定子曲线表面，若无法修磨，则需调换定子； （5）清洗过滤器，定期更换工作油液，并保持清洁。
容积效率低，压力提不高	（1）叶片或转子装反； （2）个别叶片在转子槽内移动不灵活，甚至被卡住； （3）轴向间隙太大，内部泄漏严重； （4）叶片与转子槽的配合间隙太大； （5）定子内曲线表面有刮伤痕迹，致使叶片与定子内曲线表面接触不良； （6）定子进油腔处磨损严重。叶片顶端缺损或拉毛等； （7）配油盘内孔磨损； （8）进油不通畅； （9）油封安装不良或损坏，液压系统中有泄漏。	（1）检查反转原因，并排除； （2）检查配合间隙，若配合间隙过小应单槽配研； （3）修配定子、转子和叶片，控制轴向间隙在 0.04~0.07mm 范围内； （4）根据转子叶片槽单配叶片； （5）放在装有特种凸轮工具的内圆磨床上进行修磨； （6）定子磨损一般在进油腔，可翻转 180°装上，在对称位置重新加工定位孔并定位。叶片顶端有缺陷或磨损严重，应重新修磨； （7）配油盘内孔磨损严重，需换新配油盘； （8）重新安装油封，若损坏则需更换。

续表

故障现象	故障原因分析	故障排除与检修
噪声大	(1) 定子内曲面拉毛; (2) 配油盘端面与内孔、叶片端面与侧面垂直度差; (3) 配油盘压油窗口的节流槽太短; (4) 传动轴上密封圈过紧; (5) 叶片倒角太小; (6) 进油口密封不严，混入空气; (7) 进油不通畅，泵吸油不足; (8) 泵轴与电动机轴不同轴; (9) 泵在超过规定压力下工作; (10) 电动机振动或其他机械振动引起泵振动。	(1) 抛光定子内曲面; (2) 修磨配油盘端面和叶片侧面，使其垂直度在 0.01mm 以内 ; (3) 为清除困油及噪声，在配油盘压油腔处开有节流槽; (4) 将叶片一侧倒角或加工成圆弧形，使叶片运动时减少作用力突变; (5) 清除过滤器污物，加足油液，加大进油管道面积，调换适当黏度的油液; (6) 校正两轴同轴度，其同轴度误差小于 0.1mm; (7) 降低泵工作压力，须低于额定工作压力; (8) 泵和电动机与安装板连接时应安装一定厚度的橡胶垫。

(三) 柱塞泵的故障与修理

1. 柱塞泵的主要故障

柱塞泵的主要故障是吸油量不足，以及形不成压力。引起故障的主要原因有：柱塞泵内有关零件的磨损，柱塞泵变量机构动作失灵，泵的装配不良。

2. 桂塞泵主要零件的修理

缸体修理：缸体上柱塞孔的修复，可使用研磨棒研磨，消除孔径的不圆度和锥度，经过修复抛光后再选配柱塞。缸体与配油盘接触端面的修复，可在磨床上精磨，然后再用抛光膏抛光。

配油盘的修理：配油盘的配油面必须保证与缸体接触面接触达 85%。使用中产生磨损，出现磨痕数量不超过 3 个，环形刮伤深度在 0.01~0.08mm 之间，经研磨修复后仍可使用。

3. 斜盘与滑靴的修理

斜盘与滑靴接触的表面会产生磨损和划痕。可在平板上研磨至 Ra 值为 0.08mm，平面度误差在 0.005mm 之内。球头松动的柱塞滑靴，当轴向串动量不大于 0.15mm 时，可使用专用工具推压或滚合，边推压（滚合）边转动、推拉柱塞杆，直到滑靴与球面配合间隙不大于 0.03mm。

液压泵的密封圈、弹簧也是容易损坏的零件，在液压泵的修理中应选择符合标准的元件进行更换。

五、液压缸的常见故障及修理

一般粗研采用 300 号金刚砂粉，半精研采用 600 号金刚砂粉，精研采用 800~1200 号金刚砂粉或研磨软膏。

当缸体长度较短时，可用机动或手动研磨方法修复缸体内孔。

（一）活塞缸的常见故障及排除方法

活塞缸的常见故障及排除方法见表6-5。

表6-5 **活塞缸的常见故障及排除方法**

故障现象	故障原因分析	故障排除与检修
活塞杆（或液压缸）不能运动	（1）液压缸长期不用，产生锈蚀； （2）活塞上装的“O”形密封圈老化、失效、内泄漏严重； （3）液压缸两端密封圈损坏； （4）脏物进入滑动部位； （5）液压缸内孔精度差、表面粗糙度值大或磨损，使内部泄漏增大； （6）液压缸装配质量差。	（1）更换液压油，并更换液压缸； （2）更换“O”形密封圈； （3）更换液压缸两端密封圈； （4）使用煤油清洁污物； （5）修配或更换液压缸。
推力不足，工作速度太慢	（1）液压系统压力调整较低； （2）缸体孔与活塞外圆配合间隙太大，造成活塞两端高、低压油互通； （3）液压系统泄漏，造成压力和流量不足； （4）两端盖内的密封圈压得太紧； （5）缸体孔与活塞外圆配合间隙太小，或开槽太浅，装上“O”形密封圈后阻力太大； （6）活塞杆弯曲； （7）液压缸两端油管因装配不良被压扁； （8）导轨润滑不良。	（1）调整溢流阀，使液压系统压力保持在规定范围内； （2）根据缸体孔的尺寸重配活塞； （3）检查系统内泄漏部位，紧固各管接头螺母，或更换纸垫、密封圈； （4）适当放松压紧螺钉，以端盖封油圈不泄漏为限； （5）重配缸体与活塞的配合间隙，车深活塞上的槽； （6）校正活塞杆，全长误差在0.2mm以内； （7）更换油管，装配位置要合适，避免被压扁。
爬行或局部速度不均匀	（1）导轨的润滑不良； （2）液压缸内混入空气，未能将空气排除干净； （3）活塞杆全长或局部产生变形； （4）活塞杆与活塞的同轴度差； （5）液压缸安装精度低； （6）缸内壁腐蚀、局部磨损严重、拉毛； （7）密封得过紧或过松。	（1）适当增加导轨润滑油的压力或油量； （2）打开排气阀，将工作部件在全程内快速运动、强迫排除空气； （3）校正变形的活塞杆，或调整两端盖螺钉，不使活塞杆变形； （4）重新校正装配活塞杆与活塞使其同轴度误差在0.04mm以内； （5）轻微者除去锈斑、毛刺，严重的要重新磨内孔、重配活塞。 （6）重新调整密封。

续表

故障现象	故障原因分析	故障排除与检修
外泄漏	(1) 活塞杆表面损伤，密封件损坏； (2) 缸盖处密封不良； (3) 管接头密封不严或油管挤裂。	(1) 更换活塞杆和密封圈； (2) 更换缸盖处的密封圈； (3) 拧紧管接头或更换油管。
快速进退液压缸缓冲装置产生故障	(1) 活塞上的缓冲节流槽太短、太浅； (2) 活塞上的缓冲节流槽过深、过长； (3) 污物堆积，使活塞上缓冲节流槽被阻塞； (4) 快速进退液压缸的定位装置未调整好，使活塞行程不足； (5) 单向阀处于全开状态或钢球与阀座封闭不严，回油不经缓冲节流口而从单向阀直接回油； (6) 活塞外圆与缸体孔配合间隙太大或太小； (7) 缸内的活塞锁紧螺母松动。	(1) 用60°的三角形整形锉修整三角节流槽的长度和深度； (2) 将原三角节流槽用锡或铜焊平，再用60°三角整形锉重新修整节流槽； (3) 重新调整定位装置，将活塞与前端盖之间的间隙控制在0.02~0.04mm； (4) 更换钢球或修复单向阀阀座，使之封油良好； (5) 活塞外圆与缸体孔配合间隙应控制在0.02~0.04mm； (6) 拆下后端盖，拧紧锁紧螺母。

（二）柱塞缸的常见故障及排除方法

柱塞缸依靠油液的压力推动柱塞向一个方向运动，称为单作用液压缸。其反向运动由弹簧。自重或反向柱塞缸来实现。柱塞缸的常见故障及排除方法见表6-6。

表6-6 **柱塞缸的常见故障及排除方法**

故障现象	故障原因分析	故障排除与检修
推力不足	(1) 液压系统压力不足； (2) 柱塞和导套磨损后，间隙增大，漏油严重； (3) 进油口管接头损坏或螺母未拧紧，产生漏油。	(1) 适当提高系统工作压力； (2) 更换导套，其内孔与柱塞外圆配合间隙在0.02~0.03mm范围。 (3) 修复接头或重新拧紧接头螺母。
推不动	柱塞严重划伤。	小型柱塞更换新件。大型柱塞用堆焊修复柱塞表面深坑，采用刷镀修复大面积划伤的工作表面。
泄漏	柱塞与缸筒间隙过大。	对柱塞进行刷镀可以减少间隙。也可以采用增加一道“O”形密封圈并修改密封圈沟槽尺寸的方法，使“O”形密封圈有足够的压缩量。

六、液压元件修理后的测试

（一）液压泵测试项目

（1）压力　是液压泵的主要性能参数，需做额定压力测试。

（2）排量　是液压泵的主要性能参数，应在额定转速和额定压力下测试液压　泵的排量。

（3）容积效率　是衡量液压泵修理装配质量的一个重要指标，不得低于规定值。

（4）总效率　是衡量液压泵修理质量的一个技术指标。

（5）运转平稳性　在额定转速下，空运转或负载运转都要平稳，无噪声和振动现象。

（6）压力摆差　是液压泵的一个性能参数，压力摆差值不能超过技术标准。

（7）变量泵机构性能试验　对变量泵要做变量特性试验，要求变量机构动作灵敏、可靠，并达到技术要求。

（8）测量泵壳温度　其温升范围不得超过规定值。

（9）不准有外泄漏现象。

（二）液压缸测试项目

（1）运动平稳性　在空载下对液压缸进行全行程往复运动试验，应达到运动平稳。

（2）最低启动压力　要求最低启动压力不超过规定值或满足使用要求。

（3）最低稳定速度要求　液压缸在最低速度运动时无“爬行”等不正常见象。

（4）内泄漏量　液压缸内泄漏量是指液压缸有负载时，通过活塞密封处从高压腔流到低压腔的流量。测量在额定压力下进行，其值不得超过规定值或能满足使用要求。

（5）耐压试验　被测液压缸公称压力为小于 16MPa 时，试验压力为其公称压力的 1.5 倍，保压 1min 以上。被测液压缸公称压力大于 16MPa 时，试验压力为其公称压力的 1.25 倍，保压 2min 以上。不得有外泄漏等不正常现象。

（6）缓冲效果　对带有缓冲装置的液压缸要进行缓冲性能及效果的试验。试验时按设计要求的最高速度往复运动，观察其缓冲效果，应达到设计要求或使用要求。

第六节　桥式起重机故障的诊断与检修

桥式起重机由桥架（大车）和起重小车等构成，通过车轮支承在厂房或露天栈桥的轨道上，外观像一架金属的桥梁，称为桥式起重机，俗称天车。桥架可沿厂房或桥作纵向运行；而起重小车则沿桥架作横向运动，起重小车上的起升机构可使货物作升降运动。这样桥式起重机就可以在一个长方形的空间内起重搬运货物。图 6-9 所示为通用桥式起重机的外形图。

桥式起重机根据使用吊具不同，可分为吊钩式桥式起重机、抓斗式桥式起重机、电磁吸盘式桥式起重机。

根据用途不同，可分为通用桥式起重机、冶金专用桥式起重机、龙门桥式起重机和装

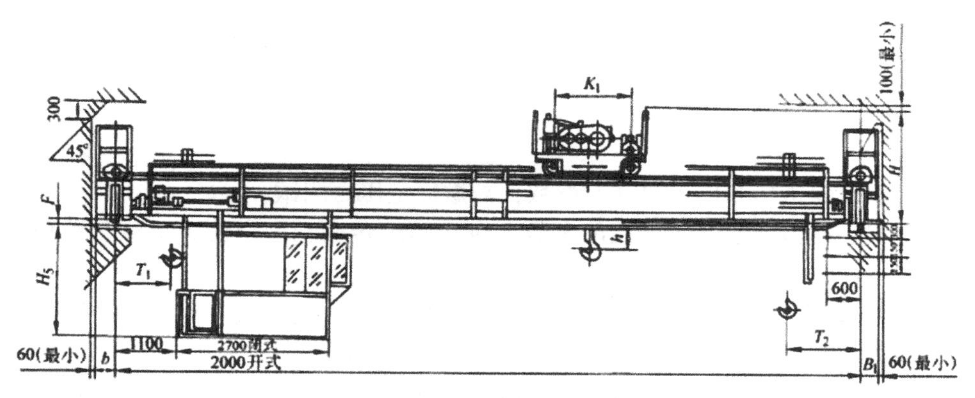

图 6-9　通用桥式起重机的外形图

卸桥等。

按主梁结构形式不同，可分为箱形结构桥式起重机、桁架结构桥式起重机、管形结构桥式起重机，还有由型钢（工字钢）和钢板制成的简单截面梁的起重机（称为梁式起重机），这种起重机多采用电动葫芦作为起重小车。

一、桥式起重机啃轨的检修

（一）啃轨现象

起重机正常行驶时，车轮轮缘与轨道应保持有一定的间隙（20~30mm）。当起重机在运行中由于某种原因使车轮与轨道产生横向滑动时，车轮轮缘与轨道侧面接触，产生挤压摩擦，增加了机构的运行阻力，使轮缘和钢轨磨损，这种现象称为“啃轨”或“啃道”。

起重机啃轨是车轮轮缘与轨道摩擦阻力增大的过程，也是车体运行歪斜的过程。啃轨会使车轮和钢轨很快就磨损报废，如图 6-10 所示。车轮轮缘被变薄（左），钢轨头被变形（右）。

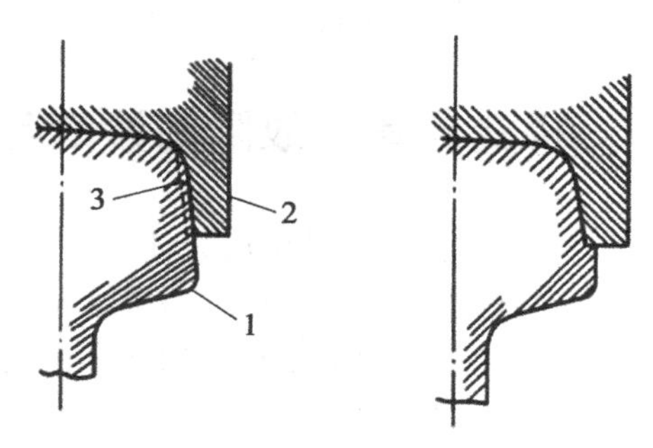

1—钢轨；2—轮缘；3—被啃的轮缘

图 6-10　啃轨示意图

正常工作情况下，中级工作制度的车轮可使用十多年，重级工作制度使用寿命在 5 年以上。而严重啃轨的车轮使用寿命大大降低，有的1~2年，甚至几个月就报废。

啃轨严重还会使起重机脱轨，并由此引起各种设备和人身事故。由于啃轨起重机运行歪斜，这对轨道的固定具有不同程度的破坏。检查起重机是否啃轨，可以根据下列迹象来判断：

（1）钢轨侧面有一条明亮的痕迹，严重时，痕迹上带有毛刺。

（2）车轮轮缘内侧有亮斑。

（3）钢轨顶面有亮斑。

（4）起重机行驶时，在短距离内轮缘与钢轨的间隙有明显的改变。

（5）起重机在运行中，特别是在起动、制动时，车体走偏，扭摆。

（二）啃轨的检验

1. 车轮的平行偏差和直线偏差的检验

检验方法如图 6-11 所示，以轨道为基准拉一根细钢丝（ϕ0. 5mm），使之与轨道外侧平行，距离均等于 a。再用钢板尺测出 b_1、b_2、b_3、b_4各点距离，用下式求出车轮 1、车轮 2 的平行性偏差：

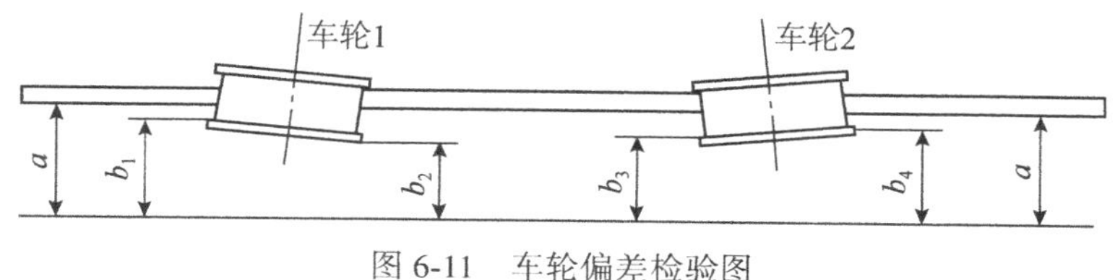

图 6-11　车轮偏差检验图

车轮 1：
$$\frac{b_1-b_2}{2}$$

车轮 2：
$$\frac{b_4-b_3}{2}$$

车轮直线性偏差：

$$\delta=\left|\frac{b_1+b_2}{2}-\frac{b_4+b_3}{2}\right|$$

因为是以轨道作为基准，检验时选择一段直线性较好的轨道进行。

2. 大车车轮对角线的检验

选择一段直线性较好的轨道，将起重机开进这段轨道内，用卡尺找出轮槽中心划一条直线，沿线挂一个线锤，找出锤尖在轨道上的指点，在这一点上打一样冲眼，如图 6-12 所示。以同样方法找出其余三个车轮的中点，这就是车轮对角线的测量点。然后将起重机开走，用钢卷尺测量对角车轮中点的距离，这段距离就是车轮对角线长度。

3. 轨道的检验

轨道标高可用水平仪检验；轨道的跨距可用拉钢卷尺的方法测量；轨道的直线性可用

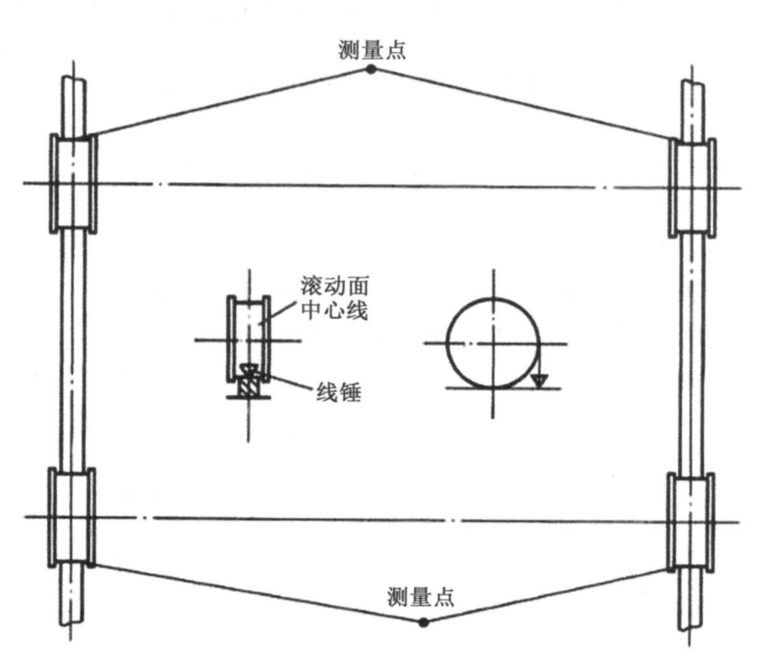

图 6-12　车轮对角线检验

拉钢丝的方法检验，根据检验的结果多用描绘曲线的方法显示轨道的标高、直线性等。测量用钢丝的直径可根据轨道长度在 0. 5~2. 5mm 范围内选用。

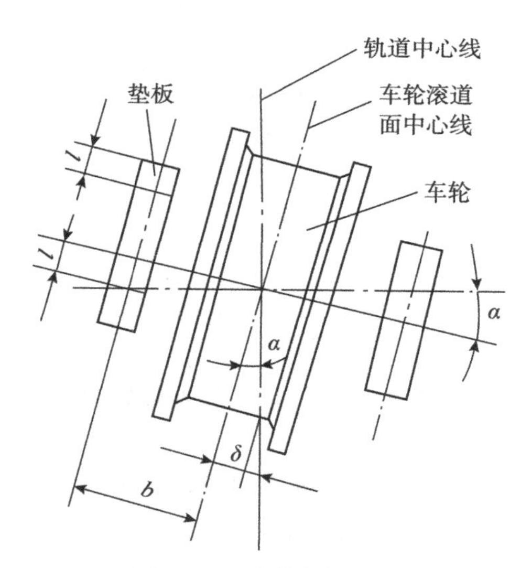

图 6~13　车轮的调整图

（三）啃轨的修理

1. 车轮的平行度和垂直度的调整

如图 6-13 所示，当车轮滚动面中心线与轨道中心线成 α 角时，车轮和轨道的平行度偏差为 $\delta=r\sin\alpha$。为了矫正这一偏差，可在左边角型轴承箱立键板上加垫。垫板的厚度为

$$T=\frac{b\delta}{r}$$

式中，b 为车轮与角型轴承箱的中心距（mm）；r 为车轮半径（mm）。

如果车轮向左偏，则应在右边的角型轴承箱立键板加垫来调整。如果是垂直度偏差超过允许范围，则应在角型轴承箱上的左右两水平键板上加垫。垫板厚度的计算方法同矫正平行度偏差的方法相同。

2. 车轮位置的调整

由于车轮位置偏差过大，会影响到跨距、轮距、对角线以及同条轨道上两个车轮中心的平行性，因此要把车轮位置调整在允许范围内。调整时，如图 6-14 所示，应将车轮拉出来，把车轮的四块定位键板全部割掉，重新找正、定位。操作工艺如下：

（1）根据测量结果，确定车轮需要移动的方向和尺寸。

（2）在键板原来的位置和需要移动的位置打上记号。

（3）将车体用千斤顶顶起，使车轮离开轨道面 6~10mm。松开螺栓，取出车轮。

（4）割下键板和定位板。

（5）沿移动方向扩大螺栓孔。

（6）清除毛刺，清理装配件。

（7）按移动记号将车轮、定位板和键板装配好，并紧固螺栓。

（8）测量并调整车轮的平行度、垂直度、跨距、轮距和对角线等；并要求用手能灵活转动车轮，如发现不合技术要求，应重新调整。

（9）开空车试验，如还有啃轨，应继续调整。

（10）试车后，如不再啃轨，则可将键板和定位板点焊上。为防止焊接变形，可采取先焊一段试车，再焊一段再试车的方法。

3. 更换车轮

由于主动车轮磨损，使两个主动车轮直径不等，产生速度差使车体运行面歪斜而啃轨也较为常见。对于磨损的主动车轮，应采取成对更换的方法；单件更换往往由于新旧车轮磨损不均匀，配对使用后也还会啃轨。被动轮对啃轨影响不大，只要滚动面不变成畸形，就不必更换。

4. 车轮跨距的调整

车轮跨距的调整是在车轮的平行度、垂直度调整好之后来进行的。调整跨距有以下两种方法：

（1）重新调整角型轴承箱的固定键板，具体方法同移动车轮位置一样。

（2）调整轴承间的隔离环，先将车轮组取下来，拆开角型轴承箱并清洗所有零件。

5. 对角线的调整

对角线的调整应与跨距的调整同时进行，以节省工时。

根据对角线的测量进行分析，决定修理措施。为了不影响传动轴的同轴度和尽量减少工时，在修理时，应尽量调整被动轮而不调整主动轮。

二、起重小车“三条腿”的检修

双梁桥式起重机上的起重小车在运行过程中，有时会出现小车“三条腿”现象。

（一）小车“三条腿”表现形式

小车“三条腿”就是指起重小车在运行中，四个车轮只有三个车轮与导轨面接触，另一个车轮处于悬空的状态。

小车“三条腿”常有如下的表现形式：

（1）某一个车轮在整个运行过程中，始终处于悬空状态。

（2）起重小车在轨道全长中，只在局部地段出现小车“三条腿”。

小车“三条腿”可能引起小车起动和制动时车体扭转、运行振动加剧、行走偏斜、产生啃轨等故障。

（二）小车“三条腿”的检查

造成小车“三条腿”的主要原因是车轮和轨道的偏差过大，根据其表现形式，可以优先检查某些项目。如在轨道全长运行中，起重小车始终处于“三条腿”运行，这就要首先检查车轮；如局部地段“三条腿”，则应首先检查轨道。

（三）小车“三条腿”的修理方法

1. 车轮修理

主要原因往往是车轮轴线不在一个平面内，这时一般情况采用修理被动轮的方法，而不动主动轮。因为主动轮的轴线是同心的，所以移动主动轮会影响轴线的同轴度。

若主动轮和被动轮的轴线不在一个水平面内，可将被动轮及其角型轴承箱一起拆下来，把小车上的水平键板割掉，再按所需要的尺寸加工，焊上以后，把角型轴承箱连同车轮一起安装上，如图6-14所示。具体操作方法如下：

（1）确定刨掉水平键板1的尺寸。

（2）将键板和车架打上记号，以备装配时找正。

（3）割掉车架上的定位键板3、水平键板1和垂直键板2。

（4）加工水平键板1，将车架垂直键板的孔沿垂直方向向上扩大到所需要的尺寸，并清理毛刺。

（5）将车轮及角型轴承箱安装上并进行调整和拧紧螺钉。然后试车，如运行正常，则可将各键板焊牢；如还有小车“三条腿”现象，再进行调整。为了减少焊接变形和便于今后的拆修，键板应采用断续焊。

2. 轨道的修理

（1）轨道高度偏差的修理　一般采用加整板的方法。整板宽度要比轨道下翼缘每边

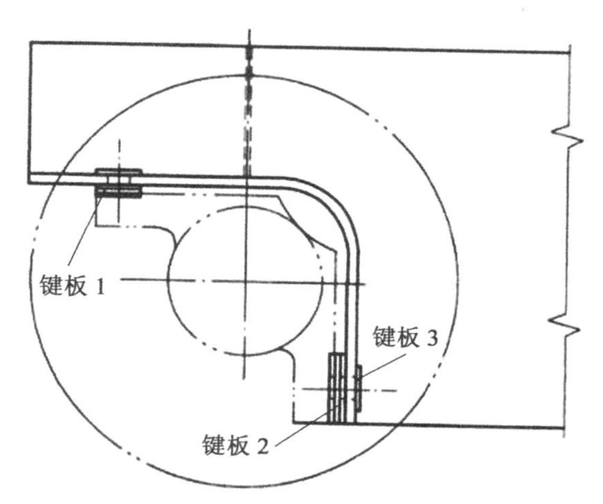

1—水平键板；2—垂直键板；3—定位键板

图 6-14　车轮轴线修理图

多出 5mm 左右，整板数量不宜过多，一般不应超过 3 层。轨道有小的局部凹陷时，一般是采用在轨底下加力顶的办法。在开始加力之前，先把轨道凹陷部分固定起来（加临时压板），如图 6-15 所示。这样就免了由于加力使轨道产生更大的变形。校直后，要加整板，以防再次变形。

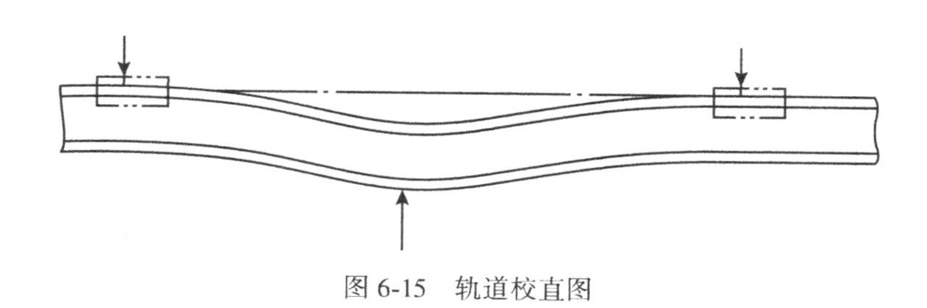

图 6-15　轨道校直图

（2）轨道直线度的修理　轨道直线度可采用拉钢丝的方法来检查，如发现弯曲部分，可用千斤顶校直。在校直时，先把轨道压板松开，然后在轨道弯曲最大部位的侧面焊一块定位板，千斤顶顶在定位板上，加压校直后，打掉定位板，重新把轨道固定好。

由于主梁上盖板（箱形梁）的波浪引起的小车轨道波浪，一般可采用加大一号钢轨或者在轨道和上盖板间加一层钢板的方法来解决。

三、箱形主梁变形的修理

（一）箱形主梁的几何形状与变形

1. 箱形主梁的几何形状

起重机箱形主梁是主要受力部件，它必须具有足够的强度、刚度、稳定性，还必须满足技术条件中有关几何形状的要求。

为使起重机小车减少“爬坡”和“下滑”的不利影响。技术条件规定：起重机在空载时，主梁应具有一定的上拱度，如图 6-16 所示。在跨中，其值为 $F_0=S/1000$（S 为跨度）。主梁上拱曲线的特点是主梁在跨中至两端梁中心处的拱度变化较平滑。距跨中 x 处的任意点上的拱度值按下式计算：

$$F_x=F_0\left[1-\left(\frac{2x}{S}\right)^2\right]$$

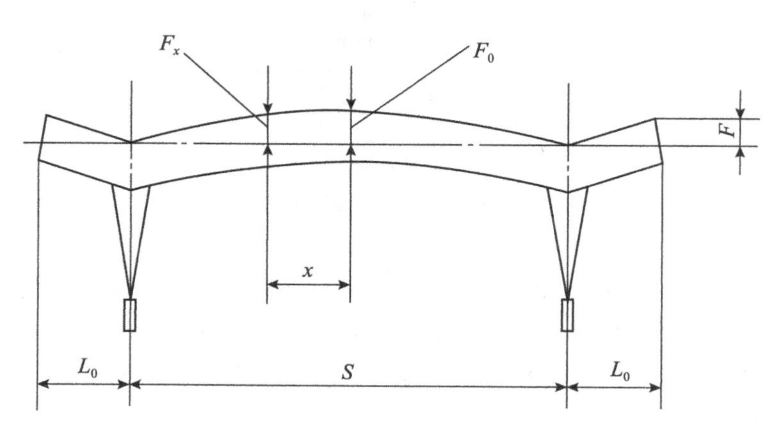

图 6-16　起重机上拱曲线

2. 箱形主梁的变形

龙门起重机箱形主梁，在起重机满载运行时，允许有一定的弹性变形。因为起重机主梁在出厂时，有一定的上拱，所以正常运行的起重机，即使起重小车满载在跨中时，主梁仍有一定的上拱或接近水平线。

3. 箱形主梁变形的检验方法

上拱度（下挠度）的常用检验方法有拉钢丝法等。如图 6-17 所示，用直径为 0.5mm 的细钢丝，在上盖板上，从设在两端梁中心处的等高支撑杆上拉起来。一端固定；另一端用弹簧秤或 15kg 的重锤把钢丝拉紧。

则主梁的上拱度（跨中）为

$$F_1=H-(h_1+h_2)$$

式中，h_1 为测得的钢丝与上盖板的间距；h_2 为钢丝由于自重产生的下挠度；H 为撑杆的高度，一般取 $H=150\sim160$mm。

如果计算结果 $F_1>0$，则表示主梁仍有上拱；若 $F_1<0$，则说明主梁已经下挠（低于水平线）。钢丝下挠度，可按下式计算：

$$h_2=\frac{gl^2}{8Q}$$

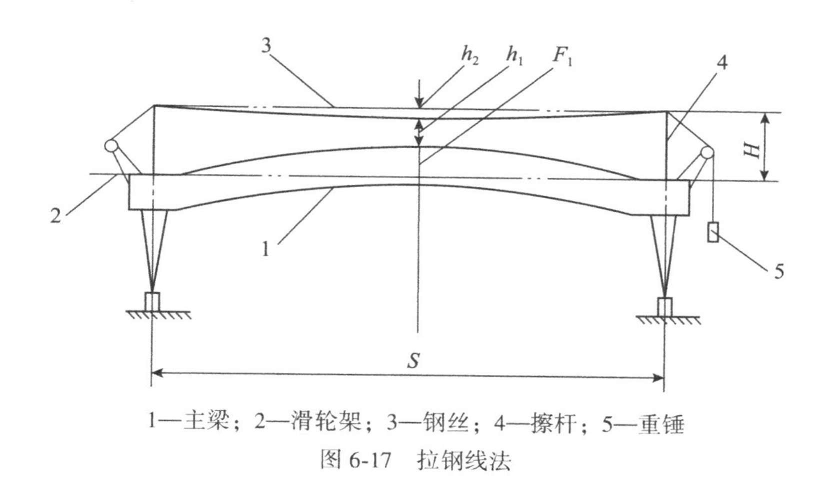

1—主梁；2—滑轮架；3—钢丝；4—擦杆；5—重锤

图 6-17　拉钢线法

式中，g 为钢丝单位长度的重量；Q 为弹簧秤拉力或重锤重量；l 为钢丝长度。

（二）箱形主要变形的修理

箱形主梁变形的修理方法有预应力法、火焰断正法等。下面主要介绍预应力法。

预应力法修理主梁下挠就是用预应力张拉钢筋，使主梁恢复上拱。其原理如图 6-18 所示。当主梁空载时，把预应力钢筋 3 张紧，这样就在主梁中性轴下加一个纵向偏心压力 N，因为 N 对中性轴的臂力为 e，所以作用在主梁上的力矩为 $M=Ne$。在这一力矩的作用下，主梁恢复上拱。

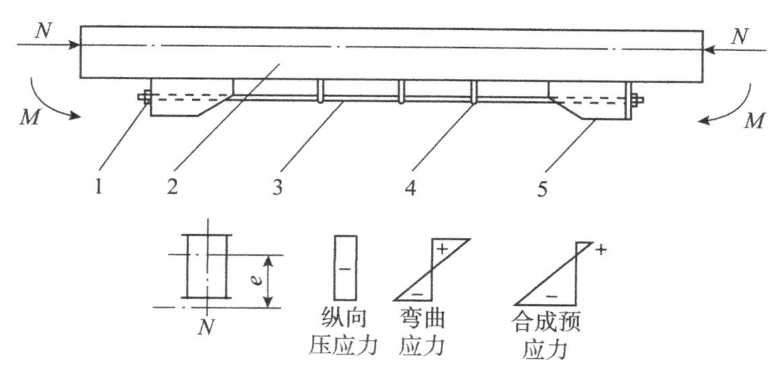

1—锁紧螺母；2—主梁；3—预应力钢筋；4—托架；5—支座

图 6-18　预应力法修理主梁下挠原理图

在预应力钢筋的作用下，主梁在空载时已存在应力，即预应力。上盖板受拉应力；下板受压应力。当主梁负载时，工作应力恰好与预应力相反。这样预应力就可以抵消部分工作应力，即抵消了一部分由于货物重量产生的下挠。

采用这种方法修理主梁，具有提高主梁的承载能力、施工简便、工期短等优点。

张拉装置如图 6-19 所示，由张拉架 1、千斤顶 2、承压架 3 以及支座 6 等组成。托架的作用是防止起重机运行过程中的钢筋抖动。张拉力由矫正上拱量决定，而钢筋的数目和直径由张拉力决定。

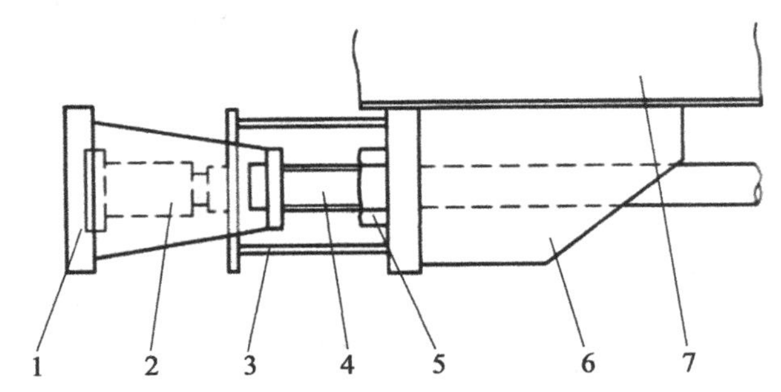

1—张拉架；2—千斤顶；3—承压架；4—预应力钢筋；5—螺母；6—支座；7—主梁

图 6-19　张拉装置

四、起重机零部件常见故障及排除

桥式起重机在使用过程中，机械零部件、电气控制和液压系统的元器件，不可避免地遵循磨损规律出现有形磨损，并引发故障。导致同一故障的原因可能不是一一对应的关系，因此要对故障进行认真分析，准确地查找真正的故障原因，并且采取相应的消除故障的方法来排除，从而恢复故障点的技术性能。桥式起重机的零件、部件常见故障及排除方法分别论述如下。

（一）锻制吊钩

常见损坏情况：尾部出现疲劳裂纹，尾部螺纹退刀槽、吊钩表面有疲劳裂纹；开口处的危险断面磨损超过断面高度的 10%。

原因与后果：超期使用；超载；材料缺陷。可能导致吊钩断裂。

排除方法：每年检查 1~2 次，若出现疲劳裂纹，则及时更换。危险断面磨损超过标准时，可以渐加静载荷作负载试验，确定新的使用载荷。

（二）片式吊钩

常见损坏情况：表面有疲劳裂纹，磨损量超过公称直径的 5%，有裂纹和毛缝，磨损量达原厚度的 50%。

原因与后果：折钩；吊钩脱落；耳环断裂；受力情况不良。

排除方法：更换板片或整体更换；耳环更新。

（三）钢丝绳

常见损坏情况：磨损断丝、断股。

原因与后果：断绳。

排除方法：断股的钢丝绳要更换；断丝不多的钢丝绳可适当减轻负荷量。

（四）滑轮

常见损坏情况：轮槽磨损不均；滑轮倾斜、松动；滑轮有裂纹；滑轮轴磨损达公称直径的5%。

原因与后果：材质不均；安装不符合要求；绳、轮接触不均匀；轴上定位件松动；或钢丝绳跳槽；滑轮破坏；滑轮轴磨损后在运行时可能断裂。

排除方法：轮槽磨损达原厚度的20%或径向磨损达绳径的25%时应该报废；滑轮松动时要调整滑轮轴上的定位件。

（五）卷筒

常见损坏情况：疲劳裂纹；磨损达原筒壁厚度的20%；卷筒键磨损。

原因与后果：卷筒裂开；卷筒键坠落。

排除方法：更新。

（六）制动器

常见损坏情况：拉杆有裂纹；弹簧有疲劳裂纹；小轴磨损量达公称直径的5%；制动轮表面凹凸不平达1.5mm；闸瓦衬垫磨损达原厚度的50%。

常见故障现象：制动器在上闸位置中不能支持住货物；制动轮发热，闸瓦发出焦味，制动垫片很快磨损。

可能的原因：电磁铁的铁心没有足够的行程；或制动轮上有油；制动轮磨损；闸带在松弛状态没有均匀地从制动轮上离开。

后果：制动器失灵；抱不住闸；溜车。

排除方法：更换拉杆、弹簧、小轴或心轴、闸瓦衬垫；制动轮表面凹凸不平时重新车制并热处理。

（七）齿轮

常见损坏情况：轮齿磨损达原齿厚的10%～25%；因为疲劳而损坏的齿轮工作面积大于全部工作面积的30%；渗碳齿轮渗碳层磨损超过80%。

原因与后果：超期使用，安装不正确；或热处理不合格。

排除方法：轮齿磨损达原齿厚的10%～25%时更换齿轮；圆周速度大于8m/s的减速器高速齿轮磨损时应该成对更换。

（八）传动轴

常见损坏情况：裂纹；轴的弯曲超过 0.5mm/m。
原因与后果：损坏轴；由于疲劳使轴弯曲进而损坏轴颈。
排除方法：更换轴或加热矫正。

（九）联轴器

常见损坏情况：联轴器体上有裂纹；用于连接的螺钉和销轴的孔扩大；销轴橡皮圈磨损；键槽扩大。
原因与后果：联轴器体损坏；机构起动时发生冲击；键脱落。
排除方法：更换橡皮圈。旧键槽补焊后重新加工键槽。

（十）车轮

常见损坏情况：轮副、踏面有疲劳损伤；主动轮踏面磨损不均；踏面磨损达原公称直径的 15%；车轮轮缘损达原厚度的 50%。
原因与后果：车轮损坏；大车、小车运行出现偏斜。
排除方法：轮副、踏面有疲劳损伤；主动轮踏面磨损不均可以车制后热处理，但是直径误差不超过 5%；踏面磨损达原公称直径的 15%或车轮轮缘磨损达原厚度的 50%时更换车轮。

（十一）减速器

常见故障现象：有周期性的颤振的音响，从动轮特别显著；剧烈的金属锉擦声。
可能的原因：齿轮节距误差过大；齿侧间隙超过标准；传动齿轮间的侧隙过小。
消除方法：更换齿轮或轴承；重新拆卸、清洗后再重新安装。

五、起重机电路检修

起重机电路可分为动力电路（主电路）和控制电路。在检修作业中，为了查出某一个电器元件的故障，常常需要把电路分段进行检查，最后找出故障电器元件或短路、断线部位。

（一）动力电路

动力电路包括电动机绕组和外接电路。外接电路又可分为定子电路和转子电路。
1. 定子电路
定子电路就是电动机定子与电源间的电路。图 6-20 所示为有 4 台电动机的起重机动力电路图。当合上保护柜闸刀开关，按下起动按钮时，保护柜主接触器触头闭合。当控制器手柄扳到正转方向，电动机正转；扳到反转方向，电动机反转。
图 6-20 中，大车、小车、副钩电动机共用一台保护柜；主钩采用磁力控制屏。

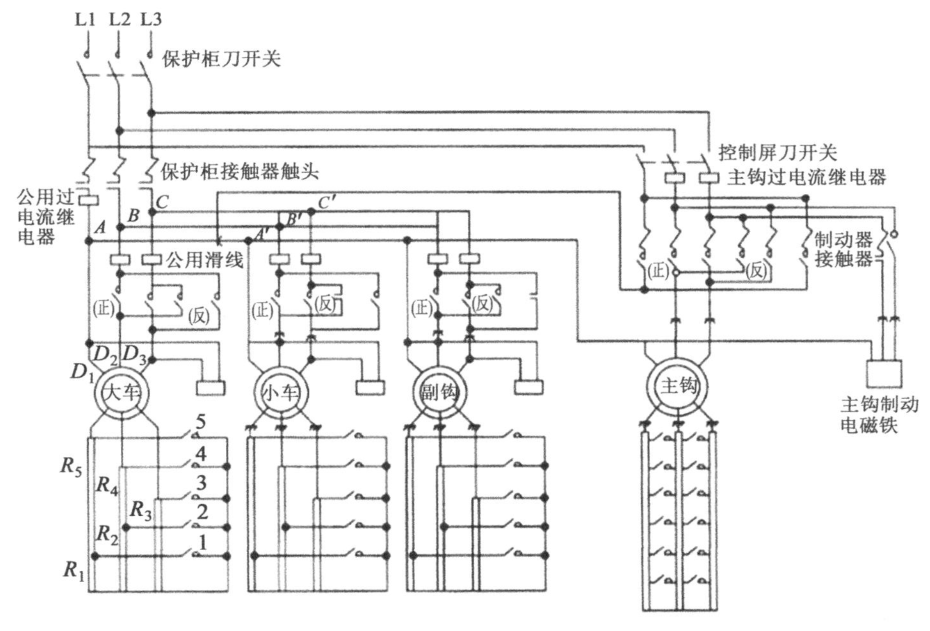

图 6-20 起重机动力电路图

定子电路的故障，主要是一根电源线断路造成单相接电或短路两种情况。因为短路故障都伴有“放炮”现象，所以比较容易发现。

(1) 断路故障　三相电路中有一根线断路，电动机就处于单相缺电状态。在这种情况下，电动机不能起动，并发出“嗡嗡”的响声。如果电动机在运行过程中发生单相缺电故障，则当控制器停在最后一档时，电动机还能继续转动，但输出力矩减少。单相缺电时间长了，就会烧毁电动机。所以电动机加热时，必须注意检修。由于接头松动而逐渐导致的单相缺电，在断路后的短时间内，断路部位的温度通常高于另外两根相线的温度。

常见故障及原因如下：

①4 台电动机都不动：没有电；主滑线接触不良；保护柜刀开关接触不良或接触器触头接触不良。

②大车开不动，其他正常，故障一定在大车电路的 *ABC* 三点以后。大车只能向一个方向开动，不能向另一个方向开动，故障在控制器。

③小车开不动，其他正常，则故障在 *A′B′C′* 以后的小车电路中。由于小车滑线接触不良，故其单相接电的故障比大车多。

④副钩发生故障，其他正常，则故障在 *A′B′C′* 以后的副钩电路中。必须注意控制器下降触头接触不良的故障，因为货物重量的拖动，吊钩也能下降，所以不易及时发现。时间拖长就有可能烧断电动机。

⑤主钩能正常运转，大车、小车和副钩都处于单相接电状态

⑥主钩电路单相接电，其他机构正常。故障在保护柜刀开关以后的主钩电路中。

如果主钩接触器接到公用滑线的连接导线断路，则主钩仍能工作。这时主钩电动机经公用滑线从保护柜得到供电，但是由于这一段导线截面较小，故容易发热。这时主钩电动机定子三相电流极不平衡，电动机转矩降低，下降速度也极快，容易烧段电动机。

（2）短路故障　短路故障有相间短路、接地短路和电弧短路。相间短路和接地短路，主要是由于导线磨漏造成的。可逆接触器的联装置失去作用，在一个接触器没有断开的情况下，打反车也会造成相间短路。

电弧短路伴有强烈的“放炮”现象，主要发生在控制屏上。其原因是可逆接触器中先闭合的接触器释放动作慢，电弧没有熄灭，后闭合的接触器已经接通，这样就造成其相间短路。

2. 转子电路

转子电路包括附加电阻元件和与控制器相连接的线路。

当控制器扳到不同挡位时，附加电阻分段被切除。

转子电路常见故障如下：

（1）断路故障　转子电路发生断路故障的主要部位有：电动机转子的集电环部分、滑线部分、电阻器、控制器（或接触器）触头。转子电路有一相断路后，转矩只有额定值的10%~20%。转子电路接触不良时，电动机产生激烈的振动。

（2）短路故障　转子电路接地或线间短路时，不发生“放炮”现象，故不易发觉。因此要定期检修电动机及其电路的绝缘情况。

电动机转子电路接触不良和电动机、减速器固定螺钉松动都可以引起电动机振动，并且很难区别。可用钳式电流表检查定子电流（也可以首先排除机械故障），如果定子电流不平衡或波动很大，便可确定转子电路接触不良；如果三相电流平衡，则故障可肯定在机械部分。当定子三相电流不平衡时，可进一步把集电环短接进行二次测量。如果电流仍不平衡，则故障发生在电动机内部；如果二次测量时，三相电流平衡，则故障发生在电动机转子电路的外电路上，用这种方法，可把故障逐步缩小在某些部分或电器元件上。

（二）控制电路

图6-21所示为保护3台电动机的控制电路。

合上保护柜闸刀开关，按下起动按钮，电流按①方向为接触器线圈供电，于是接触器主触头和连锁触头同时闭合。松开起动按钮，电路①断开，电流由③流过为接触器线圈继续供电。当起升机构控制器手柄扳到上升挡位时，上升连锁触头是闭合的；下降连锁触头是断开的。起升过卷扬时，上升限位被打开，电路③断开，接触器线圈得不到供电，接触器掉闸。

车、小车限位开关道理相同。

控制电路常见的故障如下：

（1）按下起动按钮接触器合不上，这说明连锁保护电路发生故障。图6-21所示电路①中包括的熔断器、按钮、零位触头、舱口开关、事故开关、过电流继电器其中的某个元器件发生故障。

为了尽快地找出故障，可推上接触器，试其能否吸合。如果能吸合，则故障发生在熔

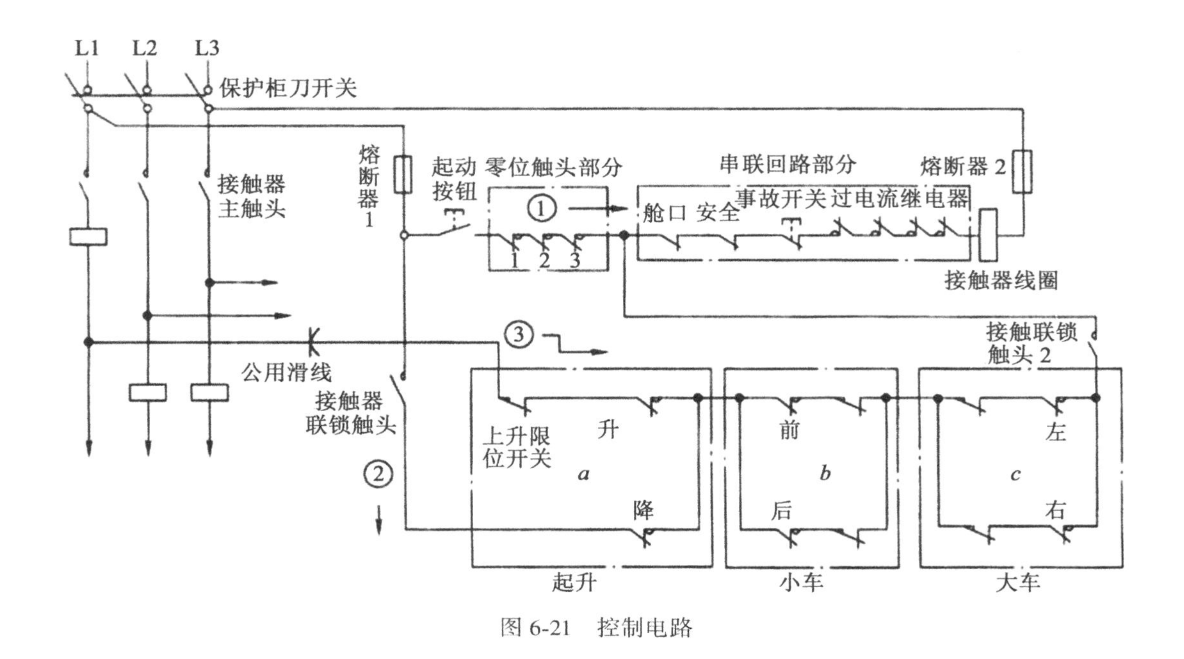

图 6-21　控制电路

断器 1、起动按钮、零位触头到点 1 之间。这是因为电流经③→接触器连锁触头 2→串联开关部分为接触器线圈供电，即说明电路①中串联开关部分及熔断器 2 没有问题。如果推上接触器，其并不吸合，则故障一般发生在串联开关电路和熔断器 2 这一段。

（2）按下起动按钮接触器合上，只要松开，接触器就掉闸。这种故障一般发生在电路 a、b、c 和接触器连锁触头 2 这一段电路上。

（3）操作过程中出现接触器“吧嗒吧嗒”断续作响的情况。这是因为接触器线圈供电呈断续状态所造成的，多数是由熔断器 2 的熔丝松动，也可能电路 a、b、c 的接线螺钉松动或触点接触不良造成的。

（4）不论哪个机构开动，接触器就掉闸，多数情况是由于过电流继电器电流整定值小或过电流电器机构部分出故障造成的，如动铁芯停留在线圈的上部、推杆弹簧压力足、触点接触不良等。

（三）判断整机电路故障时应该注意的几个问题

（1）主电路和控制电路应同时考虑。一般情况下，定子电路的公用滑线处的接线断时，小车和起升电动机都不能开动。但有时保护柜的接触器吸合后，电源线（公用线）的电流就能沿着熔断器、接触器连锁触头、吊钩控制上升和下降连锁触头及上升限位开等对小车电动机供电，由于小车电动机容量小，熔断器不致由于过载而熔断，故小车仍能开动。

但是当起升机构运转时，控制器中的一个连锁触头断开，电路中断，接触器掉闸，电动机就停止运转。这样的故障往往被误认为是控制电路的故障，造成长时找不出故障部位。所以在检修时，必须全面地分析整个电路，以便迅速排除故障。

（2）在检修和判断起重机电路故障时，要检查起重机电路本身，而且要考虑到影响起重机电路工作可靠性的一些外部因素。例如，由于振动所引起的过电流继电器常闭触头瞬时断开，以及主滑线局部接触不良等所引起的接触器掉闸。这一类故障的特点是时续时断。有时发现故障停车检查，电路就又恢复正常。这时就要考虑到电路本身以外的因素。

六、起重机日常维护及负荷试验

桥式起重机属于“危险设备”，必须按照《起重机核安全规程》（GB6067.1—2010）的规定，做到合理使用，适时维修，以确保安全运行。

（一）桥式起重机的预防维护工作

（1）日常检查及维护。
（2）定期检查。
（3）定期负荷试验。
（4）按照检查预防性维修

（二）预防性维修内容

（1）按照起重机械零件报废标准更换磨损且接近失效的机械零件。
（2）更换老化和接近失效的电器元件及线路，并调整电气系统。
（3）检查调整及修复安全防护装置。
（4）必要时对金属结构进行涂漆防锈蚀。

（三）日常检查和定期检查

（1）日常检查　起重机技术状态的日常检查由操作工人负责，每天检查一次。发现情况，应该及时通知检修工人加以排除。按照桥式起重机日常检查的内容和要求进行。

（2）定期检查　在日常检查的基础上，对起重机的金属结构和各传动系统的工作状态和零件磨损状况进行进一步检查，以判断其技术状态是否正常和存在缺陷，并根据定期检查结果，制定预防修理计划，组织实施。

定期检查是由专业维护人员负责，操作工人配合进行。检查时不仅靠人的感官观察，还要用仪器、量具进行必要的测量，准确地查清磨损量，并认真做好记录，按照桥式起重机定期检查的内容和要求进行。

（四）起重机的负荷试验

1. 试验前的准备工作
（1）关闭电源，检查所有连接部位的紧固工作。
（2）检查钢丝绳在卷筒、滑轮组中的围绕情况。
（3）用绝缘电阻表检查电路系统和所有电气设备的绝缘电阻。

（4）检查各减速器的油位，必要时加油。各润滑点加注润滑油脂。

（5）清除大车运行轨道上、起重机上及试验区域内有碍负荷试验的一切物品。

（6）与试验无关的人员，必须离开起重机和现场。

（7）采取措施防止在起重机上参加负荷试验的人员触及带电的设备。

（8）准备好负荷试验的重物，重物可以用比重较大的钢锭、生铁和铸件毛坯。

2. 无负荷试验

（1）用手转动各机构的制动轮，使最后一根轴转动一周，所有传动机构运动平稳且无卡住现象。

（2）分别开动各机构，先慢速试转，再以额定速度运行，观察各机构应该平稳运行，没有冲击和振动现象。

（3）大车和小车沿全部行程往返运行 3 次，检查运行机构的工况。双梁起重机小车主动轮应在全长上接触，被动轮与导轨的间隙不超过 1mm，间隙区不大于 1m，有间隙区间累积长度不大于 2m。

（4）进行各种开关的试验，包括吊具的上升开关和大、小车运行开关，舱口盖和栏杆门上的开关及操作室的紧急开关等。

3. 静负荷试验

先起升较小的负荷（可为额定负荷的 0. 5 倍或 0. 75 倍）运行几次，然后起升额定负荷，在桥架全长上往返运行数次后，将小车停在桥架中间，起升 1. 25 倍额定负荷，离开地面约 100mm，悬停 10min，卸去载荷，分别检查起升负荷前后量柱上的刻度（在桥架中部或厂房的房架上悬挂测量下挠度用的线锤，相应地在地面或主梁上安设一根量柱），反复试验，最多 3 次，桥架应无永久变形。

4. 动负荷试验

以 1. 1 倍额定负荷，分别开动各机构（也可同时开动两个机构），做反复运转试验。各机构每次连续运转时间不宜太长，防止电动机过热，但累计开动时间不应该少于 10min。各机构应运动平稳；制动装置、安全装置和限位装置的工作灵敏、准确、可靠；轴承及电气设备的温度应不超过规定。

动负荷试验后，应再次检查金属结构的焊接质量及机械连接的质量。

参 考 文 献

[1] 吴先文．机电设备维修技术［M］．北京：机械工业出版社，2017.
[2] 黄崇莉．机电设备故障诊断与维修［M］．北京：人民邮电出版社，2012.
[3] 晏初宏．机械设备修理工艺学［M］．北京：机械工业出版社，2010.
[4] 丁加军．设备故障诊断与维修［M］．北京：机械工业出版社，2006.